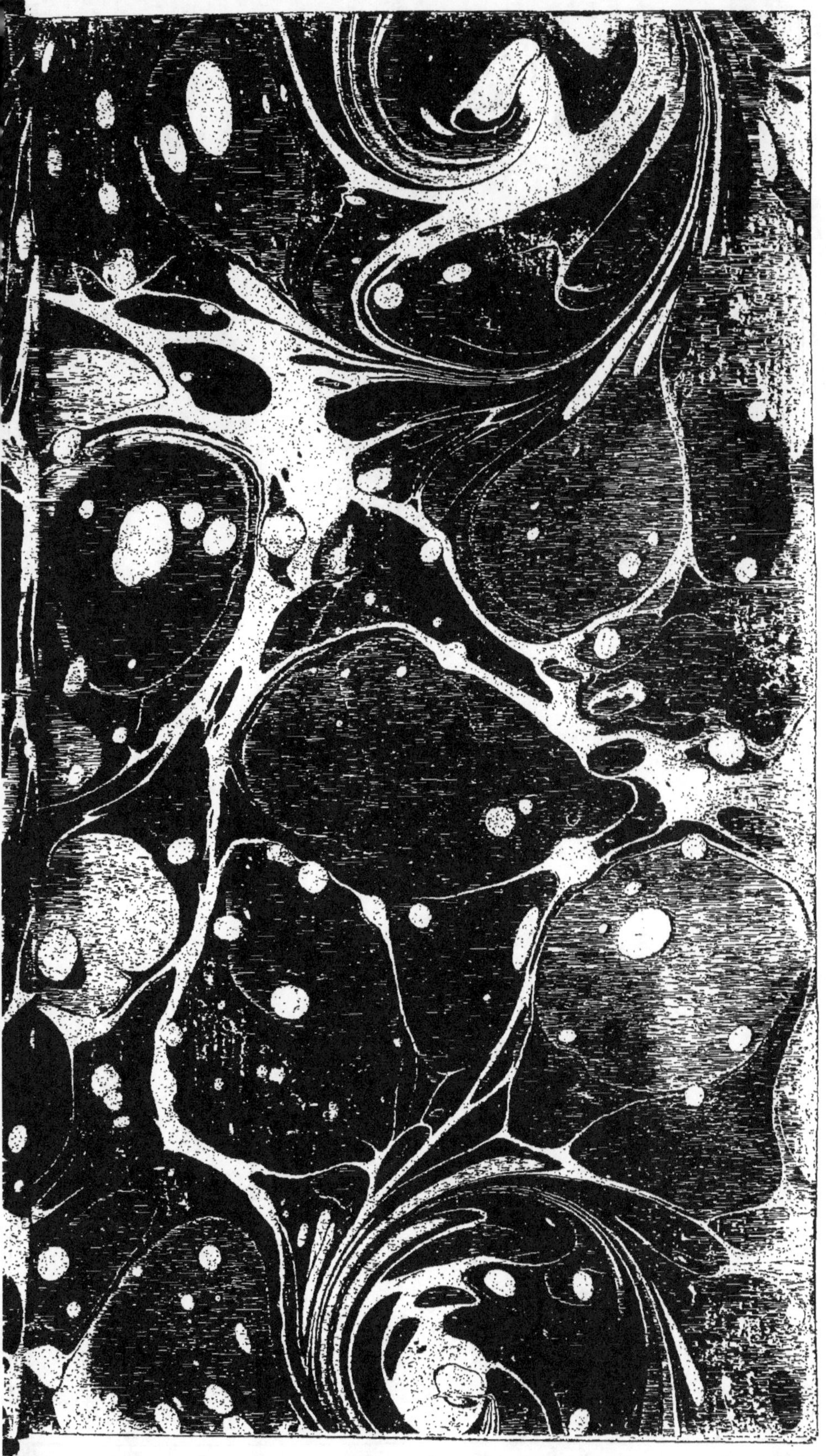

HISTOIRE

NATURELLE

DE L'AIR

ET

DES MÉTÉORES.

TOME TROISIEME.

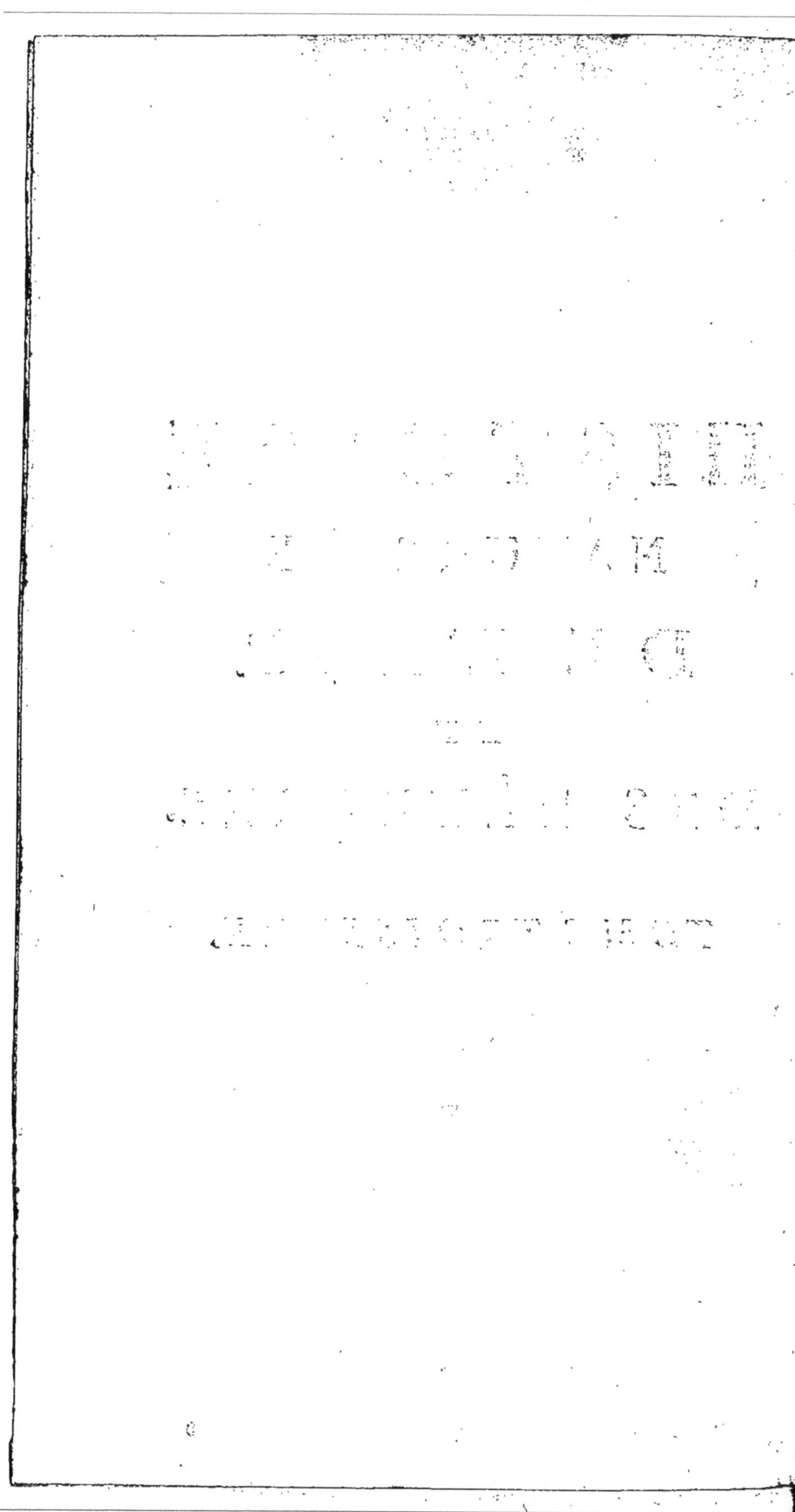

HISTOIRE
NATURELLE
DE L'AIR
ET
DES MÉTÉORES.
Par M. l'Abbé RICHARD.
TOME TROISIEME.

A PARIS,

Chez SAILLANT & NYON, Libraires,
rue Saint Jean-de-Beauvais.

M. D C C. L X X.
Avec Approbation & Privilege du Roi.

TABLE
DES TITRES

du Tome troisiéme.

DISCOURS QUATRIEME, *Théorie générale de l'Air.* Troisieme Partie, page 1

§. I. *Premiere vue de la zone glaciale. Laponie. Hiver de Torneo,* id.

§. II. *Température des mers & des terres voisines du Pole arctique,* 28

§. III. *Observations sur le Spitzberg & ses montagnes de glaces,* 48

§. IV. *Formation, épaisseur, solidité & couleur des glaces des terres arctiques,* 66 ij

§. V. *Les terres arctiques sont-elles habitables*, 81

§. VI. *Etat de l'Air à la Baie de Hudson, & dans les régions les plus septentrionales de l'Amérique*, 107

§. VII. *Observations sur la cause & la figure de quelques congélations*, 141

DISCOURS CINQUIÈME. *Théorie générale de l'air. Quatriéme Partie.*

§. I. *Qualités de l'air dans les terres orientales de l'ancien continent: Sibérie, Tartarie, Chine, & Japon*, 158

§. II. *Température de l'Arménie & des régions voisines*, 236

§. III. *Mont Caucase, Géorgie, Mingrelie, Circassie & autres régions situées aux environs de la mer Caspienne*, 260

§. IV. *Etat de l'air dans la Perse*, 292

§. V. *Obfevations fur les Arabies, la Syrie & quelques autres régions de l'Afie,* 353

§. VI. *Différences des terres anciennes & des terres nouvelles, relativement aux qualités de l'air,* 373

§. VII. *Effets des inondations fur les qualités du fol & de l'air,* 378

§. VIII. *Intempéries occafionnées par les marais,* 403

§. IX. *Matieres dont font formées quelques terres nouvelles,* 438

§. X. *Terres nouvelles formées par les éruptions des volcans,* 457

§. XI. *Obfervations fur les qualités de l'air le plus propre à conferver la fanté,* 472

§. XII. *Queftions relatives à la théorie générale de l'air.*

iv

I. *Quels sont les effets de la lune sur la température de l'Air*, 502

II. *Que doit-on penser des crépuscules, relativement aux dispositions de l'air*, 516

Fin de la Table des Titres.

HISTOIRE

HISTOIRE
NATURELLE
DE L'AIR
ET
DES MÉTÉORES.

DISCOURS QUATRIEME.
THÉORIE GÉNÉRALE DE L'AIR.

TROISIEME PARTIE.
§. I.

Premiere vûe de la Zone glaciale.
Laponie. Hiver de Torneo.

QUEL spectacle horrible vont nous présenter ces climats infortunés, éclairés sans cesse durant un court été des rayons du soleil qu'ils

Tome III.   A

sentent à peine, & plongés ensuite pendant un long hiver dans une nuit profonde & continuelle, où l'on n'est occupé qu'à se garantir des coups de la saison la plus rigoureuse ! Nous y verrons de nouvelles mers, un autre firmament ; le froid, ce tyran de la nature exerçant son empire cruel au milieu des neiges & des glaces, parmi la confusion & les tempêtes qui se forment dans ces régions affreuses, pour se répandre delà sur le reste du globe. La mer elle-même, toute étonnante qu'elle est par la grandeur & la variété de ses phénomènes, cede aux rigueurs dont tout le reste de la nature est accablé. Si les vents impétueux la soulevent pendant quelque tems, bientôt elle est enchaînée jusqu'au fond de ses abîmes par la force d'une gelée à laquelle rien ne peut résister. Les hommes dispersés dans ces contrées sauvages & désertes, ne se montrent que sous la forme la plus grossiere & la plus brute. A

peine font-ils animés : privés pendant la plus grande partie de l'année de la lumière du foleil & prefque toujours de fa chaleur vivi-
fiante , ils font auffi languiffans ,
auffi triftes que les feux, à l'aide
defquels ils confervent leur mifé-
rable exiftence dans les ténèbres ,
& auffi loin qu'ils peuvent de la
furface de la terre , où le défordre & la deftruction de tous les êtres
regnent prefque continuellement.

En Laponie, à foixante-fix degrés
de latitude nord , peu en-deça du
cercle polaire , le foleil pendant
plus de trois mois eft toujous fur
l'horizon , ou defcend fi peu au-
deffous , que la terre eft éclairée
par un crépufcule fort lumineux jufqu'à ce qu'il ne reparoiffe. Cependant malgré la préfence & l'action
continuelle de l'aftre , principe de
la chaleur & du mouvement , quoique les émanations du fluide ignée
terreftre foient peut - être plus fenfibles alors dans ces régions que
dans les autres contrées de la terre ,

A ij

dès le mois de Septembre les eaux commencent à se glacer, les campagnes se couvrent de neige ; & même dans le long jour de ces climats, il ne paroît pas que les chaleurs aient rien d'incommode ou de sensible. Les Académiciens François, dans la relation de leurs travaux sur les montagnes de Laponie, ne se plaignent point de l'ardeur du soleil ; mais ils furent cruellement tourmentés par des nuages de cousins & d'autres insectes de cette espece, dont ils ne pouvoient éviter les piquures, qu'en s'enveloppant dans la fumée des bois résineux qu'ils allumoient. Cependant ils étoient dès le onze Juillet sur le Niwa, montagne de Laponie au 66ᵉ degré 10 minutes à 20 minutes environ du cercle polaire, d'où leurs associés avoient vu leurs signaux, mais sans avoir pu faire aucune observation, tant étoient épaisses les vapeurs dont l'atmosphère étoit chargée, & qui se soutiennent à une telle hauteur pendant la plus grande partie de l'été, que durant deux mois que les Académiciens paſſèrent ſur ces montagnes, ils étoient quelquefois huit ou dix jours dans le même endroit, à attendre le moment de voir diſtinctement les objets qu'ils devoient obſerver. Le ciel reſta couvert de cette eſpece de brouillard juſqu'à ce que le vent du nord qui eſt ſuivi de près des glaces & des neiges, les vînt diſſiper ; & ce fut dans ce court intervalle qu'ils ſe hâterent de mettre la derniere main à leur célèbre entrepriſe.

Il n'eſt pas douteux que l'on ne doive attribuer cette longue & abondante évaporation, à l'action réunie du ſoleil & du fluide ignée, dont les émanations ſortent alors de toute part des entrailles de la terre où il a été reſſerré pendant l'hiver le plus long. S'il y a dans la ſtructure de la terre, par rapport à ſon feu interne, un principe de dilatation & de contraction alternative, dont on ne connoîtra jamais le méchaniſme,

quoique l'on en voie & que l'on
en fente les effets: il eft certain que
dans les climats feptentrionaux,
le principe de dilatation lorfqu'il
peut fe déployer eft d'autant plus
actif, qu'il a été arrêté plus long-
tems par le principe de contraction:
c'eft à quoi on doit attribuer cette
forte évaporation qui rend leur
atmofphere fi épaiffe, c'eft même
l'effet le plus marqué de la chaleur,
ce qui accélere les progrès rapides
de la végétation, car les plantes &
le peu de grains & de fruits que
l'on y recueille, germent, croiffent
& mûriffent dans un intervalle d'environ trois mois.

Cette évaporation fut plus fenfible
pour les Académiciens, fur la montagne de Niémi qui eft fous le cercle polaire, que dans aucune autre
contrée de la Laponie ; ils virent
plufieurs fois s'élever des lacs qui
l'environnent, ces vapeurs que les
habitans du pays nomment Haltios,
& qu'ils prennent pour les efprits
auxquels la garde de ces montagnes

est commise : ils ont l'idée la plus favorable de ces vapeurs , parce qu'ils ne les voient jamais paroître que dans la saison où ils jouissent de la liberté de parcourir la partie du globe qu'ils habitent , & de tirer de son sein quelques-uns de ces fruits qui font leur consolation & leur soutien contre les longs assauts d'un froid excessif.

Mais ce n'est pas pour observer les effets de la chaleur sur l'air , que nous nous arrêtons à examiner le spectacle de la nature en Laponie , c'est plutôt pour nous instruire des terribles effets d'une température rigoureuse dont le récit étonne , & qui ne font pas encore comparables à ceux que l'on éprouve dans les terres plus voisines du pole. Dès le 21 Septembre plusieurs parties du fleuve qui traverse la Laponie du nord au sud étoient glacées en 1736, & ces premières glaces qui font imparfaites le rendent également impraticable aux barques & aux traîneaux. Cependant par un prodige de hardieffe qui étonna tout le pays, les Académiciens ofèrent s'y embarquer à la fin d'Octobre : leurs travaux les avoient retenus dans les montagnes jufqu'à ce tems. Après deux jours d'une navigation pénible & hafardeufe, ils arriverent à Tornéo dans une faifon où on les affura que le fleuve n'avoit jamais été navigable. L'hiver fembla différer fon retour exprès pour favorifer leur entreprife ; car deux jours après leur arrivée, le premier de Novembre, la gelée fut fi vive que le fleuve fut entierement pris : la glace ne fondit plus, la neige vint bientôt la couvrir ; & ce vafte amas d'eaux qui peu de jours auparavant étoit couvert de cignes & d'autres oifeaux, ne fut plus qu'une plaine immenfe de glaces & de neiges : c'eft fon état ordinaire pendant plus de fix mois de l'année : il ne commence à être navigable qu'à la fin de Mai, encore quand l'hiver n'a pas été prolongé au-delà de fes bornes ordinaires.

La vue de Tornéo dans le fort de

l'hiver a quelque chofe d'effrayant ; les maifons baffes font ordinairement enfoncées jufqu'au toît dans la neige qui empêcheroit le jour d'y pénétrer, s'il y avoit alors du jour. Mais les neiges qui tombent fans ceffe ou qui raffemblées dans l'air, forment des nuages épais & noirs, interceptent toute la lumière que pourroit répandre le foleil pendant le peu de momens qu'il fe montre vers le midi. Le froid eft alors exceffif, & c'eft fur-tout dans le mois de Janvier qu'il arrive à fon dernier période, à s'en rapporter aux obfervations faites fur le thermometre par les Académiciens Francois. Elles font curieufes & très-propres à donner une idée de la température de ces climats, dans cette faifon.

Le premier Janvier 1737, le thermometre après avoir été long-tems à 20 degrés au-deffous de la congélation defcendit à 22 : le 2 au matin le thermometre de mercure étoit à 28, & celui d'efprit-

A v

de-vin à 25. Le foir du même jour, celui de mercure étoit à 31 & demi, & une bouteille de bonne eau-de-vie de France fut gelée fort promptement. Le 3, il tomba beaucoup de neige, mais l'air fut ferein la nuit fuivante. Les thermometres fe foutinrent à 28 degrés jufqu'au foir du 5, que celui de mercure étoit à 31. Le 6 au matin, il étoit à 33, & le foir du même jour à 37, pendant que celui d'efprit-de-vin n'étoit qu'à 29 ; mais ne pouvant fans doute fupporter une variation plus marquée, on le trouva gelé le matin du 7. Il fut porté en cet état dans une chambre à poile, où dans le premiere inftant qu'il dégela, il defcendit beaucoup ; mais bien-tôt il fe mit au degré de chaleur de la chambre. L'air extérieur étoit tellement froid, que lorfqu'on ouvroit la porte d'une chambre chaude, il convertiffoit fur-le-champ en neige la vapeur qui y étoit répandue, & en formoit de gros tourbillons blancs ; fi l'on fortoit, fon action fembloit

déchirer la poitrine. Il faut avoir
éprouvé une température aussi rigoureuse pour s'en faire une idée ;
les substances les plus insensibles en
sont vivement affectées, les bois
dont les maisons sont construites
travaillent alors pendant les nuits
avec un fracas semblable à un bruit
de mousqueterie, ce qui vient de
l'explosion de la matière subtile
dont ils sont pénétrés, qui sort avec
d'autant plus d'éclat, qu'elle trouve
plus de résistance dans l'air glacé
où elle se répand ; outre que les
plus petites parcelles d'eau conver-
ties en glace, & mêlées dans les
fibres de ces bois, quelque durs
qu'on les suppose , suffisent quelquefois pour en rompre tout le
tissu, au-moins pour l'altérer sensiblement, ce qui ne peut se faire
qu'avec un bruit proportionné à la
résistance du bois : ainsi qu'il est aisé
de s'en appercevoir dans les bois
employés dans les constructions exposées aux alternatives de sécheresse & d'humidité. Dans les hivers

rigoureux de nos climats, les arbres tendres tels que les oliviers, les mûriers, les lauriers & autres semblables ne périssent que parce que leurs racines & leurs écorces sont imbibées d'eau par les pluies d'automne, les dégels ou les fontes de neige. Cette eau venant à se glacer dans les petits tuyaux où elle a filtré, se dilate, écarte les fibres & toutes les parties organiques de l'arbre qui lui font obstacle, y cause une violente distension, & les brise. Les arbres les plus vieux & les plus forts, sont ceux qui résistent le moins à cette expansion de l'eau glacée quand ils en ont été pénétrés, parce que leurs fibres se trouvent moins flexibles que celles des arbres & des plantes plus jeunes & plus tendres.

Le froid toujours extrême en Laponie pendant l'hiver, reçoit par la violence des vents des augmentations subites, qui le rendent presque infailliblement funeste à ceux qui s'y trouvent exposés : il est vrai

que ces tempêtes glaciales ne durent pas long-temps. D'autres fois
il s'élève des tourbillons de neige
qui occasionnent encore de plus
grands périls : il semble que les
vents soufflent de tous les côtés à
la fois ; ils lancent la neige avec
une impétuosité qui fait disparoître
en un moment tous les chemins.
Quand on est surpris par ces orages, on veut en vain se retrouver
par la connoissance des lieux, ou
par le moyen des signaux que l'on
a établis pour assurer sa route, on
est aveuglé par l'épaisseur de la
neige, & on ne peut faire un pas
sans courir les risques de s'y abî-
mer. Alors la surface de la terre est
horrible ; mais dans cette même
saison, dès que les nuits deviennent tout-à-fait obscures, le ciel
offre le spectacle admirable des aurores boréales qui sont particuliè-
res à ces régions, & dont nous
parlerons ailleurs.

Quant à présent, nous n'avons
qu'à examiner les effets de ce froid

par rapport à l'air : ce que nous en avons déjà dit, a commencé de nous instruire de sa température. On ne connoît que deux saisons dans ces contrées, un hiver qui dure environ neuf mois, & un été qui n'en a que trois, pendant lesquels l'atmosphère n'est pas sujette à ces variations marquées qui produisent dans les autres climats des intempéries nuisibles. L'air, malgré la rigueur du froid, y est fort sain, & les habitans ne connoissent presque aucune maladie : mais ils sont tous d'une laideur excessive ; dès la premiere jeunesse, les enfans ont les traits défigurés & ressemblent à de petits vieillards, ce qui n'empêche pas qu'ils ne soient forts, robustes, & très-agiles, & ils s'occupent de très-bonne heure aux mêmes travaux que leurs peres. La taille ordinaire des hommes est entre quatre pieds & quatre pieds & demi, celle des femmes est moindre d'un demi pied ; ils ont la tête & le corps épais & trapus, les bras nerveux,

les jambes & les cuiſſes grêles. On
ne peut attribuer la laideur & la
petiteſſe des Lapons, qu'à la dureté
du climat: le grand froid, en conden-
ſant dès qu'ils ſont nés leur ſubſtan-
ce, groſſit leurs traits, & cauſe cette
difformité générale, à laquelle tous
les peuples ſitués au-delà du Cercle
polaire arctique ſont reconnoiſſa-
bles. Leurs travaux, leurs manières
de vivre, la fumée dans laquelle ils
ſont preſque toujours contraints de
ſe tenir, ſoit pour ſe garantir des
excès du froid, ſoit pour éloigner
les inſectes qui les dévorent en été,
ne contribuent pas à diminuer cette
difformité qui leur eſt naturelle.

Quelque affreux que ſoient ces
climats, on peut y vivre. Par-tout
on y trouve des habitations & des
hommes doux, humains, ſervia-
bles, d'une ſimplicité de mœurs que
leur pauvreté conſerve & éloigne
du vice, parce que les deſirs de la
cupidité ne trouvent rien qui les y
attire: on n'y connoît ni les diſ-
cuſſions de l'intérêt, ni les fureurs

de la jalousie. Chacun de ces habitans vit dans sa famille, content de quelques productions grossières qu'il arrache à un sol dur & ingrat, & des richesses simples & toujours les mêmes qu'il tire de ses troupeaux, ou des lacs & des rivières, pendant le peu de temps qu'elles sont débarrassées des glaces. Lorsque les terribles vents du Nord ont condensé dans l'air les épaisses vapeurs que la présence du soleil y avoit rassemblées, lorsque toute la surface de la terre est chargée de neiges, que le sol est endurci par la sécheresse d'un long hiver, que toutes les eaux sont glacées, alors les Lapons ne sont occupés qu'à jouir tranquillement du fruit de leurs travaux, pendant une nuit dont la longueur est proportionnée à celle du jour de l'été, en attendant que le retour du soleil sur leur horizon leur rende la lumiere, & leur permette de reprendre leurs travaux.

Au-delà du Cercle polaire, à

l'extrémité septentrionale de l'ancien Continent, en approchant tout-à-fait du Cap-Nord, les Lapons qui habitent des terres encore plus froides que celles dont nous venons de parler, d'après les Académiciens François, ont d'autres usages & une manière de vivre différente, & qui répond aux qualités de leur atmosphère & à la rigueur de leur climat. Ils vivent sans femer ni planter, sans cuire du pain, sans avoir ni maisons ni métairies : leurs troupeaux fourniffent tout à leur entretien & à leurs befoins, c'eft l'une des plus anciennes manieres de fe nourrir, & la feule dont puiffent ufer ces peuples. Comme il leur feroit impoffible dans un pays où regne un hiver prefque continuel, d'amaffer affez de foin & de fourages pour entretenir du bétail pendant toute l'année ; la Providence leur a donné les Rennes, animaux qui n'exigent prefque aucun foin, qui fe nourriffent & fe foignent eux-mêmes : en été,

ils broutent la mousse, l'herbe, &
les feuilles des buissons : en hiver,
ils mangent une espece de mousse
fort commune dans toute la Laponie, & qu'ils déterrent en fouillant
la neige. Les Rennes tiennent lieu
aux Lapons de champs, de prés,
de chevaux & de vaches. Ils les em-
ploient en hiver pour voyager lorsf-
que la terre est couverte de neige ;
ils les attachent à leurs traîneaux,
& elles courent avec la plus grande vîtesse ; ils se nourrissent de leur
lait & de leur chair, se couvrent de
leur peau, leur poil leur sert de fil;
avec le même lait pourri & fermenté, ils composent une liqueur très-
forte, & capable d'enivrer ; en un
mot, les Rennes font tout leur bien,
quelques-uns en ont jusqu'à mille.
A cette extrêmité du monde, il
n'est pas question du partage des
terres, on ne les cultive pas, & les
habitations sont si éloignées les
unes des autres, qu'il est rare que
les troupeaux se mêlent.

Ces Lapons logent dans des es-

pèces de tentes ou de cabanes, lorfque la terre eft découverte, & le
refte de l'année dans des fouter-
reins ; ils n'ont ni chaifes ni bancs,
ils aiment mieux s'affeoir par terre.
Quelques-uns, relativement à leur
maniere de vivre, font riches,
d'autres font pauvres ; & comme
en général, ils aiment beaucoup
leurs enfans, & que toute leur ambition eft de les mettre à leur aife,
on ne voit jamais les riches s'allier
avec les pauvres. La beauté chez
eux n'a aucun privilege, elle n'y
exifte pas, ils font tous également
laids ; il ne paroît même pas que la
jeuneffe y ait aucun agrément, ou
que l'on y faffe attention. On prétend qu'une veuve âgée de cent ans
& au-delà, fût-elle fourde & aveu-
gle, plus difforme encore qu'il n'eft
d'ufage de l'être à cet âge & dans
ce pays, fi elle eft riche, trouve
des époux à choifir, qui tous s'em-
preffent de lui plaire & de méri-
ter la préférence : & quand une fois
elle eft décidée d'affurer fa fortu-

ne en donnant fa main à l'un d'eux,
les autres fe retirent fans éprouver
les traits piquans de la jaloufie, fans
que leur tranquillité en foit altérée;
ils tâchent de trouver ailleurs les
mêmes avantages (a).

Les habitans de Kilduin & de
Wardhuus fous le 70.ᵉ degré de latitude, foumis les uns au roi de Dannemarck, les autres à l'Empire
de Ruffie, font fimples, bons &
crédules comme le refte des Lapons; leurs ufages font à-peu-près
les mêmes: le peu de commerce
qu'ils ont avec les autres Européens, fait qu'ils ont confervé leurs
mœurs antiques. Le froid y eft fi
rigoureux qu'ils font obligés de
paffer l'hiver, c'eft à-dire environ
neuf mois de l'année, dans des gro-
tes fouterraines très-profondes. Ils
vivent long-tems, & il n'eft pas rare
d'y trouver des hommes qui ont
pouffé leur carrière jufqu'à cent

(a) Géographie de Frédéric Bufching.
8°. 1768. 1. vol.

trente ans, leurs occupations ordinaires font la chaffe & la pêche ;
on trouve dans leurs terres fur-tout
aux environs des marais & dans le
voifinage de la mer, des perdrix
blanches & faifandées, des beccaffi-
nes, des pluviers & quelques autres
bons oifeaux. Mais la richeffe principale du pays confifte dans les troupeaux de cariboux, animal de la
groffeur d'une vache, qui a le pied
fourchu & des cornes noires & re-
courbées en dedans, plus ou moins
longues à proportion de l'épaiffeur
des forêts où ils fe nourriffent : ce
qui nous donne lieu de conjecturer
que le caribou reffemble beaucoup
au bufle. Si ce n'eft pas le même
animal, on en mange la chair comme celle du bufle. Elle eft peu délicate, quoique d'affez bon goût. Le
caribou eft comme le bufle, domef-
tique ou fauvage, quoique jamais
on ne puiffe l'affouplir & le rendre
auffi docile que le bœuf. On l'a regardé comme un animal propre au
nord de l'Amérique, & il n'eft pas

moins commun au nord de l'Europe, ce qui porte à croire qu'il y
a quelque communication entre les
deux continents. (*a*)

Tous les Lapons en général ſans
paſſions & ſans deſirs n'ont d'attachement que pour leur patrie, c'eſt
le ſeul ſentiment qui paroiſſe les
émouvoir. On en a amené à Stoc-
kolm & à Copenhague; on a eſſayé
de les bien nourrir, de les vêtir com-
modément, ils ont trouvé toutes ces
attentions inſupportables : les meilleurs vins & les ragoûts les plus
délicats leur étoient inſipides, leur
ſanté même ne pouvoit pas ſe faire
à ce genre de vie, & s'altéroit bientôt, ſi on ne leur donnoit pas de
leurs alimens ordinaires, des huiles,
de gros poiſſons & de leur chair
ſéchée : c'eſt ainſi qu'on les rappel-
loit à la vie & qu'on leur rendoit
l'exil ſupportable. Enfin leur ennui
étoit ſouvent porté au point que

(*a*) V. les Mémoires du C. de Forbin,
Ann. 1707. t. 2.

plufieurs fe jettoient à la nage dans
la première mer qu'ils trouvoient,
tirant au nord fans fçavoir comment ils y arriveroient. On en à vu
mourir de chagrin, parce qu'ils
avoient perdu l'efpérance de retourner dans leur patrie.

Ces peuples groffiers, féparés du
refte des hommes par la dureté du
climat qu'ils habitent, connoiffent-
ils le prix & les douceurs de la
liberté dont ils jouiffent dans leurs
montagnes horribles, fous la neige
& dans les glaces ? ou eft-ce la force de l'habitude, un bien-être réel
qu'ils goûtent à vivre dans l'atmofphère où ils font nés & qu'ils ne peuvent retrouver ailleurs ? C'eft matière à conjectures, car les Lapons quoiqu'entraînés par ce fentiment fi fort
en eux, ne pourroient pas en rendre raifon ; mais nous pouvons en
juger par ce qui arrive à beaucoup
de voyageurs, & attribuer l'ennui
des Lapons aux effets d'un air étranger fur leur tempérament. « Comme
» nous changeons d'air en voya-

» geant, dit un Auteur très-connu,
» à-peu-près comme nous en chan-
» gerions, si l'air du pays où nous
» vivons s'altéroit, l'air d'une con-
» trée nous ôte une partie de notre
» appétit ordinaire. Un François ré-
» fugié en Hollande, se plaint du
» moins trois fois par jour que sa
» gaieté & son feu d'esprit l'ont
» abandonné ; l'air natal est un re-
» mede pour nous. Cette maladie
» qu'on appelle le Hemvé en quel-
» ques pays, & qui donne au ma-
» lade un violent desir de retour-
» ner chez lui, est un instinct qui
» nous avertit que l'air où nous
» nous trouvons n'est pas aussi con-
» venable à notre constitution, que
» celui pour lequel un secret ins-
» tinct nous fait soupirer. Le hemvé
» ne devient une peine d'esprit,
» que parce qu'il est réellement une
» peine du corps. Un air trop dif-
» férent de celui auquel on est ha-
» bitué, est une source d'indisposi-
» tions & de maladies.... Cet air
» quoique très-sain pour les natu-
» rels

» rels du pays, est un poison lent
» pour certains étrangers... ». (*a*)

Ces réflexions lumineuses nous
instruisent sur la cause de l'ennui
& du mal-être qu'éprouvent les Lapons hors de leurs terres natales. Il
y a même apparence que ce peuple, tout grossier qu'il est, est établi depuis très-long-tems dans les
tristes régions qu'il habite. Envain
on prétendroit que la manière dont
il vit sans connoître ce que nous
appellons les aisances de la vie, &
même sans les goûter lorsqu'on les
lui présente, sans autre industrie
que celle qu'exige le soin de se procurer le nécessaire, est une preuve
de sa nouveauté, qu'il n'a pu encore s'élever jusqu'à l'idée d'une
forme quelconque de gouvernement, qu'il vit rassemblé par familles sans autre système que celui de
ne pas faire aux autres ce qu'il ne

______

(*a*) Réflexions critiques sur la Poésie &
la Peinture, par M. l'Abbé du Bos, t. 2.
sect. 14. *in*-12. Paris 1719.

Tome III. B

voudroit pas qu'on lui fît. Dans un climat femblable il ne pouvoit pas aller plus loin ; fes ufages conftans, l'habitude où il eft de trouver dans la chaffe & dans la pêche, dans le foin des troupeaux, & le peu de productions qu'il tire d'un fol ingrat, ce dont il a befoin, font la preuve du contraire. L'ambition a déterminé les Monarques voifins à s'attribuer le droit de fouveraineté fur ces nations fimples & innocentes : ils ont cherché à les éclairer, fans cependant les contraindre, & les tributs qu'ils en tirent leur font plutôt accordés par la douceur & la bonté naturelle de ces peuples qui les ont portés à faire ce que l'on exigeoit d'eux, que par le goût & l'attachement qu'ils ont pour un Souverain plutôt que pour un autre.

Leur exemple apprend aux étrangers qui fe trouvent parmi eux à braver les rigueurs du froid, & les foutient dans les fatigues inféparables des courfes que la curiofité fait entreprendre. On y trouve des

secours & des guides, & l'on n'a
que les élémens à combattre avec
des moyens toujours certains pour
vaincre, au-moins pour adoucir
l'excès de leur action violente. Il en
est de ces climats, comme de ces
hivers rigoureux assez fréquens même dans nos régions tempérées: on
en a éprouvé la dureté, & à mesure qu'elle est devenue plus sensible, on a imaginé de nouvelles précautions pour s'en garantir; la mémoire s'en conserve & le degré de
froid que l'on a ressenti alors, sert
encore pour juger de celui qu'on
éprouve dans les hivers ordinaires.
De même nous pouvons regarder
la température de la Laponie en hiver comme très-supportable, com-
parée aux froids excessifs & beaucoup plus longs qu'ont soufferts différens navigateurs qui se sont avancés beaucoup plus près du pole
arctique, & dont la plûpart arrêtés
par les glaces, ont péri sur des côtes inconnues & désertes, moins
occupés à prévenir les erreurs iné-

vitables d'une pareille navigation,
qu'à se garantir d'un froid dont il
n'est pas possible d'imaginer la rigueur.

§. II.

Température des terres & des mers voisines du Pole Arctique.

Nous allons voir que dans ces
climats affreux, où la Nature ne
conserve plus de force, on ne connoît presque plus aucune espece de
chaleur, même lorsque le soleil les
éclaire continuellement pendant un
long jour de près de trois mois. Outre les glaces presque continues qui
couvrent ces mers, les vents y sont
en toute saison d'une impétuosité
qui rend la navigation très-périlleuse. Les Hollandois qui tentèrent
les premiers le passage à la Chine
par les mers du nord en 1594,
éprouvèrent dès le 10 Juillet des
vents si forts, qu'ils furent contraints
de plier toutes les voiles & de dériver à leur gré, jusqu'à ce qu'ils

se trouvaſſent ſous la nouvelle Zemble & fort près de terre, où ils apperçurent du haut des mâts une grande quantité de glaces. Le 14 du même mois continuant à ſuivre cette côte, ils ſe trouvèrent près d'une ſurface de glace fort unie qui s'étendoit à perte de vûe. Sur la fin de ce mois les vents devinrent ſi impétueux, qu'ils diviſèrent les glaces en quantité de larges glaçons, ſur leſquels ils furent tout étonnés de voir un gros ours blanc qui dormoit. Il fut tué, mais les glaçons qui continuoient de ſe rompre ne permirent pas de s'en ſaiſir. Tant de glaces & un froid déja très-piquant quoique dans le fort de l'été, déterminèrent les Hollandois à ne pas pouſſer plus loin leur entreprise. (*a*)

L'année ſuivante ils tentèrent de

(*a*) V. le t. xve de la collection générale des Voyages, éd. *in-4°*. & les Voyages au nord - eſt & au nord-oueſt de Barenſz & de Heemskerke.

faire de nouvelles découvertes dans ces mers, & ils pénétrèrent plus loin : il se trouvèrent le 2 Septembre à une lieue de distance à l'est du Cap de Twisthœk, & courant au nord jusqu'à midi, ils firent environ six lieues. Ensuite ils rencontrèrent tant de glaces, une brume si noire, des vents si variables, qu'après avoir été contraints de faire de petites bordées, ils prirent le parti de dériver à l'est d'une terre inconnue de la mer glaciale, qu'ils nommèrent l'Isle des Etats. C'est delà qu'ils regagnèrent leurs ports, persuadés qu'il falloit arriver de très-bonne heure dans ces parages pour tenter avec quelque succès le passage à la Chine par la mer de la Tartarie.

Ils y revinrent en 1596, & ils étoient le 30 Mai à la hauteur de 69 degrés 24 minutes, ils n'eurent point de nuit dès le premier de Juin, & le 5 de ce mois ils furent si surpris de voir déja des glaçons, qu'ils les prirent de loin pour des tignes ; c'étoient cependant de véritables bancs de glace qui s'étoient divisés & qui flottoient au gré des flots. Le 7 ils se trouvèrent par les 74 degrés navigeant à travers les glaces que le mouvement du vaisseau écartoit en avant, comme s'il eût couru entre deux terres. A mesure que l'on avançoit, elles devenoient plus épaisses. Le 19 on rangea la côte vers l'ouest jusqu'aux 79 degrés & demi, on y découvrit une fort bonne rade, mais un vent de nord-est qui souffloit de terre avec violence, ne permit pas d'en approcher.

Les Hollandois se croyoient alors sur les côtes du Groenland ; mais ils étoient sur celles d'une terre située entre le Groenland & la nouvelle Zemble, qui s'étend depuis le 60e. degré de latitude nord jusqu'au 80e. nord-ouest de l'Isle aux Ours. Elle est sous un climat que l'excessive rigueur du froid fait croire inhabitable, & où ils ne virent aucune trace d'hommes : c'est le pays du monde connu où les nuits font les plus courtes pendant les fix mois d'été; on n'y voit point manquer tout-à-fait la lumière: mais quoique le jour foit fi long & que le foleil luife fi long-tems & fans interruption dans ce rigoureux climat, il n'en eft pas moins vrai que de toutes les régions qui font au nord de la ligne, c'eft celle qui a l'été le plus court & le moins chaud. On y a vu quelquefois au 13 Juin les glaces encore fi fortes à l'entrée des ports & le long des côtes, que les vaiffeaux n'y pouvoient pas pénétrer; la neige qui les couvre continuellement en certaines parties, étoient fi peu fondues dans les autres, que les renes ne pouvant y trouver à paître qu'avec peine, étoient d'une maigreur extrême.

La caufe de cet hiver perpétuel, eft que le foleil ne montant jamais fur cet horizon qu'à la hauteur de 32 degrés 20 minutes, fes rayons qui ne frappent la terre qu'oblique-

ment glissent dessus, ne la pénétrent
point , & ne peuvent jamais l'é-
chauffer assez pour communiquer
au fluide ignée terrestre le mouvement & l'action nécessaire pour
adoucir la rigueur de la température dominante. Par la même raison, il n'ont pas la force de raréfier
assez les vapeurs qui s'élèvent de la
terre & des glaces pour les dissiper :
elles restent condensées, & forment une brume épaisse qui cou-
vrant les montagnes & la mer, empêche souvent que la vûe des Navigateurs ne puisse s'étendre plus
loin que la longueur du navire ;
aussi ne connoît-on que les côtes
de cette terre. Elle paroît semée de
hautes montagnes toujours chargées
de neiges : dans les vallons qui les
entrecoupent, on ne voit ni arbres,
ni buissons, ni plantes utiles, la
seule production que l'on y connoisse est une mousse courte, moins
verte que jaunâtre, au travers de
laquelle percent dans le fort de
l'été de petites fleurs bleues ; mais

B v

on y voit des ours blancs plus hauts & plus longs que des bœufs, fort hardis & très-cruels, des entreprifes defquels les Hollandois eurent à fe défendre pendant tout le tems qu'ils furent contraints de refter fur ces côtes; des cerfs, des renes, des renards blancs ou gris fuivant la faifon, & des orignaux. Cette multitude d'animaux femble néanmoins annoncer que cette terre n'eft pas dans toute fon étendue auffi ftérile qu'elle parut fur les côtes, ou qu'elle tient à quelque grand continent d'Afie ou d'Amérique.

Le 7 d'Août après avoir continué d'errer fur ces côtes inconnues, dans l'efpérance de trouver une mer plus libre ou des terres où l'on pût hiverner, une brume dès plus noires obligea d'amarrer le vaiffeau à un banc de glace de cinquante-deux braffes d'épaiffeur méfurée, c'eft-à-dire de trente-fix de profondeur dans l'eau & de feize au-deffus, la neige tomboit avec abondance. Dès ce tems la mer dans

ces parages est continuellement couverte de glaçons, dans lesquels les
vaisſaux ſe trouvent quelquefois
pris, de manière à ne pouvoir
avancer ni reculer.

En Septembre les glaces s'accumulèrent au point que le vaiſſeau
fut ſoulevé en partie, le gouver-
nail rompu & la carcaſſe endom-
magée en pluſieurs endroits. Un
des bancs de glace obſervé par les
Matelots qui avoit 28 braſſes d'é-
paiſſeur, 18 ſous l'eau & 10 au-
dehors, étoit d'un vrai bleu - cé-
leſte couvert de terre par le deſſus,
& l'on trouva à ſon ſommet une
quarantaine d'œufs d'oiſeaux. La
couleur de ce banc fit former divers raiſonnemens aux Obſerva-
teurs ; les uns le prirent pour une
glace extrêmement condenſée, les
autres pour un amas de terre glacé ;
& ce ne devoit être qu'une glace
ordinaire dont la couleur étoit plus
obſcure & moins tranſparente,
parce qu'elle n'étoit pas éclairée
par le haut. Toutes les glaces de

B vj

ces régions paroiſſent bleues ou blanchâtres, & cette variété vient des différens aſpects de la neige dont elles ſont couvertes & de la manière dont elles ſont éclairées, c'eſt par tout la même choſe alternativement; les premiers Danois qui allèrent dans le Groenland, donnèrent les noms de Bloſerken (chemiſe bleue) ou de Huidſerken (chemiſe blanche) aux grands glaçons dont étoient hériſſés les ports où ils abordèrent.

Le 16 Septembre l'eau de la mer qui avoit conſervé juſqu'alors ſa fluidité & ſon mouvement entre les glaçons, ſe trouva gelée de deux doigts & le lendemain du double, le froid devint alors exceſſif; & dès le 27 il étoit ſi violent, que ſi un ouvrier mettoit un clou dans ſa bouche comme il arrive quelquefois pendant le travail, il ne pouvoit plus le retirer ſans emporter la peau des lèvres, le feu même n'étoit plus aſſez ardent pour empêcher l'effet immédiat de la gelée, & la terre s'endurcit tellement qu'il n'eut plus affez de force pour la ramollir. Nous avons vu que le vaiffeau s'étoit brifé, ce qui détermina ces malheureux navigateurs à bâtir fur terre à portée de l'endroit où il étoit échoué entre les glaces, une hutte avec une partie de fes débris. Les neiges s'accumulèrent au point que l'on n'ofa plus fortir. Le 4 de Novembre on ceffa entièrement de voir le foleil, & dès le 6 il y eut des brumes fi fombres, que la lune n'éclairant pas, on ne pouvoit diftinguer le jour de la nuit. Le froid augmenta tellement, que ne fachant plus comment s'en garantir, on alla chercher au vaiffeau du charbon de terre que l'on alluma, après avoir fermé exactement toutes les ouvertures de la hutte, dans l'efpérance d'avoir une nuit chaude & tranquille; mais les vapeurs de ce minéral enflammé, les étourdirent tous au point, qu'ils étoient à l'inftant d'en être étouffés, fi les plus vigoureux n'avoient eu le courage

d'ouvrir la porte pour donner une
entrée libre à l'air, qui en les gla-
çant les tira des bras de la mort. Ils
n'oſoient ni ſe ſéparer, ni s'écarter
de leur logement , dans la crainte
de rencontrer des ours blancs qui
ne ceſsèrent de les attaquer avec fureur juſque dans la hutte qu'ils tentèrent pluſieurs fois de découvrir.

Qu'on ſe répréſente , ſi l'on peut
l'horreur d'une pareille ſituation ,
dans un pays couvert de glaces &
de neiges , inconnu , deſert , enveloppé d'épaiſſes ténèbres , qui n'a-
voit d'autres habitans que quelques
animaux cruels & affamés , contre
la férocité deſquels on avoit ſans
ceſſe à combattre dans une température ſi rigoureuſe , que dans la
hutte même le cuir des ſouliers geloit aux pieds , & ne pouvoit plus
ſervir tant il étoit dur , ce qui obligea les Hollandois à ſe faire des
chauſſures du deſſus des peaux de
moutons qu'ils avoient apportées ,
avec trois ou quatre paires de chauſ-
ſons l'une ſur l'autre ; leurs habits

étoient tout blancs de verglat : s'ils
demeuroient quelques tems dehors,
il s'élevoit sur leurs lèvres, au visage & aux oreilles des pustules
qui geloient aussi. Le feu même
sembloit manquer de chaleur, ou
du-moins elle ne se communiquoit
pas aux objets les plus proches. Il
falloit brûler ses bas pour en sentir
un peu aux jambes & aux pieds,
& l'on ne se seroit pas même apperçu de la brûlure des bas, si l'odorat n'en eût été frappé. On ne conçoit pas comment des hommes ont
pu résister à un froid si excessif,
aussi la plus grande partie de l'é-
quipage du vaisseau périt successivement dans cette terre horrible. Si l'on
se fait une idée juste de cette position,
l'on ne pourra trop admirer la constance & la fermeté des chefs de
cette troupe, qui n'ayant presque
plus d'autre espérance que de trouver la fin de leurs maux dans une
mort d'autant plus prochaine qu'ils
sentoient leurs forces, le principe
même de la vie s'éteindre en eux

de jour en jour , cherchoient moins
à s'en garantir qu'à laisser un mo-
nument de leurs funestes avantu-
res , en les mettant fidèlement par
écrit , pour en instruire la postérité,
& détourner ceux qui seroient ten-
tés de naviger dans ces mers, d'y
chercher un passage que des obstacles invincibles empêchent de fran-
chir. Barensz l'un d'eux composa
deux journaux, l'un desquels fut
destiné à rester dans la hutte même , & l'autre à être porté en Hollande , si quelqu'un d'eux étoit
assez heureux pour repasser en Europe dans une barque qui leur restoit. Il mourut le 20 Juin 1597 au
milieu des glaces , à la vue des terres qu'il s'efforçoit de quitter , in-
certain du sort de ses compagnons
qui lui survivoient, avec le courage & la tranquillité d'ame d'un héros, qui cede à la rigueur de sa des-
tinée , en cherchant à conduire son
projet à une heureuse fin.

C'est par ces journaux que nous
avons appris qu'ils passèrent plus

de deux mois dans des ténèbres épaisses, & glacés d'un froid continuel & insurmontable ; enfin le 14 de Janvier ils virent à l'horizon une espece de rougeur qu'ils prirent pour l'annonce du retour du soleil, il commença à reparoître le 24 ; mais des brumes épaisses empêchèrent qu'on ne s'en apperçût les deux jours suivans. Les huit premiers jours de Février furent très-orageux, les neiges furent aussi abondantes & les gelées aussi vives que dans le fort de l'hiver. Le reste de Février, tout le mois de Mars & les quinze premiers jours d'Avril furent des alternatives continuelles de beau & de mauvais tems, de brouillards & de gelées.

Le 15 Avril la surface de la mer chargée d'une multitude de glaçons accumulés, offroit la perspective d'une ville immense, où l'on sembloit distinguer des maisons, des tours, des clochers, des bastions, des remparts. Ce spectacle étoit curieux sans doute ; mais pour en

jouir, il n'eût pas fallu être exposé à la rigueur de la température dans laquelle il s'étoit formé.
Le 2 de Mai, un grand vent de
sud-est nétoya la haute mer, & n'y
laissa plus de gros glaçons, ils
avoient coulé du côté des plages
plus méridionales où ils avoient
été porter la continuation de l'hiver & du froid ; mais le vaisseau
resta entourré & pris dans les glaces, à plus de cinq cens pas de
l'eau ouverte, ce qui fit croire à
des gens tout-à-fait découragés qu'il
ne se dégageroit pas de l'année. Le
7 & le 8 de Mai, il tomba une neige
si abondante qu'elle ramena toutes
les horreurs de l'hiver. Le 8 de
Juin une violente tempête accompagnée de pluie, de neige & de
grêle obligea de rester dans la hutte;
la saison étoit moins rigoureuse,
mais toujours très-variable, & les
glaces ne permettoient pas encore
de courir les hasards de la navigation la plus dangereuse dans un simple barque. Enfin un reste d'espé-

rance, ou plutôt un vrai defefpoir,
détermina fept ou huit de ces Hollandois fous la conduite de Héemf-
kerke, l'un des chefs de l'entreprife, à tenter de regagner leur
patrie dans le mois de Juillet à la
fuite des glaces que le mouvement
général de la mer emporte alors
d'orient en occident, & qui viennent par le détroit de Weigatz flot-
ter & fe diffoudre dans les mers au
nord de l'Europe. Après avoir erré
pendant plus de deux mois au gré
des vents & des tempêtes, dans un
petit bâtiment qui devoit mille fois
être brifé par l'impétuofité des flots;
ils abordèrent à la fin d'Août à
Kola en Laponie au 68ᵉ degré 58
minutes de latitude, où ils trouvèrent tous les fecours dont ils
avoient befoin pour fe rétablir des
fatigues incroyables qu'ils avoient
éprouvées.

En fuivant le Journal duquel nous
avons tiré la plupart des obfervations que nous venons de rapporter, on voit que le golfe qui eft en-

tre la Nouvelle Zemble, l'embouchure du fleuve Obi & celle de la
riviere Jenifea, & toute cette longue côte inconnue qui s'étend du
70ᵉ degré environ de latitude jufqu'au 77ᵉ, eft toujours rempli de
glaces qui ne fondent jamais, dont
une partie s'écoule par le détroit de
Weigatz, mais qui font bientôt rem-
placées par celles que ces fleuves y
charient des terres hautes du pays
des Samoïedes & de l'extrémité feptentrionale de l'Afie , qui entretiennent un froid continuel : auffi
ne doit-on pas être étonné qu'en
tout temps, il y neige, & que les
vents du Nord y excitent de fréquentes tempêtes d'autant plus dan-
gereufes, que l'effet des coups de
vent eft redoublé par les glaçons
qui s'accumulent alors. Les brouillards moins fréquens en Juillet & en
Août qu'en Décembre & en Janvier , le font encore beaucoup
même dans ces mois d'été, & la
mer ne commence à être pratica-
ble qu'au détroit de Weigatz envi-

ron au 70ᵉ degré, à l'extrémité méridionale de la Zone glaciale. Dans
la saison la plus douce, qui est à la
fin de Juillet & en Août, on y a de
fréquens orages, des tonnerres violens & de fortes grêles. Ce sont ces
phénomènes qui y forment une espece d'été par le mouvement qu'ils
mettent dans l'atmosphère dont l'air
contracte alors quelque chaleur.
Les vents de Sud & d'Ouest y apportent des vapeurs & des exhalaisons des contrées plus meridio-
nales, qui adoucissent la rigueur de
la température. L'évaporation de la
mer dont la surface est alors découverte pour la plus grande partie,
contribue encore à cet effet : car il
n'est pas probable que la terre s'y
dégèle jamais assez, pour que le feu
qu'elle conserve dans son sein, puisse
s'échapper audehors assez abondamment pour causer quelque chaleur
sensible ; une couche légere de sa surface extérieure se ramollit, & produit quelques plantes maigres qui
percent à travers la mousse dont elle

est couverte, c'est à quoi se termine la végétation annuelle de ces
tristes contrées.

Jean Wood, qui fit naufrage dans
ces mêmes terres en 1676, les peint
telles que nous les avons représen-
tées, il y eut au mois de Juillet de
la neige, de la pluie & des brouillards pendant neuf jours de suite:
il croit impossible de vérifier si c'est
une isle, ou une partie du continent le plus septentrional de la Tartarie : mais peu importe, dit-il,
puisque c'est la plus misérable portion du Globe terrestre : elle est
presque généralement couverte de
neige ; dans les lieux où l'on n'en
trouve point, ce sont des abîmes
inaccessibles. Après avoir creusé
plusieurs pieds en terre, on n'y rencontre que de la glace plus dure que
le marbre ; phénomène rare, mais
non pas unique, comme le dit ce
navigateur, & qui tromperoit beaucoup ceux qui s'imaginent qu'en
hivernant sur cette côte, on pourroit faire des caves en terre pour

s'y mettre à couvert des rigueurs de
la gelée. L'entreprise ne seroit peut-
être pas impossible, mais elle exige-
roit des peines & un nombre d'hommes considérable, dont il faudroit
encore assurer la subsistance dans
ces climats stériles. A force de creuser on trouveroit la fin des glaces,
& sans doute ce même degré de chaleur que l'on ressent dans les mines
les plus profondes. La neige, continue le même voyageur, dans tous
les autres climats, se fond plutôt au
bord de la mer qu'ailleurs ; ici, au
contraire, la mer bat contre des
montagnes de neige, quelquefois
aussi élevées que les plus hauts promontoires de France & d'Angleterre : elle a creusé fort loin par-
dessous, & ces grandes masses qui
paroissent aussi anciennes que le
monde, ajoutent un nouveau degré d'horreur au spectacle affreux
de ce pays.

Cette terre, dont nous venons
de parler, est-elle la même que celle
que les cartes les plus modernes

placent au Nord de la Tartarie Ruf-
fienne entre le 70 & le 76ᵉ degré
de latitude, & repréfentent comme
une grande Ifle, fous le nom de
Bofchaïa-Zembla (grande terre),
découverte en 1723, au 75ᵉ degré, à l'embouchure de la Kowima.
Il s'y fait une pêche au milieu des
glaces, par les habitans des côtes
voifines de la Sibérie, qui fupris par
le dégel, font quelquefois empor-
tés fur de grands glaçons à la côte
la plus feptentrionale de l'Amérique, qui n'en eft pas éloignée?
Quoique ce pays foit fi avancé au
Nord, on prétend qu'il eft habité,
& qu'il s'y trouve de grandes forêts, d'où l'on conjecture qu'il doit
y avoir de hautes montagnes qui le
garantiffent des vents froids & le
rendent habitable.

§. III.

Observations fur le Spitzberg & les montagnes de glace.

Le Spitzberg que l'on repréfente
comme le païs le plus froid du monde,

de, s'étend du 78e degré de latitude
Nord au 80e & au-delà. On y arrive pour la pêche de la baleine au
mois de Juillet, & on en repart vers
le 15 d'Août. Les glaces empêche-
roient d'entrer dans ces mers avant
ce temps, & d'en sortir après. Les
terres qu'elles environnent, paroiffent comme un amas de petites montagnes aiguës qui se composent, difent les voyageurs, de petites pierres & de graviers que les vents
amoncelent : elles croissent à vûe
d'œil, & les matelots en découvrent tous les ans de nouvelles (*a*).
Ce terrein inhabité, & que l'on
croit inhabitable, n'a aucune liai-
fon : il en fort une vapeur si froide
& si pénétrante, qu'on est glacé
pour peu qu'on s'y arrête. Ce premier coup d'œil ne présente rien
que de triste & d'effrayant : cependant Frédéric Martens, habile pilote de Hambourg, qui a tenu plu-

---

(*a*) Histoire Nat. du Cabinet du Roi,
t. 2. art. 10. édit. *in*-12.

Tome III.   C

fieurs fois ces mers, & qui a fait des remarques curieufes & exactes fur le Spitzberg & fes glaces, nous en parle comme d'un pays très-froid, mais qu'on pourroit abfolument habiter, & qui eft beaucoup moins horrible que la terre dans laquelle les Hollandois pafferent l'hiver en 1594 (*a*).

Dans cette faifon, ce pays dont on ne connoît que les côtes en-deçà du Pole, eft environné de glaces que les vents y pouffent de divers côtés : celui d'Eft les y chaffe de la Nouvelle-Zemble ; celui de Nord-Oueft, du Groenland & de l'ifle de Jean-Mayen : il arrive même qu'elles s'y confervent pendant tout l'été, ce qui dépend de la température de l'Europe dans cette faifon ; fi elle a été froide & humide, alors l'hiver ne finit plus aux terres Arctiques, & on ne peut faire la pêche de la baleine dans les mers voifines. Les

_____

(*a*) Hiftoire générale des Voyages, t. 15. éd. *in-*4°. & Voyages au nord, t. 2.

vaisseaux qui s'y trouvent engagés, pour éviter le choc des glaces, sont obligés de se retirer dans les baies ou les rivieres, dont l'eau est aussi salée que celle de la mer, quand le vent qui soufle des montagnes par tourbillons, leur permet d'y entrer.

Martens observe qu'en arrivant sur les côtes du Spitzberg le 18 Juin 1671, le pied des montagnes lui parut en feu : leurs sommets étoient couverts de brouillards ; la neige étoit comme marbrée représentant des branches d'arbres, elle réfléchissoit une lumiere aussi vive que celle du soleil. Il ajoute que ces apparences de feu sont ordinairement d'un fort mauvais augure pour les mariniers auxquels elles annoncent quelque violent orage. Ces différens phénomènes qui présentent un spectacle fort singulier & le plus beau dont ces climats soient susceptibles, sont occasionnés par l'état actuel de l'atmosphère.

On ne peut approcher de ces

terres Polaires que dans la saison la
plus chaude, aux mois de Juillet &
d'Août. Les montagnes de neige &
de glaces dont elles sont couvertes, sont alternativement exposées,
même dans ce temps, à la gelée &
au dégel : la fonte des glaces & les
pluies y forment des ravins, qui
paroissent comme des bandes noires, étendues depuis leurs sommets
jusqu'à leurs pieds ; à côté se trouvent de grandes traînées de neige
qui n'a point fondu, & dont la
blancheur éclatante contraste avec
l'obscurité des ravins : des glaces
minces & transparentes laissent voir
la forme & la verdure des buissons
qu'elles couvrent : dans les enfon-
cemens elles paroissent bleues, parce qu'elles sont plus épaisses : un
peu plus loin réduites en poussiere,
& répandues sur les feuilles des ar-
bustes, elles rompent & réfléchissent des rayons de lumiere avec toutes les couleurs de l'arc-en-ciel ; ou
quelquefois aussi polies que des miroirs, elles renvoient à l'œil autant

d'images d'un foleil pâle & languif-
fant, qui ne quitte point l'horifon ;
qu'elles ont de furfaces expofées à
fes rayons (*a*). Quant à cette couleur vive & ardente, que l'expérience a rendue de mauvais augure
aux navigateurs, on ne peut la regarder que comme un effet naturel
de la lumière réfléchie fur la neige ;
le fommet des Alpes, éclairé par le
foleil a l'éclat du feu. Si elle annonce
quelque orage dans le Spitzberg,
c'eft que l'air y étant alors au plus
haut degré de chaleur dont il foit
fufceptible, les vapeurs dont les
fommets des montagnes font chargés, fe répandent dans la région
fupérieure de l'atmofphère, s'y condenfent, & forment ces nuages
épais d'où fortent les grêles, les
foudres & les vents impétueux &
irréguliers qui y font communs dans
cette faifon.

Tout ce qu'on connoît du Spitz-

______

(*a*) Differtation fur la glace par M. de
Mairan, part. 2. fect. 3. ch. 7.

C iij

berg est pierreux & rempli de montagnes ou de rochers. Auprès de ces montagnes ordinaires dont les penchans sont couverts de neige, on en voit de glace qui s'élèvent à la hauteur des autres. Martens en observa sept entre de hauts rochers, & toutes sur une même ligne : elles paroissent, dit-il, d'un beau blanc, mais elles sont pleines de trous & de fentes causées par la pluie & la fonte des neiges. On s'apperçoit qu'elles s'aggrandissent de jour en jour, il en est de même des glaces qui flottent dans cette mer. Ces sept montagnes de glace passent pour les plus hautes du pays, & sont en effet d'une très-grande élévation. Peut-être même la saison la plus douce contribue-t-elle à leur accroissement par une suite du froid dont elles ont été pénétrées pendant l'hiver. Les corps solides, tels que le verre & le fer, contractent en plein air un tel degré de froid, qu'il résiste longtemps à la plus grande chaleur. Le voyageur Ellis raconte qu'étant dans le pays de Hudson, il apporta dans son logement une hache que l'on avoit laissée quelque temps à l'air : il la mit à six pouces d'un bon feu, & jetta de l'eau dessus, il s'y forma sur-le-champ un gâteau de glace qui se soutint quelque temps contre l'ardeur de la flamme. Il y a beaucoup d'apparence que les montagnes de glace dont nous venons de parler, s'accroissent par les mêmes causes, & plus encore lorsque la température de l'air qui les environne est échauffée, que pendant l'hiver.

La neige dans les parties les plus basses de ces montagnes, paroît obscure, & cette obscurité mêlée avec les fentes bleues de la glace, lorsqu'elles sont éclairées, forme des points de vûe singuliers. Ces montagnes sont environnées vers le milieu d'une espece de ceinture de nuages, au-dessus la neige est fort lumineuse, & les rochers découverts brillent d'un éclat plus vif que le soleil qui les éclaire, dont

la lumiere eſt toûjours pâle ; mais
redoublée dans ces points par les
réfractions différentes qu'elle éprouve dans les vapeurs qui environnent ces rochers, elle doit acquérir une couleur de feu fort vive,
ainſi que la neige qui eſt à la même
hauteur : leur éclat frappe d'autant
plus que les pointes de ces rochers
ſont ordinairement cachées dans les
nuages.

Il eſt à propos de remarquer, au
ſujet du froid qui regne dans les terres Arctiques, que la conformation
extérieure du globe dans ces régions, contribue beaucoup à ſon
intenſité & à ſa durée. S'il eſt vrai,
comme nous l'avons établi plus
haut, que la chaleur de l'atmoſphère dépend autant de l'émanation du feu interne, que de l'action des
rayons du ſoleil, & que même celle-
ci reſte nulle ſi elle n'eſt combinée
avec les vapeurs de la matiere ſubtile
ignée qui s'échappent du ſein de la
terre : on conçoit aiſément que dans
les pays dont la ſurface n'eſt qu'un

affemblage & un tiffu de rochers
élevés, de montagnes de glace &
de neige, féparées par des précipices terminés par d'autres glaces
qui s'étendent à une grande profondeur dans le fein de la terre ; on
conçoit, dis-je, que cette croute
plus denfe, plus épaiffe, & plus éloignée du foyer que celle du fol d'une
plaine unie, doit intercepter en
tout ou en grande partie les émanations chaudes qui s'élevent ou tendent à s'élever de deffous cette furface : c'eft pourquoi on éprouve
toujours fur les hautes montagnes
un froid très-vif ; les Alpes, les Py-
rénées, la Cordiliere, les montagnes d'Afrique & celles d'Afie, ont
des fommets où de temps immémorial on n'a vu fondre ni la neige ni
les glaces.

Pour rendre raifon de ce phénomène, il faut confidérer la caufe
locale compliquée avec l'état du
fluide ignée qui s'élève de l'intérieur du globe, & qui ne pouvant
pénétrer en affez grande abondance

la croute épaisse & compacte qui
s'oppose à sa sortie, laisse ces sommets en proie à un froid âcre &
dévorant qui régneroit sur tout le
reste de la terre, si ce principe per-
manent de chaleur ne l'en garantis-
soit pas. Que l'on considère ensuite
la surface du sol du Groenland, de
la Nouvelle Zemble, du Spitzberg
& des terres Australes un peu connues, hérissées de rochers & de
montagnes de glaces, par-tout couvertes de neiges, qui ne fondent
jamais entiérement même dans les
plaines les plus basses : le terrein
de ces mêmes plaines, resserré jusques sur les bords de la mer par des
glaces qui le pénètrent à une grande profondeur ; ces causes d'une
résistance étonnante, combinées
avec l'obliquité des rayons du soleil, doivent faire regarder comme
un prodige l'activité du feu cen-
tral, qui secondé par la foible action
du soleil, parvient à s'échapper à
travers les glaces & les neiges, pour
établir enfin une température un

peu plus douce dans l'atmosphère de ces climats ; quoiqu'elle dure peu, elle n'éxisteroit point sans l'émanation des vapeurs ignées qui sortent de la terre. Une quantité de phénomènes annoncent leur présence & leur action pendant les mois de Juillet & d'Août dans le Spitzberg : les rochers y rendent une odeur agréable, telle à peu près que celle des prairies au printemps après une pluie douce, & cette odeur ne peut être que l'effet des corpuscules nitreux & sulphureux extrêmement exaltés & répandus dans l'atmosphère. Ce phénomène qui se fait remarquer quelquefois dans nos Provinces dont la température, toutes choses égales, est quelquefois aussi rigoureuse que celle des pays situés sous la Zone glaciale, est une preuve de la salubrité de l'air & de l'heureux état de sa température. Il m'a frappé plus d'une fois dans la partie la plus élevée de la Bourgogne septentrionale, où les hivers sont très-rigoureux, les ge-

C vj

lées longues & fortes, où les brumes dans cette saison sont fréquentes, épaisses & d'un froid glacial;
où la nature se montre sous l'aspect
le plus formidable & avec les singularités qui sont ordinaires aux terres arctiques : quelquefois par un
tems sec & une belle gelée long-
tems après le soleil couché, l'air y
est pénétré d'une odeur suave &
même aromatique : on la respire,
on sent qu'elle est salutaire ; mais
jamais elle ne m'a été plus sensible
qu'au mois de Juin 1767, après
un léger orage, accompagné d'une
pluie à très-grosses gouttes & de
quelques grains de grêle, qui se fit
environ neuf heures du soir, la
température de l'air me parut délicieuse; mais ce qui me frappa sur-
tout, ce fut le parfum répandu dans
l'air, & qui ne pouvoit être que
l'effet d'une matière sulfureuse très-
exaltée, quoiqu'il fît alors plus
froid que chaud.

Les rochers qui rendent une
odeur si agréable au Spitzberg ont

des veines rouges, blanches & jaunes comme le marbre : ils fuent
lorfque le tems change, ce qui co-
lore la neige au point de la rendre
rouge, quand la pluie fait couler
cette efpèce de fueur. Cet accident
démontre l'action du fluide ignée
terreftre fur les neiges, il s'échappe
du fein de la terre à travers les fentes des rochers, fous lefquels la
gelée ne pénètre point, & comme
un agent chimique très-actif il fond
la neige & l'exalte au point d'en
faire fortir la même efpèce d'huile
ou de liqueur rouge que la Chimie
en fait tirer. Après cela on ne doit
pas être étonné, fi les exhalaifons
font fi abondantes dans quelques-uns
de ces havres & dans l'intérieur
des montagnes qui les bordent,
que lorfque le vent fouffle de terre,
ils font couverts d'un brouillard léger qui fe répand comme une efpèce de fumée jufque fur les bords de
la mer, ce qui n'arrive que lorfque
la faifon eft la plus douce.

On prétend que c'eft aux mois

d'Avril & de Mai que le froid du
Spitzberg eſt le plus rude ; cependant dès le troiſieme jour de Mai il
n'y a preſque plus de nuit, & peu
après il y a un jour plein de trois
mois , pendant leſquels le ſoleil
ne ceſſe pas d'éclairer l'horizon :
néanmoins il n'eſt pas étonnant que
le froid ſoit plus ſenſible & plus piquant en Avril & en Mai que dans
le plus fort de l'hiver, alors toute
la nature eſt dans un engourdiſſe-
ment ſi abſolu, qu'il ne reſte preſque
aucun mouvement naturel dans la
maſſe de l'atmoſphère : les cauſes du
froid ſont en quelque ſorte ſuſpen-
dues par l'excès même du froid.
Les particules ſalines & nitreuſes,
les fleches glaciales répandues dans
l'air s'uniſſent les unes aux autres,
ſe condenſent : l'air eſt prodigieuſe-
ment épais , abſolument dépouillé
de la matière ſubtile principe de
ſon mouvement, il n'a aucune action. Il n'en eſt pas de même lorſque le ſoleil commençant à répa-
roître ſur l'horizon, & y reſtant

déja affez long-tems, feconde les
efforts du fluide ignée enveloppé
dans les molécules glaciales : alors
les deux puiffances tendent également à fe mettre en équilibre, & ce
font ces efforts qui donnant plus
d'activité à l'air dans les mois d'A-
vril & de Mai, le rendent d'autant
plus piquant, que les molécules falines dont il eft chargé ont encore
toute leur rigidité, toutes leurs
pointes, & n'en font que plus pénétrantes : mais à mefure que le mouvement augmente, ces molécules
en fe heurtant les unes contre les
autres, perdent de l'avantage qu'elles tirent de leur configuration : la
matière fubtile en agiffant fur elles
les divife, les diffout, & les change
de forme au point de les raréfier
affez, pour qu'elles deviennent infenfibles, fans force & fans effet.
Martens, qui s'eft trouvé au Spitzberg pendant les mois de Juin,
Juillet & Août, affure que pendant
le premier de ces trois mois, le foleil avoit encore fi peu de force &

que le froid étoit si piquant, que
l'on ne pouvoit s'exposer à l'air sans
se sentir tomber les larmes des
yeux : mais que dans les deux
mois suivans, surtout en Juillet, le
goudron des jointures du vaisseau
se fondoit du côté qui étoit à l'abri
du vent, parce que dans cette saison tout contribue à exciter une
chaleur considérable sur ces côtes.
L'effluence de la matière ignée qui
est très-abondante, & l'action du
soleil qui est continuellement sur
l'horizon, & dont la force est doublée par la réflexion de ses rayons
sur les rochers, les terres élevées,
& les glaces même qui ne se fondent point : toutes ces causes réunies, établissent un mouvement si
considérable dans les matières différentes dont l'atmosphere est composée, qu'il se maintient assez long-
tems contre les rigueurs des pré-
miers froids, qui sont moins piquans sur ces côtes en Octobre &
même en Novembre, qu'à la fin
d'Avril & en Mai.

Un effet très-surprenant de la chaleur dont nous venons de parler, c'est qu'un sol tel qu'on représente celui de Spitzberg, porte quantité de belles plantes que la nature y conduit presque tout d'un coup à leur perfection : à peine y voit-on quelque verdure au mois de Juin, & dans le cours de Juillet la plûpart des herbes y sont en fleur, il s'en trouve même dont la semence a déja toute sa maturité.

Le même Observateur ajoûte que l'hiver de ce pays est plus ou moins rude, comme dans les autres climats, & que le froid y dépend beaucoup de la qualité des vents. Ceux de nord & d'est causent un froid si excessif, qu'à peine est-il supportable, & ceux d'ouest & de sud produisent beaucoup de neige & quelquefois de la plûie qui diminue la rigueur de la saison. Les autres vents, quelque nom que les gens de mer leur donnent, varient suivant l'action des nuages & le gisement des côtes, le vent est sud ou fud-oueft dans un lieu, tandis qu'à peu de diftance il eft tout-à-fait oppofé.

§. IV.

Formation, épaiffeur, folidité & couleur des glaces des terres arctiques.

La température des terres arcti-ques étant prefque toujours froide, & la glace un de fes effets les plus marqués, celui qui paroît la con-ferver le plus long-tems & la por-ter même dans des climats fitués fous des latitudes beaucoup moins avancées, je dois dire ici quelque chofes des variations différentes qu'éprouvent l'air & l'eau lorfque la glace fe forme, & jufqu'à ce qu'elle ne foit à ce point de folidité & d'épaiffeur qui eft porté à l'ex-trême, puifqu'il en réfulte des amas ou des montagnes d'une dureté ex-ceffive, qui s'accroiffent tous les jours, & dureront peut-être autant que le fol qui les porte.

Il est convenu que la matière subtile répandue dans tous les liquides, est cause de leur fluidité & de leur mouvement. Cette matière subtile, la même que le fluide ignée répandu dans l'intérieur de la terre, est en équilibre avec elle-même, comme avec celle qui produit la chaleur & le mouvement de l'atmosphere. Elle n'entretient la fluidité du liquide qu'autant qu'elle reste en équilibre avec ses parties intégrantes; ainsi pour que les choses subsistent dans leur état naturel, il faut une action réciproque & à-peu-près égale entre la matière subtile intérieure, & la matière subtile extérieure. La partie de l'atmosphere sous laquelle coule le liquide venant à se refroidir, & le mouvement de la matière subtile répandue dans l'air diminuant à proportion du froid, elle n'est plus en équilibre avec celle qui est dans le liquide, & qui communique avec elle par une infinité d'issues & de pores; dès-lors sa vitesse, son ressort & son action s'affoibliffent, parce qu'étant moins comprimée par celle du dehors, elle s'échappe du côté où elle trouve le moins de réfiftance vers les extrémirés latérales de l'efpace où coule le liquide ; & cette effufion continue tant que la matière fubtile renfermée dans l'eau a plus de mouvement que celle dont le froid de l'air fufpend l'action. Or les parties intégrantes du liquide ne tenant leur mouvement que de la matière fubtile qui les pénètre, & de celle qui les environne, il doit diminuer relativement à ce qui s'eft, échappé de cette matière : dès-lors le liquide devient plus denfe, le frottement de fes parties intégrantes augmente, parce que les molécules de la matière fubtile qui les divife & les fait gliffer les unes fur les autres font en moindre quantité, ont moins de viteffe & de reffort : ainfi le liquide commence à s'engourdir, à être moins coulant. A mefure que le froid augmente, les frottemens & la denfité font

plus forts, parce que l'agitation &
le ressort de la matière intérieure
qui devoient les vaincre deviennent
plus foibles. Bientôt plusieurs parties intégrantes du liquide s'accro-
chent les unes aux autres & s'en-
trelassent, sans pouvoir être séparées par le choc des molécules
ignées, trop affoiblies & en trop
petit nombre, pour que le peu
d'action qu'elles conservent puisse
vaincre ce nouvel obstacle. Les
premiers glaçons se trouvent vers
le bord du liquide & à sa surface ;
c'est-là que l'effusion de la matière
subtile & l'affoiblissement de son
ressort ont commencé. Si le froid
augmente ou s'il continue au même degré, à ces parties assemblées
il s'en joindra beaucoup d'autres
de proche en proche ; & enfin toute
la masse du liquide demeurera fixe
& immobile, elle deviendra solide
& l'eau sera changée en glace. (*a*)

(*a*) V. la Dissertation sur la Glace par
M. de Mairan, p. 1. c. 5.

Tels sont par-tout les progrès de la congélation qui se fait par les mêmes causes. La glace plus ou moins épaisse, plus ou moins dure, dépend de l'intensité du froid & de sa durée. Dans nos climats la glace est d'autant plus forte, qu'elle est plus compacte, & qu'elle contient moins d'air ou de matière subtile; ainsi la lenteur de la congélation contribue à sa solidité, en ce qu'elle donne plus de tems à l'air renfermé dans l'eau dont elle est formée, pour en sortir : mais dans les régions du nord la glace peut se former si promptement & par un froid si excessif, que l'extrême roideur des amas particuliers des parties intégrantes de l'eau en augmenteroit plus la dureté, que la quantité d'air qui y reste dans une prompte congélation ne la diminueroit. « La différence qu'il y a , dit Martens » que nous avons déja cité, entre la » glace du Spitzberg & celle de » notre climat (de Hambourg) ; » c'est que la première n'est pas

» assez unie pour que l'on y puisse
» glisser, & qu'elle est beaucoup
» plus dure, ensorte qu'on a de la
» peine à la rompre & à la fondre ;
» elle est aussi dure que le marbre,
» & en même tems aussi spongieuse
» que la pierre-ponce ; ce qui doit
» s'entendre de la partie inférieure
» tournée vers le fond de la mer,
» que l'on pourroit nommer la par-
» tie substantielle & moëleuse de la
» glace, car le haut l'est beaucoup
» moins. » La cause de cette différence, est qu'en général l'eau du
fond de la mer est plus salée que
celle de la surface, & que le sel
mêlé avec l'eau est un obstacle à
la congélation parfaite ; ainsi l'eau
de la mer où il y a le plus de sel
doit produire une glace moins compacte, & les mers glaciales ne gê-
lent, que parce que sur leurs côtes
& à plus de vingt lieues au - delà,
la salure de la mer est tempérée par
une grande quantité d'eau douce,
qui n'est cependant pas capable de
la changer au point de rendre po-

table l'eau de ces glaces lorsqu'on les fait fondre ; & si par hasard on trouve sur quelques-unes de ces masses énormes de glaces des petites mares d'eau douce, ce sont les pluies de l'été ou la fonte des neiges qui les ont formées. On peut d'autant moins douter que ce ne soit l'eau des fleuves & des rivières qui contribuent à la congélation de la mer, que sous la même latitude à 25 ou 30 lieues des terres, on trouve une mer ouverte, libre & sans glaces, par laquelle le passage est facile pour aller au Spitzberg, tandis que les mers qui avoisinent le Groenland & la Nouvelle-Zemble, l'Isle de Jean Mayen, & les côtes les plus septentrionales de la Tartarie, quoique beaucoup moins avancées vers le pole arctique, sont impénétrables à cause de leurs glaces continuelles.

La surface extérieure de ces glaces est toujours moins transparente & plus terne que le dedans : la raison en est, que pendant la congélation,

lation, les bulles d'air ou de matière subtile, qui s'échappent de la
masse de l'eau vers la superficie, y
produisent mille petites inégalités :
l'intensité du froid peut encore causer des contractions violentes dans
ces solides nouvellement formés,
qui les rendent raboteux & iné-
gaux ; l'évaporation contribue sans
cesse à cet effet : ainsi plus il y aura
de tems qu'un banc de glace sera
formé, plus sa surface aura eu celui
de se hérisser de particules qui s'é-
lèvent par la force de l'évaporation, & qui en augmentent l'opa-
cité ; il n'y a que le frottement ou
l'action du fluide ignée qui puisse
donner à ces masses un poli qui les
rende claires & transparentes. Les
morceaux de glace que l'on emploie
à rafraîchir les liqueurs, sont au
sortir de la glaciere obscurs & plein
d'inégalités ; si on les met dans
l'eau, ou si on se contente seulement de les laisser exposés à un
air chaud, bientôt ils quittent cette

Tome III. D

furface raboteufe & opaque , & deviennent unis & tout-à-fait diaphanes.

Il ne faut cependant pas oublier qu'il y a une grande différence entre nos glaces & celles des mers du nord , pour la couleur & l'épaiffeur. Elles font , dit Martens , d'un très-beau bleu un peu tirant fur le verd ; femblable à la couleur du vitriol de Chypre , & feulement un peu plus tranfparentes que le vitriol , mais moins nettes que les glaces d'Europe , à travers lefquelles on diftingue les objets à une profondeur affez confidérable. Cette différence vient de l'épaiffeur de la glace , de la qualité de l'eau dont elle eft formée , & de la manière dont elle réfléchit les rayons de la lumière. Elle doit être confidérée comme un fluide tranfparent condenfé , dont les pores directs reçoivent d'abord les rayons lumineux fans les brifer ; ils confervent tout leur éclat , mais à force de réfractions ils deviennent tout-à-fait obfcurs ; &

c'eſt le mélange d'obſcurité & de lumière qui forme cette teinte bleuâtre qui paroît à la ſuperficie des glaces. La qualité des eaux, la réflexion des corps voiſins peuvent encore varier ces modifications ; mais il n'eſt pas douteux qu'en ſciant cette glace en tables moins épaiſſes que le banc, elle ne devînt tout-à-fait tranſparente.

Quant à la dureté extrême & à la ſolidité des glaces du Nord, elles viennent, comme nous l'avons déja dit, de l'intenſité du froid, de la force de la congélation & de ſa durée. Il n'eſt pas douteux que ces glaces ne ſe durciſſent d'autant plus qu'elles ſubſiſtent plus long-tems, ſans éprouver aucun changement qui altère leur force intrinſeque. Olaüs Magnus, Hiſtorien du Nord, parle de murailles de glaces & autres ouvrages de défenſe qu'une ville aſſiégée peut ſe procurer en tems d'hiver contre ſes ennemis, comme d'une pratique uſitée parmi les Na-

tions septentrionales, (*a*) peut-être
a-t-il voulu faire mention du Groenland. Ce vaste pays découvert à la
fin du dixieme siècle, fut assez promptement peuplé par des colonies
Danoises. Alors, dit-on, ses habitans
étoient policés & Chrétiens ; ils
avoient des Evêques, des Eglises &
des villes considérables par leur commerce. On connoît encore en Dannemark les titres & les ordonnan-
ces relatives aux affaires de ce pays;
mais depuis le quatorzieme siècle,
toute communication entre le Groenland & le Dannemark a cessé. On
ne sait même ce que sont devenus
ses peuples : on n'y trouve aucun
vestige des constructions considérables qui devoient alors y être: il
n'y reste plus que quelques habitans sauvages en petit nombre,
dont les usages & la langue n'ont
aucun rapport avec ceux des Da-

(*a*) Hist. Gent. sept. *de Mœnibus glacia-
libus*, fol. Romæ. 1555.

nois; ce qui porte à croire que le Groenland découvert depuis deux siècles environ, n'est pas la même terre où ces peuples avoient de si grands établissemens dans le treizieme siècle : à moins que quelque révolution arrivée dans cette partie du globe, n'ait contribué à la rendre déserte & inhabitable, en y augmentant les causes du froid & la quantité des glaces qui ne permettent pas qu'on y aborde pendant la plus grande partie de l'année. Cette raison est peut-être la plus vraisemblable de toutes. Nos Provinces septentrionales, quoique plus découvertes & mieux cultivées qu'elles ne l'étoient il y a quelques siècles, que des forêts immenses les couvroient encore, sont dans une température dont la chaleur semble diminuer sensiblement d'une année à l'autre. La longueur des hivers, les gelées & les vents froids s'y font sentir long-tems & y sont très-préjudiciables : qui peut prévoir les

D iij

révolutions qu'occafionnera cette difpofition générale de l'atmofphère ? Nous n'avons pas à craindre que les glaces du Nord nous apportent avec elles le froid glacial des terres arctiques ; mais l'action conftante des vents froids qui soufflent de ces régions, une humidité trop longue & l'affoibliffement de la chaleur du foleil par rapport à nous, ne peuvent-ils pas caufer les mêmes défordres ? à-moins que les émanations du fluide ignée terreftre devenues plus abondantes, ne portent dans l'atmofphère autant de mouvement & de chaleur que ces caufes lui en pourroient faire perdre. Les nouveaux volcans qui s'ouvrent tous les jours, prouvent fa force & fon abondance ; il vient d'en paroître un en Hongrie à-peu-près à la même latitude que celle de la Bourgogne : il s'en forme d'autres en Bohême, à une latitude encore plus avancée ; ce font autant de preuves des efforts de la nature pour maintenir l'équilibre établi dans la ma-

tière dont notre globe eſt formé, &
conſerver le mouvement & la chaleur néceſſaire à l'accroiſſement de
ſes productions.

Mais occupons-nous encore un
moment des glaces du Nord: tous les
voyageurs s'accordent ſur leur force, leur ſolidité & leur durée, &
nous ne devons pas en conſéquence regarder comme une tradition tout-à-fait fabuleuſe, l'uſage
auquel l'Archevêque d'Upſal prétend qu'on les employoit. Quoique
cet hiſtorien paſſe pour trop crédule, le château de glace de Péterſ-
bourg rend croyable tout ce qu'il
raconte à ce ſujet des peuples ſep-
tentrionaux.

Pendant l'hiver de 1740, qui fut
très-rigoureux ſur-tout en Ruſſie,
où le froid ſurpaſſa celui de 1709,
& l'égala preſque en France, on
conſtruiſit à Petersbourg ſur le bord
de la Neva, avec la glace même
qu'on tiroit de ce fleuve, & qui
avoit deux ou trois pieds d'épaiſſeur, un palais de cinquante-deux

pieds de longueur fur feize de largeur, & vingt de hauteur, fans que
le poids des parties fupérieures &
du comble parût caufer le moindre
dommage à la bafe de l'édifice. A
mefure qu'on tiroit les blocs de
glace de la riviere, on les tailloit
avec foin, on les embelliffoit d'ornemens, & on les pofoit felon les
règles de la meilleure architecture.
On avoit placé au-devant de l'édifice fix canons de glace, faits fur
le tour, avec leurs affuts & leurs
roues auffi de glace, & deux mor-
tiers à bombe dans les mêmes pro-
portions que ceux de fonte. Les canons étoient du calibre de ceux de
fix livres de balles, mais on ne les
chargeoit que d'un quarteron de
poudre, après quoi on y faifoit couler un boulet d'étoupe ou de fonte :
l'épreuve d'un de ces canons fut
faite un jour en préfence de toute
la Cour, chargé, comme nous venons de le dire, & le boulet perça
une planche de deux pouces d'é-
paiffeur à foixante pas de diftance.

Après cette expérience, de la vérité de laquelle personne ne doute en Europe, que l'on compare l'activité du froid de Petersbourg avec celui du Groenland & du Spitzberg, eu égard aux latitudes : des montagnes solides de glaces qui subsistent depuis une longue suite de siècles, avec une glace de deux à trois pieds d'épaisseur, formée pendant un seul hiver, & que le retour du printemps devoit infailliblement dissoudre, & l'on aura quelque idée de la solidité des glaces des terres plus voisines du Pôle; on concevra même comment les hommes qui les ont peuplées autrefois, ont pu les employer à leur défense. Nous reviendrons dans peu sur ce sujet en parlant des terres & des mers glaciales de l'autre hémisphère.

§. V.

Les terres arctiques sont-elles habitables?

A présent il faut examiner si ces climats sont effectivement habita-

bles, & si réellement ils ont été habités : on ne peut pas en douter. Les
hommes & les animaux s'accoutu-
ment insensiblement aux températures les plus rigoureuses où la nécessité les force d'abord de rester.
Par-tout on trouve des habitans ;
& si quelques terres ont paru désertes aux navigateurs, c'est qu'ils
n'ont pas eu le temps de les reconnoître, & qu'ils n'ont pas pénétré
dans l'intérieur. Les premiers Danois que la nécessité força de se re-
fugier dans le Groenland, accoutumés à une température plus froide
que chaude, n'eurent pas de peine
à s'habituer à l'air de ce nouveau
climat. Ils y trouverent des pâturages abondans, des forêts peuplées
de bêtes fauves, des côtes favorables à la pêche, & ils en tirerent
d'abord les secours les plus nécessaires à la vie. S'y étant multipliés
ensuite, d'autres bannis s'étant
joints à eux, une société plus nombreuse les rendit plus entreprenans ;
ils bâtirent des villes où ils se mi-

rent à l'abri des vents & des rigueurs du froid, ils s'y fortifierent, peut-être même avoient-ils alors un commerce utile avec les autres peuples du Nord. Mais ces avantages de situation venant à leur manquer, leurs côtes n'étant plus abordables par la quantité des glaces qui s'y accumulerent insensiblement, leurs terres resserrées par un froid plus considérable, n'ayant plus la même fertilité, il est probable que les peuples originaires du Dannemarck les abandonnèrent, & il n'y resta plus que ce petit nombre de malheureux Sauvages que l'on y rencontre encore & qui sont les vrais naturels du pays ; habitués à lutter sans cesse contre le froid, les rigueurs & les miseres qui en sont la suite, ils n'ont d'autre avantage que celui d'une liberté entière, ils en jouissent dans les cavernes où ils se retirent pendant l'hiver, & dans les rochers où on les apperçoit pendant l'été, lorsqu'ils sont occupés des travaux qui leur donnent les moyens de subsister le reste de l'année, & ils sont d'autant moins à plaindre qu'ils n'ont pas l'idée d'une température plus douce, ni d'une vie plus heureuse.

Les Lapons, les Groenlandiens, les Samoïedes, les Zembliens, les Sauvages du Nord de la baye de Hudson, sont tous des hommes de même espèce. Nés dans un air extrêmement froid, accoutumés alternativement aux travaux les plus durs, ou à une inaction presque entière, ils se ressemblent tous à peu de chose près : petits, trapus, extrêmement laids, la voix grêle & rauque, la peau rude & huileuse, le teint grossier & enfumé ; on ne peut pas douter que cette ressemblance ne tienne aux qualités de l'air, à la rigueur du climat, & à la manière de vivre. On seroit peut-être plus embarrassé de dire pourquoi ils offrent tous leurs femmes & leurs filles aux Etrangers ? Seroit-ce parce que leur laideur horrible les en dégoûte, & qu'ils imaginent

qu'elles tireront un nouvel agrément de leur commerce avec des
hommes plus propres, plus beaux
& mieux faits qu'ils ne le font. Ce
qu'il y a de certain, c'est qu'ils en
aiment mieux leurs femmes, & que
c'est pour elles un titre de diftinc-
tion d'avoir été honorées des fa-
veurs d'un Navigateur Européen :
ou bien les regardent-ils comme une
provifion néceffaire dont ils font
part, ainfi que d'autres denrées, à
ceux qu'ils voyent en manquer.
Quelle que foit leur façon de penfer
à ce fujet, comme ils y trouvent
leur avantage, ils font fideles à cette
coutume.

La pofition des habitans du Groenland & de la Nouvelle-Zemble, eft
finguliere ; entre l'Europe & l'Amérique, la terre qu'ils occupent,
dont on ne connoît pas l'étendue,
doit être dans les deux hémifphè-
res, & dans une température extrêmement froide. Les dernières relations nous les repréfentent comme des gens fimples, fans être ftu-

pides, exempts des paſſions bruta-
les, quoique privés de toute idée
de religion. Affables & enjoués
dans la converſation, malgré leur
tempérament naturellement mélan-
colique ; l'envie, la haine, la
trahiſon, les débauches ſont inconnues parmi eux, auſſi-bien que le
vol, quoiqu'ils n'aient ni loix, ni
Magiſtrats, ni Souverains : en un
mot, c'eſt peut-être le peuple du
monde le plus ſingulier par ſon caractère : car, malgré ſa grande ſimplicité, il s'eſtime beaucoup, &
mépriſe les étrangers qu'il regarde
comme lui étant très-inférieurs. Sa
profonde ignorance n'empêche pas
qu'il ne ſoit opiniâtrement attaché
à ſes ſentimens & à ſes uſages. Il
ſe nourrit de viande & de poiſſon
cruds : il boit avec délices de l'huile
de baleine & de gros poiſſons, &
ne peut ſouffrir le meilleur vin, on
prétend même qu'il n'aime point les
liqueurs fortes. On croira aiſément
qu'il eſt d'une puanteur extrême,
autant cauſée par les viandes à moi-

tié pourries dont il se nourrit que
par sa grande malpropreté. Hommes & femmes sont petits & laids,
ils ont la peau couleur d'olive fon-
cée, & leur taille est un peu mieux
proportionnée que celle des Lapons. Quant au désintéressement
dans lequel ils vivent, M. Ander-
son a très-judicieusement observé,
que c'est plutôt l'embarras d'avoir
le nécessaire, qui les contient dans
l'indifférence & l'égalité, qu'aucun
sentiment inné de vertu. La vie
dure qu'ils sont forcés de mener
continuellement, la rigueur des élémens contre laquelle ils ont toujours à combattre, éloigne d'eux
toute idée de volupté ; & comme
ils ne voient que très-rarement
quelques Européens dont aucun n'a
encore été tenté de faire des établissemens fixes parmi eux, il est
tout simple que les mêmes causes
de leur conduite subsistant sans altération, soient suivies des mêmes
effets.

Les Samoïedes qui habitent aux

environs du golfe de l'Oby, ſont des eſpeces de Tartares Lapons, errans ſur un grand eſpace de terrein entre ce fleuve & Petzora à l'Oueſt, & la riviere de Yenitſea à l'Eſt ; leur climat répond à celui du Groenland & de la Nouvelle-Zemble. Ils ſont fort attachés à leur pays, couvert de lacs, de bois & de montagnes : ils vivent de la chaſſe & de la pêche, & paient un tribut de pelleteries à la Ruſſie dont ils ſont ſujets. Leurs mœurs reſſemblent beaucoup à celles des autres Lapons, quoique plus groſſiers & plus brutaux ; ils ont comme eux des ſorciers ou devins qu'ils conſultent : mais ils diffèrent d'eux en ce qu'ils ont autant de femmes qu'ils peuvent en acheter, ils les revendent dès qu'ils en ſont las. On prétend encore que par un eſprit de charité & d'attachement, ils noient leurs peres & meres quand ils ſont arrivés au point de la décrépitude.

On ne ſçait ſi le Spitzberg, ce pays hériſſé de montagnes, que l'on préfume s'étendre jufqu'au Pole Arctique, tient à quelque continent, & quelle eft fon étendue : on n'en connoît pas l'intérieur, où l'on préfume que l'air eft très-froid, & le fol tout-à-fait ftérile & inhabitable : on dit que quelques Navigateurs curieux qui ont voulu y pénétrer, font morts de froid, ou ont été dévorés par les ours. Cependant il y a toute apparence que ces Sauvages inconnus qui furent jettés il y a quelque temps du fond du Nord fur les côtes d'Archangel dans un petit bâtiment de peaux & d'os de poiffons, venoient du Spitzberg; la mer n'eft bien libre que dans la longitude d'un de ces pays à l'autre, les glaces les auroient arrêtés de quelque autre côté qu'ils fuffent venus. On peut conjecturer que ces terres, quoique fituées à l'une des extrémités du globe, peuvent nourrir quelques habitans, d'autant plus qu'on y a entrevu quelques vallées qui paroiffent plus agréables & plus

fertiles que le Groenland & la Nouvelle Zemble.

Les parties les moins connues
de l'Amérique septentrionale, ont
leurs Lapons qui ressemblent beaucoup à ceux de l'Europe ; ils sont
comme eux , doux , honnêtes ,
compatissans , & de bonne foi.
Ceux qui habitent la partie de Newgalles , qui s'étend du Sud au Nord
de la baie de Hudson par l'Ouest,
sont d'une taille moyenne & basan-
nés : ils ont les yeux noirs , des cheveux longs & droits de la même
couleur. Leurs traits ne sont pas
uniformes comme ceux de plusieurs
autres Indiens , mais ils varient
comme en Europe. Ils sont de très-
bon caractère , affables , humains ,
charitables , & honnêtes dans leur
commerce. Ils vivent dans des cabannes couvertes de mousse & de
peaux de bêtes fauves , communes
dans ce pays : leurs occupations
principales sont la pêche & la chasse,
qui seules fournissent à leur nourriture , n'étant point habitués à faire

ufage des fruits ni des autres productions de la terre. On a même
trouvé en avançant au Sud-Oueſt,
affez de cabannes raſſemblées pour
les regarder comme une Ville. Ce
que l'on connoît de ce pays le
long des côtes eſt marécageux &
couvert d'arbres de différentes eſ-
pèces, tels que peupliers, bouleaux,
aunes & ſaules. Plus avant dans les
terres, on trouve de grandes plaines couvertes de mouſſe, entremêlées de collines & de touffes d'arbres; le ſol y eſt par-tout noirâtre
comme la terre des tourbes; il y a
des carrieres de marbres de différentes couleurs, du criſtal de roche
rouge & blanc, mais les naturels
du païs ne font aucun cas de ces
richeſſes, tout leur commerce ſe
borne aux fourrures.

Les Eskimaux qui habitent le Labrador ſeptentrional, ſitué de l'autre côté de la baie de Hudſon, &
que l'on peut également mettre au
rang des Lapons, ne ſont pas auſſi
doux & auſſi ſociables que ceux

dont nous venons de parler : ce sont
des hommes si sauvages, qu'on n'a
pu encore les apprivoiser ; ils portent de grandes barbes, mangent
de la chair crue, & sont très cruels.
Il est rare que les navigateurs qui
échouent sur leurs côtes, se tirent
de leurs mains. Henri Hudson,
Anglois, qui a donné son nom au
détroit & à la mer qui se trouvent au Nord - Ouest de l'Amérique, après plusieurs tentatives faites pour reconnoître ce côté de la
mer du Nord, ayant mis à la voile
en 1711 pour pousser plus loin ses
découvertes, aborda sur les côtes,
& fut pris avec sept hommes de son
equipage, dont jamais on n'a entendu parler, le reste abandonné à
la merci des vents, périt de misère;
& tout le fruit qui revint à ce navigateur célèbre, de ses travaux &
de ses malheurs, se borna au triste
avantage de laisser son nom à ces
parages. On a éprouvé depuis que
dans le climat où il fut pris, le
froid est si violent, qu'à peine la

terre y produit quelques plantes.

On peut regarder comme un des effets les plus terribles du froid de ces climats, ce qui arriva au Danois Munck pendant l'hiver de 1719 à 1720; c'est le premier des navigateurs qui ait osé pénétrer dans la baie de Hudson, & chercher par ce côté un passage à la mer du Sud: il avança avec deux vaisseaux par l'Est-Nord-Ouest jusqu'au 63ᵉ degré 20 minutes, qu'il fut arrêté par les glaces le 7 de Septembre, & obligé de passer l'hiver dans le premier port qu'il rencontra, à l'embouchure d'une riviere parsemée de rochers, qui ne l'empêchèrent pas de prendre terre avec son monde. Il reconnut le pays à la profondeur de trois ou quatre lieues, & il rencontra quelques traces humaines qui lui apprirent qu'il étoit habité; mais il ne vit aucun homme, ce qui prouve que de bonne heure ils se mettent à couvert des attaques du froid, & que même ils ne sont pas fixés au même endroit;

il rapporta ſeulement de cette cour-
ſe beaucoup de gibier, & dont il
fit une ample proviſion pour l'hiver, qu'il ſe détermina à paſſer en
cet endroit, & dont il éprouva les
rigueurs les plus affreuſes ; toutes
ſes liqueurs, l'eau-de-vie même, ſe
gelèrent entiérement & briſérent
les tonneaux. Les maladies, & ſur-
tout le ſcorbut, ſe mirent dans les
équipages des vaiſſeaux dont l'un
étoit de quarante-huit hommes,
l'autre de ſeize ; de maniere que
manquant de ſecours, la mortalité
devint générale. Au mois de Mai,
ceux qui avoient ſurvécu, ſentirent
augmenter leurs douleurs. La di-
ſette ſe joignit à tant de maux, &
les forces manquoient aux plus ré-
ſolus, pour tuer les animaux qui ſe
préſentoient à leurs coups. Munch
lui-même étoit ſeul dans ſa hute, ſi
mal qu'il n'attendoit plus que la
mort ; un inſtant de courage l'en fit
ſortir pour réjoindre ſes compagnons, il n'en trouva plus que deux
de vivans, mais qui n'avoient plus

rien à manger. Ils s'encouragèrent
mutuellement, ils fouillèrent fous
la neige, où ils trouvèrent quelques racines & des herbes qui fervi-
rent à les nourrir, & à leur rendre
aſſez de force pour aller à la chaſſe
& à la pêche. Une température
plus douce, & une meilleure nourriture, les mirent en état d'attendre que le retour de la belle ſaiſon
leur permît de regagner leur patrie;
ils abandonnèrent leurs vaiſſeaux,
qu'ils n'auroient pû conduire, &
ſe mirent dans une chaloupe qu'ils
eurent aſſez de peine à faire paſſer
les glaces pour regagner l'Océan,
où les tempêtes & les vents les jet-
tèrent le 25 de Septembre, dans un
port de Norwege, après avoir été
mille fois à l'inſtant de périr dans
les flots. Tant de périls & de malheurs n'avoient pas découragé l'in-
trépide Munch, il étoit prêt à tenter de nouveau la même entrepriſe,
les vaiſſeaux étoient au port, il prenoit congé du Roi, qui lui rappellant ſa première aventure, ſembloit

lui en imputer la faute, il répondit vivement : le Monarque le repoussa avec sa canne, & le malheureux capitaine, outré de cet affront, alla se mettre au lit où il mourut de désespoir.

Nous ne répétons pas ici ce que nous avons dit dans le volume précédent, de l'état de l'air dans les terres Auſtrales, & de l'eſpèce d'hommes que l'on y trouve, ſur leſquels on n'a pas encore des connoiſſances aſſez diſtinctes pour établir en quoi ils reſſemblent aux habitans des terres arctiques, ou en quoi ils en diffèrent. Tous les efforts que l'on a fait pour s'avancer de ce côté du Pole dans l'un & l'autre hémiſphère, ont été rendus preſque inutiles par des brumes qui ne ſe diſſipent jamais, par des tempêtes violentes & continuelles & des vents horribles.

Il n'en eſt pas de même de l'autre Pole ; depuis près de deux ſiécles, tous les peuples commerçans ont fait des efforts réïtérés pour trouver

ver un passage à la Chine par les
mers du Nord ; les uns & les autres n'ont pu jusqu'à présent découvrir cette route si désirée, quoique
les Russes prétendent être surs de
l'avoir enfin trouvée ; mais jusqu'à
présent ils l'ont si peu suivie, que
l'on peut douter encore de la vérité
de leur découverte : ce que l'on sçait
de plus précis à ce sujet, c'est que
le Capitaine Béerings qui partit en
1726 du port de Kamchatka, & qui
fit une assez longue route de l'Est au
Nord, éprouva des tempêtes violentes, des brumes & des vents de
Nord aussi dangereux que fréquens,
qui doivent être d'une force extrême si près des lieux où ils se forment. Il conjectura par différentes
remarques qu'il fit sur l'état de ces
mers, qu'il y avoit des terres voisines que l'on ne connoissoit pas encore. Quatorze ans après, le même
navigateur eut ordre de renouveller
ses tentatives, il se porta dans les
mêmes mers, dont il avoit déja
quelque connoissance ; & après

Tome III.   E

avoir été long-temps battu par la tempête, il fut jetté sur une terre déserte & inconnue, dans des brouillards obscurs, à 54 degrés de latitude, où il périt de misère; quelques hommes de son équipage construisirent une barque des débris du vaisseau, & revinrent au Kamchatka. En 1741, le Russe Tchirikow, qui avoit été Lieutenant de Béerings, ne fut guères plus heureux dans une expédition semblable; il étoit accompagné de M. de l'Isle, l'un des freres du célèbre Géographe: après avoir navigé quelque temps de l'Est au Nord, & être parvenus à 51 degrés 12 minutes de latitude, ils découvrirent une terre d'où ils ne purent approcher que d'une lieue: ils se déterminèrent à envoyer la chaloupe à terre avec dix hommes armés & un bon pilote, ils les perdirent de vûe lorsqu'ils approchèrent de la côte, ils les attendirent inutilement près d'un mois sans s'écarter de ces parages, ils ne reparurent jamais. Comme les vents & les brumes augmentoient, ils fe déterminèrent à regagner le Kamchatka, où ils arrivèrent au mois d'Octobre dans un pitoyable état, après avoir perdu une partie de leur équipage par le fcorbut occafionné par des travaux continuels, un air toujours humide & froid, & des tempêtes qui fe fuccédoient prefque fans intervalles ; M. de l'Ifle mourut une heure après être arrivé au port. Ils avoient été plus de fept degrés plus haut que la Californie, latitude où l'on n'avoit pas pénétré avant eux de ce côté ; ils y virent des hommes fauvages dans des canots femblables à ceux des Groenlandois & des Eskimaux, mais ils ne purent jamais pénétrer dans les mers ou dans cette fuite d'ifles, ou ce continent que l'on foupçonne joindre l'extrémité de l'Amérique par le Nord-Oueft aux terres les plus feptentrionales de l'Afie. L'air dans tous ces parages eft extrêmement froid & épais, & s'il y exifte des terres, elles font très-élevées ; on peut les regarder com-

E ij

me la vraie caverne d'Eole, d'où
fortent en tout temps des vents impétueux, qui fe répandent de-là
fur tout le refte du globe, par tous
les points du Nord & de l'Eft, & fi
terribles près du lieu de leur origine
lorfque leur direction n'eft pas encore décidée, qu'il n'eft pas à efpérer que jamais l'art de la navigation
trouve des reffources pour fe parer
des tempêtes qu'ils excitent fur la
mer & dans l'air.

Il me paroît encore que la conformité d'ufages & de figures des
hommes que l'on a découverts fur
ces côtes, avec ceux du Groenland,
de la Nouvelle-Zemble & des autres terres arctiques, a fait croire
que c'étoit une même nation qui habitoit un même pays, & que c'eft
fur cette fuppofition que la plupart
des navigateurs ont établi la poffi-
bilité du paffage d'une mer à l'autre.
C'eft bien une même efpèce d'hommes, mais qui tient fon extérieur,
des qualités de l'air, de la rigueur
du climat, de la nourriture & du

genre de vie qui ne peuvent être que les mêmes dans toutes ces terres où règne un hiver presque continuel.

Un des avantages les plus sensibles de ces tentatives, c'est de nous avoir donné une connoissance assez exacte de quantité de régions septentrionales où l'on n'auroit pas pénétré, si l'intérêt du commerce n'y avoit conduit, & d'apprendre à quel degré le froid pouvoit être porté. On connoissoit quelques-uns de ces effets, mais on ne les avoit pas encore vus développés en grand, ou si l'on s'en étoit formé quelques idées, on les croyoit constans & toujours les mêmes : aussi on regardoit toute la Zone glaciale comme absolument inhabitable, eu égard sur-tout à son éloignement du soleil, qui selon les Anciens, étoit le principe unique de la chaleur. Ce n'est pas que les effets du fluide subtil ignée, fussent absolument inconnus ; mais on ne rapportoit ses grands phénomènes, tels que les éruptions des volcans, qu'à

un feu perpétuel qui étoit fixé au
centre de la terre, & dont les volcans étoient comme les foupiraux.
On ne fe doutoit pas que ce feu généralement répandu dans toute la
terre fût la caufe de la végétation,
& fur-tout des variétés de température qu'éprouve l'air dans les différens climats. C'eft dans les régions
les plus au nord, que l'on a remarqué d'une manière plus frappante
l'action de ce fluide, par la promptitude avec laquelle fe fait la végétation; & la température de l'air
s'adoucit, dès que fecondé par la
foible impulfion du foleil, il a brifé
les obftacles qui l'empêchoient de
pénétrer la furface extérieure de la
terre : ce n'eft qu'à la fuppreffion
des vapeurs de ce feu interne que
l'on doit attribuer la rigueur terrible des froids du Nord. Ainfi quand
elle fe trouve jointe à la hauteur
du fol & à d'autres caufes du froid,
telles que la faifon de l'hiver, le
voifinage des poles, les terres chargées de nitres & d'autres fels, il en

résulte des effets prodigieux, & qui surpassent de beaucoup ce que ces circonstances toutes seules pourroient produire.

Les hivers de la Sibérie & de quelques autres régions situées dans la partie la plus avancée du globe du nord à l'est, entre le 55e & le 60e degré de latitude, sont si forts, qu'on a de la peine à imaginer que les hommes & les animaux puissent y résister. Par les observations faites à Yeniscéa par les 58 degrés, de 1735 à 1738, le thermomètre de Réaumur y descendoit à 70 degrés au-dessous de la congélation, tandis qu'en 1737 à Torneo en Laponie, il ne descendit au mois de Janvier qu'à 37 degrés au-dessous du même terme, & qu'en 1709, il n'alla pas à Paris à quinze de ces degrés. La cause en est, que le sol de la Sibérie est compacte & fort élevé, qu'il abonde en nitres & en autres sels qui contribuent à la formation de la glace qu'on rencontre presque toujours à quelques pieds ſous terre, qui s'étend à une ſi grande profondeur que l'on ne peut y creuſer des puits: elle pénétre au-deſſous du niveau du lit des rivières voiſines: l'eau n'y ſauroit couler, étant arrêtée par les glaces, ou parce qu'elle ſe glace elle même. A Ya-kutsky, Capitale de la Province de ce nom, qui fait partie du gouvernement général de Sibérie, la terre ne dégele jamais, même dans le plus font de l'été, à plus d'un pied & demi ou deux de ſa ſurface. Lorſque les habitans enterrent leurs morts à trois pieds de profondeur, ils ſont ſurs de trouver de la glace, de ſorte que les corps ſe conſervent en entier, & reſtent conſtamment dans l'état où on les met en terre. (*a*) Circonſtances qui contribuent à la rigueur énorme des hivers que l'on y éprouve, & qui ſont tout-à-fait contraires à l'émanation du fluide ignée terreſtre; mais qui ſans

____

(*a*) Voyages de Saint-Petersbourg à la Chine, t. 1, Paris, 1766.

l'interception de ces vapeurs chaudes, ne pourroient porter le froid à
ces excès étonnans. Car dès qu'elles
ont leur cours libre, la température
de ces mêmes pays devient douce,
le fol fertile, & le fpectacle de la
nature y eft en général fort riant.
C'eft par la même raifon que quelques Provinces de la Tartarie, de
la Chine & de l'Arménie font fi
froides, qu'il y gele prefque toutes
les nuits, quoique fous des latitudes beaucoup moins avancées : ces
obfervations prouvent combien les
efprits acides qui s'évaporent des
fels & des nitres, & qui fe répandent dans l'atmofphère, augmentent l'intenfité du froid tant que
leur action eft libre.

La connoiffance des ufages des
peuples dont nous venons de parler, nous apprend comment ils fe
garantiffent de la violence du froid:
mais comment les animaux expofés
continuellement aux injures d'un
air toujours glacial, peuvent-ils y
réfifter ? C'eft qu'ils tiennent de la

E v

nature même une conformation qui les rend presque insensibles à leurs attaques : une Providence admirable fait que les quadrupedes des terres arctiques , les rennes , les ours , les renards , les oiseaux même , & certains gros poissons de la classe des baleines , ont toute leur graisse entre la chair & la peau. La chair est extrêmement maigre , brune & remplie de sang en plus grande quantité que celle des animaux des pays chauds. Cette surabondance de sang doit causer une chaleur extraordinaire & capable de résister au froid extrême du climat, & la graisse qui enveloppe la chair au-dehors, doit empêcher la chaleur de s'exhaler ; le mouvement du sang est toujours le même , les fluides & & les solides restent dans leur état naturel , & dès-lors toute la machine résiste avec avantage aux impressions du froid extérieur.

§. VI.

*État de l'air à la baye de Hudson,
& dans les régions les plus septentrionales de l'Amérique.*

Diverses observations faites dans
les parties les plus septentrionales
de l'Amérique, serviront à jetter
un nouveau jour sur cette partie de
l'Histoire Naturelle de l'Air, & à
développer les causes du froid & de
la congélation. Nous les devons
aux Anglois qui ont tenté plusieurs
fois de trouver un passage dans la
mer Pacifique par la baye de Hudson & celle de Baffin. Les établissemens qu'ils ont formés dans ces
climats, les détails dans lesquels ils
sont entrés sur leur température,
rendent leurs observations bien su-
périeures à celles des Navigateurs
ordinaires : ajoutons encore qu'é-
tant faites depuis peu d'années, elles
nous constatent l'état actuel des
choses.

Après qu'on a doublé la pointe
septentrionale de l'Isle de Terre-
Neuve en faisant le nord-ouest, &
côtoyant toujours la terre de Labrador, on s'élève jusques vers les 63
degrés de latitude nord, où l'on
trouve le détroit de Hudson : ce
détroit court Est & ouest en pre-
nant du nord-ouest, il a environ six
lieues de largeur sur cent vingt
lieues de longueur, sa sortie est
par les 64 degrés. En cet endroit
la mer forme une baye d'environ
300 lieues de profondeur que l'on
nomme la baye de Hudson. Sa largeur est inégale, car en allant du
nord au sud, elle diminue toujours
depuis 200 lieues jusqu'à 35, son
extrémité méridionale est au 51e
degré de latitude. (*a*) Rien n'est plus
affreux que le pays dont cette baye
est environnée; de quelque côté
qu'on jette les yeux, on n'apperçoit que des terres incultes & sau-

____

(*a*) Hist. générale des Voyages, t. 14.
in-4°.

vages, des rochers escarpés qui
s'élèvent jusqu'aux nues, entrecoupés de profondes ravines & de vallées stériles où le soleil ne pénetre
point, que les neiges ou les glaçons
qui ne se fondent jamais, rendent
absolument inaccessibles. La mer
n'y est bien libre que depuis le commencement de Juillet jusqu'à la fin
de Septembre, encore y rencontre-
t-on quelquefois alors des glaces
d'une énorme grosseur, qui jettent
les Navigateurs dans le plus grand
embarras. Lorsqu'on y pense le
moins, une marée ou un courant
assez fort pour entraîner le navire,
l'investit tout-à-coup d'un si grand
nombre de ces écueils flottans,
qu'aussi loin que la vue puisse porter, on n'apperçoit que des glaces :
il n'y a pas d'autre moyen de s'en
garantir, que de se grapiner sur les
plus grosses, & d'écarter les autres avec de longs bâtons ferrés.
Dès que l'on s'est ouvert un passage, il faut en profiter au plutôt,
car s'il survient une tempête pen-

dant qu'on est assiégé de glaçons,
peut-on espérer de s'en tirer ? Cependant ces mers en sont continuellement hérissées. Les Anglois qui y
allèrent en 1746, commencèrent
dès le 5 Juillet à découvrir des montagnes de glace, qu'on trouve en
tout tems près du détroit de Hudson. Elles sont, dit M. Ellis, dont
nous allons suivre ici les observations, d'une grosseur si monstrueuse,
qu'on leur donne jusqu'à quinze ou
dix-huit cens pieds d'épaisseur. Il
nous apprend d'après le Capitaine
Midleton qui avoit voyagé dans ces
mers en 1742, comment elles se
forment. Le pays est fort élevé le
long des côtes de la baye de Baffin,
du détroit de Hudson, & de toutes
les terres inconnues qui bordent
les mers, par lesquelles on cherche
un passage dans la mer du sud. Ces
mers & ces côtes s'étendent depuis
la 62e jusqu'au 80e degré de latitude
nord, environ 14 degrés dans le
cercle polaire arctique. On voit
près des côtes que le sol est d'ordi-

naire à plus de cent brasses au-dessus du niveau de la mer. Ces côtes
ont quantité de golphes dont les inégalités profondes sont remplies de
neiges & de glaces, & gelées jufqu'au fond, par un froid dont le
regne est continuel. Les glaces s'y
accumulent pendant quatre, cinq
ou six ans, jusqu'à ce qu'une espece
de déluge terrestre qui arrive communément à ces périodes, les dé-
tache & les entraîne dans le détroit,
& de-là dans l'océan, où elles suivent la direction des vents variables & des courans, pendant les
mois de Juin, Juillet & Août. Ces
montagnes mobiles augmentent en
masse plutôt qu'elles ne diminuent,
parce qu'à l'exception de quatre ou
cinq points de leur circonférence,
elles font entourées de glaces plus
minces à une grande distance. D'ailleurs une partie du pays étant couvert de neige pendant toute l'année,
l'eau y est toujours extrêmement
froide, même dans les mois de
l'été. Les glaces plus minces qui

remplissent presque entièrement les détroits & les bayes, & qui hors de là couvrent les côtes de l'océan jusqu'à plusieurs centaines de lieues, ont de quatre à dix brasses d'épaisseur, & refroidissent tellement l'air, qu'il se fait un accroissement continuel aux masses principales qui ne cessent d'être arrosées par les brouillards épais qui ne discontinuant presque point, se dissolvent en petites pluies, & se congelent en tombant sur elles. Ces montagnes de glace ayant beaucoup plus de profondeur dans l'eau que de hauteur hors de sa surface, la force des vents ne peut avoir beaucoup d'effet pour les mouvoir, quoique soufflans du nord-ouest pendant neuf mois de l'année, ils les poussent vers un climat plus chaud : leur mouvement est si lent, qu'il leur faut des siècles entiers pour faire cinq ou six cens lieues vers le sud. Elles ne peuvent donc se dissoudre que lorsqu'elles sont arrivées environ sous le 50e degré de latitude, où elles s'élèvent peu-à-peu en devenant plus légères, à mesure que le soleil consume & fait évaporer la partie exposée à ses rayons. Ce qui interrompt encore & rend ce transport si lent, ce sont les bancs qu'elles rencontrent dans leurs cours, & qui les arrêtent dans un climat où la chaleur n'est pas assez active pour les fondre. Elle doit donc être fort au-dessous de celle qui se fait sentir par intervalles dans les terres, & qui occasionne ces déluges périodiques dont nous venons de parler : ils sont un effet sensible de l'action du fluide subtil terrestre, dont les émanations ayant été arrêtées un certain tems par le froid qui regne à la superficie de la terre, & la resserre prodigieusement, brisent enfin cet obstacle, se répandent dans la partie de l'atmosphère où elles font éruption, & y causent une chaleur assez forte pour mettre les glaces & les neiges en fonte, & les faire couler au loin dans les mers. Leurs effets ne doivent pas être restraints

à ces seuls déluges périodiques, &
il est très-probable qu'ils tempèrent
la rigueur du froid au moins une
partie de l'année, puisque l'intérieur du pays est peuplé par un
nombre assez considérable d'Eskimaux, qu'on trouve le long de toutes ces côtes glaciales, dans la terre
de Labrador, dans celles qui entou-
rent les bayes de Hudson & de
Baffin. Quoiqu'on n'ait pu encore
parvenir à former avec eux aucune
liaison suivie, à cause de la défiance
où ils paroissent être des Européens,
on s'accorde en général à se louer
de leurs bons procédés, de leurs sentimens d'humanité envers ceux qui
échouent à portée de recevoir leurs
secours ; ils ont fourni à plusieurs
des vivres & des rafraîchissemens.
Leur manière de vivre & leur industrie par rapport à ces climats,
prouvent qu'ils les habitent depuis
long-tems : ils portent tous des espèces de garde-vues, que dans leur
langage ils appellent des yeux à
neige ; ce sont de petits morceaux

de bois ou d'os attachés à une courroie nouée derrière la tête, & percés de façon que leur fente est précisément de la longueur des yeux, mais elle est fort étroite, ce qui n'empêche pas de voir distinctement au-travers, sans en ressentir la moindre incommodité. Cette invention les garantit de la cécité, maladie terrible pour eux & fort douloureuse, qui est causée par la lumière du soleil fortement réfléchie par la neige, sur-tout au printems quand le soleil commence à s'élever sur l'horizon. L'usage de ces machines leur est si familier, que s'ils veulent observer quelque chose dans l'éloignement, ils s'en servent comme de lunettes d'approche.

Les Navigateurs s'apperçoivent aisément de l'approche des glaces. La température de l'air change dans l'instant, c'est-à-dire, que de chaude qu'elle étoit, elle devient très-froide : elle s'annonce encore ordinairement par des brouillards très-épais, mais si bas qu'ils s'élèvent

à peine au-deſſus des mâts ; ils ſuffi-
ſent pourtant pour cacher les terres
& expoſer les vaiſſeaux à ſe briſer
ſur les côtes dès l'entrée de la baye
de Hudſon, ſi l'on ne prenoit pas
les plus grandes précautions pour
profiter des éclaircies qui ſe font de
tems en tems, & reconnoître ſûre-
ment la terre. C'eſt dans ces momens que la réfraction de l'air fait
paroître les glaces élevées, quelquefois de ſix degrés au-deſſus de
l'horizon, ce qui les fait découvrir
de fort loin. Au-deſſus des plus groſſes maſſes, on trouve preſque toujours des creux remplis d'eau-douce,
qui forment comme des petits lacs,
où les équipages ne manquent jamais de remplir leurs tonneaux ;
mais ils ſe gelent preſque toutes les
nuits même en été, lorſque le vent
vient du nord, ainſi cette fonte ne
diminue que de très-peu les plus
groſſes glaces.

Examinons actuellement les variétés de la température de ces climats. L'air au fond de la baye de

Hudson, où les Anglois ont un port
& un établissement connu sous le
nom de fort Nelson, est d'un froid
excessif pendant neuf mois de l'année, quoique cette partie méridionale ne soit que par les 51 degrés
de latitude, un peu plus près de
l'équateur que la Ville de Londres;
ce qui prouve que par-tout le nouveau continent à distance égale de
la ligne, est infiniment plus froid
que l'ancien. Les trois autres mois
sont chauds, mais tempérés par les
vents de nord-ouest. Le sol à l'est
comme à l'ouest ne porte aucune
sorte de grains : vers la rivière de
Rupert qui est au fond de la baye,
à-peu-près à la même latitude que
le fort Nelson, on trouve des gro-
seilles & des fraises. L'Isle de Charleton qui est au 52ᵉ degré environ,
est couverte par-tout d'une mousse
verte, & remplie de sapins, de bouleaux, de genévriers & autres arbres de cette espece, qui donnent
au milieu d'une mer très-orageuse
le spectacle d'un printems conti-

nuel, même dans le tems des glaces & des neiges.

Un extrait du Journal de M. Ellis,
fait en 1748 , nous donnera une
idée encore plus précise de l'état
de l'air de cette contrée dans les
diverses faisons de l'année. Le 18
Juillet il y eut beaucoup d'éclairs
& de tonnerre , phénomène peu
commun dans ces mers, & dont le
Navigateur attribue la rareté aux
aurores boréales qui n'y étant pas
moins fréquentes en été qu'en hiver, enflamment & difperfent les exhalaifons fulphureufes. Cette propriété eft particulière à l'atmofphère
de ce pays, & mérite d'être remar-
quée. Quoique les orages ne foient
pas fréquens , la chaleur ne laiffe
pas que d'être fort vive pendant fix
femaines ou deux mois en Juillet
& Août. L'épaiffeur de l'atmofphère
toujours chargée de vapeurs & d'exhalaifons fenfibles, jointes aux émanations abondantes du fluide ignée
terreftre, caufent à la fuite des orages, des incendies fpontanés , fem-

blables à ceux de Laponie, & dont les effets sont les mêmes. On voit des cantons assez étendus, où les branches & l'écorce des arbres ont été brûlées par ces feux ; ce qui n'est pas surprenant, les bois de ce pays sont très-inflammables, le le sol des forêts & la partie inférieure des arbres sont couverts d'une mousse velue noire & blanche, qui prend feu aussi vîte que de la filasse. Cette flamme légere court avec une rapidité surprenante d'un arbre à l'autre, suivant la direction des vents, & met le feu aux écorces comme aux mousses des arbres. Ces accidens deviennent utiles, en ce qu'ils servent à sécher le bois qui est meilleur pour le chauffage dans les longs & rudes hivers du pays.

Revenons au Journal. Le mois d'Août eut quelques variations peu remarquables. Au mois de Septembre l'air fut frais & souvent très-piquant ; enfin il devint très-froid, quoique, en comparaison des autres hivers, le commencement de cette saison n'eût pas été rigoureux ; elle s'étoit déclarée à la fin de Septembre par des pluies entremêlées de gros flocons de neige , & par des gelées de nuit qui ne répondoient point à ces terribles relations qui font l'effroi des lecteurs. Le 5 Octobre l'anse eut beaucoup de glaces , elle fut tout-à-fait prise le 8, & on eut jusqu'au 30 , tantôt de la gelée , tantôt un air assez doux: les équipages des vaisseaux nouvellement arrivés d'Angleterre , commencèrent à juger des hivers de la baye de Hudson.

Le 2 Novembre on ne put se servir de l'encre qui geloit au coin du feu , & la bierre quoique en bouteilles enveloppées d'étoupes , fut gelée en masse solide. Le 6 on sentit un froid insupportable. Pour conserver les liqueurs on fit des especes de caves de 15 à 16 pieds de profondeur , mais elles s'y glacèrent, l'alkool seul conserva sa fluidité. La terre gele ordinairement jusqu'à cette profondeur , ainsi en faisant

des

des souterrains plus creux, on y trouva une température plus douce; c'est l'expérience qui y détermina par la suite, car les premiers Navigateurs ne prirent pas cette précaution. Les fortes gelées qui avoient commencé avec le mois de Novembre, continuèrent jusqu'à la fin de Février; elles étoient plus ou moins vives suivant les variations du vent. Celui d'ouest ou de sud les rendoit assez supportables, mais elles devenoient terribles, lorsqu'il tournoit au nord-ouest ou au nord. Souvent elles étoient accompagnées d'une neige aussi menue que du sable, que le vent emportoit en forme de nuée d'une plaine à l'autre; il est dangereux de s'y trouver exposé, parce qu'elle est ordinairement d'une épaisseur qui ne permet pas de rien voir à vingt pas, elle ne laisse non plus pas la moindre trace du chemin : l'hiver du midi de la baye de Hudson, ressemble comme on le voit beaucoup à celui de Torneo. Cet énor-

me froid ne se fait sentir que quatre ou cinq jours par mois , au tems
de la nouvelle & de la pleine lune,
qui a une influence marquée sur
les vents qui regnent alors dans
cette contrée , & qui décident du
degré de la température. Les tempêtes y sont effroyables , surtout
par le vent nord-ouest qui regne
assez communément en été , &
presque sans cesse en hiver. Avec
les autres vents, quoique les gelées
soient aussi très-fortes , il fait souvent beau , & l'air est presque toujours assez tempéré pour la pro-
menade & la chasse.

Ainsi comparant l'hiver de ces
climats à ceux que nous éprouvons
dans nos Provinces septentrionales,
sur-tout dans les pays élevés, dans les
plaines en montagnes , je n'y trouve
de différence que dans la durée du
froid qui lui donne une plus grande
intensité. Les mêmes vents y ont
à-peu-près les mêmes effets ; les
mêmes tourbillons de neige causent les mêmes inconvéniens, les
gelées y sont à proportion aussi

vives, les mêmes phénomènes les
accompagnent ; nous voyons des
anneaux lumineux & colorés autour du soleil, des parélies infor-
mes, & des glaces qui prennent
toute l'épaisseur à laquelle peut
fournir la profondeur de nos eaux.
La suite du Journal de M. Ellis
nous fera encore mieux sentir ces
rapports.

Le mois de Mars, dit-il, donna
successivement tous les tems qui
sont propres au pays dans le cours
de l'année, c'est-à-dire qu'on eut
des jours tantôt fort chauds, tantôt
aussi froids qu'en hiver. La neige
fondit par-tout où le soleil faisoit
tomber ses rayons ; & sur la fin du
mois, l'herbe commençoit à pousser dans les lieux exposés au sud.
Insensiblement les rivières & les
plaines se couvrirent d'eau, & l'on
craignit à la fin que les glaces se
rompant tout d'un coup, l'anse
même ne mît pas les vaisseaux bien
à couvert. M. Ellis explique les
causes de ce danger. Lorsque les

chaleurs devancent leur faison dans les terres qui bordent la baye de Hudfon, les neiges fondent dans les parties méridionales, & les eaux formant des torrens rapides, rompent les glaces avant qu'elles foient entièrement meurtries. Ces flots s'écoulent affez tranquillement, jufqu'à ce qu'ils trouvent quelque obftacle capable de les arrêter ; alors les glaces qu'ils entraînent s'accumulent, & le volume d'eau croiffant toujours, ils rompent par leur poids tout ce qui leur fait réfiftance. Ils inondent les terres voifines, ils emportent les arbres, les rivages même, & tout ce qui s'oppofe à leur violence. C'eft ce qu'on nomme dans ce pays un déluge, & qui rend fort dangereux pour les vaiffeaux, tous les mouillages qui ont un courant.

Remarquons ici que cet événement qui paroît ordinaire à ces contrées, dénote fenfiblement l'action d'une chaleur plus active que celle du foleil ne le peut être au mois de Mars dans un climat auffi humide

& aussi froid, & qui ne peut être occasionnée que par l'émanation des vapeurs ignées terrestres : ce qui donne lieu de conjecturer que l'intérieur de ces terres dont les extrémités sont si froides, jouit d'une température beaucoup plus douce, & que probablement elles sont habitées par des peuples assez nombreux, dont on ne voit que les chasseurs ou les pêcheurs qui s'écartent quelquefois jusques sur les côtes. Ces hommes que l'on regarde comme sauvages, & dans lesquels on a remarqué plusieurs traits de raison & d'humanité, ont peut-être été assez sages pour ne vouloir donner aux étrangers aucune connoissance de leurs forces & de leurs habitations principales.

C'est encore à ces déluges qu'il faut attribuer la formation de cette quantité de bayes, d'anses, de golfes & de pointes, dont les mers du nord sont bordées, ainsi que la multitude de petites îles dont elles sont remplies près des côtes, qui ne sont

que des sables amoncelés sur les
bancs & les rochers, auxquels se
mêlent les arbres & les autres corps
solides que la rapidité des eaux arrache à la terre pour les entraîner
à la mer. Ainsi tout ce désordre apparent, duquel résultera un jour un
ordre nouveau, n'est qu'un effet
ultérieur du fluide actif répandu
par-tout, principe du mouvement
& de la chaleur, dès qu'il est secondé par l'action du soleil.

Les Anglois furent bientôt déli-
vrés de la crainte que leur causoit
ce commencement de déluge ; le
mois d'Avril s'annonça d'une manière à les rassurer. Le vent se mit
peu-à-peu au nord-est, & leur amena avec beaucoup de neige & de
grêle une assez forte gelée : ensuite
l'air étant devenu plus tempéré, ils
eurent le 18 de ce même mois, une
pluie douce, d'autant plus agréable,
qu'il n'en étoit point tombé depuis
six mois. La terre s'ouvrit insensiblement, on s'apperçut des progrès
de la végétation, & les oiseaux du
pays reparurent avec le printems.

Mais dans cette faison, ainfi que dans l'automne, on ne jouit que rarement d'un beau ciel ; l'atmofphere y eft prefque continuellement obfcurcie de brouillards épais & fort humides.

En hiver l'air eft rempli d'une infinité de petites fleches glaciales qui font vifibles à l'œil, furtout lorfque le vent vient du nord ou de l'eft, & que la gelée eft dans fa force : elles fe forment fur l'eau qui conferve encore un peu de fa fluidité, c'eft-à-dire que partout où il refte de l'eau qui n'eft point glacée, il s'en éleve une vapeur fort épaiffe, que l'on appelle fumée de gelée, & c'eft cette vapeur qui venant à fe glacer, eft emportée par les vents, fous la forme vifible de ces petites fleches. M. Ellis raconte que dans le commencement de l'hiver, la riviere de Port-Nelfon n'étant pas gelée dans fon principal courant, un vent de nord qui fouffloit de ce côté fur fon logement, ne ceffoit pas d'y amener des nuées entières de ces particules glaciales, qui difparurent auffi-tôt que la rivière fut tout-à-fait prife.

Les mêmes raifons qui fervent à expliquer pourquoi les vents accé-lerent la congélation, nous ferviront auffi à rendre raifon de ce phé-nomène qui ne paroît fingulier que parce qu'on ne l'a pas obfervé.

Les vents de nord & tous ceux qui ont paffé fur des montagnes couvertes de neige ou fur des ter-res nitreufes, font une caufe de congélation dans une température qui tend à la gelée; plus ils font fecs, plutôt ils ont leur effet: les qualités de l'air ne leur font pas obftacle long-tems, ils les ont bien-tôt changées. L'air qui fe trouve en repos fur la furface d'un liquide, prend peu-à-peu le même degré de température que le liquide même. Si celui-ci n'eft pas au degré de con-gélation, l'air n'y eft pas non plus, & laiffe par conféquent à la ma-tière fubtile affez de liberté pour fe mouvoir & en entretenir la fluidité, parce que le mouvement de cette ma-tière répandue entre les parties inté-

grantes du liquide, est toujours proportionné à celui de la même matière
contenue dans la partie de l'atmosphère qui l'environne de plus près.
Dès - lors si un vent froid chargé de
particules nitreuses & salines, emporte l'air chaud ou moins froid
qui étoit à la surface du liquide, &
y établit un air plus froid, il en rend
la congélation plus prompte, parce
qu'en arrêtant le mouvement de la
matière subtile extérieure, il diminue nécessairement la quantité de
l'intérieure, & facilite son échap-
pement. On a la preuve de cet
effet dans l'action de tout ventila-
teur, qui déplaçant l'air échauffé
d'une partie quelconque de l'atmosphère, pour y en faire passer de
l'autre, cause pour le moment au-
moins la sensation de la fraîcheur.
Cependant il arrive quelquefois
que le vent est un obstacle à la formation de la glace, & c'est lorsqu'ayant prise sur une grande surface d'eau, il l'agite de manière à
empêcher ses parties de s'unir; il

F v

les emporte même dans son cours, & en charge l'atmosphère sous la forme de ces fleches glaciales dont nous avons parlé: mais cet effet ne dure pas long-tems, il ne subsiste qu'autant qu'il est assez violent pour détacher par ses secousses continuelles, quelques parties condensées du liquide qui s'unissoient pour former une croute sensible de glace. Par-tout on peut se convaincre que les vents secs du nord sont une cause très-prompte de congélation. Le soir du deux Décembre 1767, le vent tourna tout d'un coup du sud-ouest au nord, la température avoit été fort douce toute la journée, & les vapeurs épaisses dont l'atmosphère étoit chargée très-fluides : dans l'instant la sécheresse succéda à l'humidité, & un air extrêmement froid & très-piquant à un air fort doux. Les lieux les plus exposés au vent furent gelés dans un instant. Une mare d'eau de fontaine résista un peu plus, je l'observai quelque tems à l'abri du vent, je la vis se con-

denser insensiblement , perdre sa
transparence & sa fluidité , & former une sorte de gelée épaisse ou de
pâte encore liquide, avant que sa
surface acquît la solidité de la glace.
La congélation s'étant fortifiée pendant la nuit , le lendemain cette
glace avoit la transparence & le
poli des glaces ordinaires à nos
climats ; il n'est pas douteux que
dans un espace plus ouvert &
d'une plus grande surface, on
n'eût vu les petites fleches glaciales se disperser dans l'atmosphère, jusqu'à ce que la glace eût été
tout-à-fait durcie. Cette gelée qui
commença très-violemment, & qui
produisit dans la première nuit de
la glace de deux pouces d'épaisseur,
ne dura pas deux jours ; le vent
ayant tourné au sud-est , la température changea & devint assez
douce.

La matière glaciale dont l'atmosphère de ces pays septentrionaux
est continuellement chargée en hiver, donne lieu à la formation de

mille phénomènes curieux. De-là viennent les parélies & les parasélènes, c'est-à-dire les anneaux vifs & lumineux qu'on voit si souvent dans ces contrées au-tour du soleil & de la lune ; ils ont toutes les couleurs de l'arc-en-ciel & font plus éclatans encore, il en paroît jusqu'à six à la fois : spectacle fort surprenant pour un Européen, mais qui cependant ne doit pas être absolument nouveau ; car dans nos Provinces tempérées, dès que les mêmes causes s'y rencontrent, elles font suivies des mêmes effets. Le 3 Janvier 1768 le vent étant nord-est, la terre couverte de neige & toute la masse de l'air fort épaisse, le soleil à neuf heures & demie du matin, réfléchissoit son éclat sur un anneau très-lumineux & vivement coloré, le froid étoit alors de la plus grande vivacité, & le thermometre à 11 degrés & demi au-dessous du terme de la congélation ; ces phénomènes font plus rares en Bourgogne que dans l'Amérique

septentrionale ; mais depuis quelques années les hivers y sont si
rigoureux, que si le froid permet-
toit de faire des observations suivies, on en remarqueroit plus souvent.

Le soleil ne se leve & ne se couche point à la baye de Hudson sans
un grand cône de lumière qui s'é-
leve perpendiculairement sur lui ;
phénomène souvent observé en hiver dans la haute Allemagne, ainsi
que nous le rapporterons ailleurs,
& que quelques Physiciens ont pu
prendre pour la lumière zodiacale,
ou une partie de l'atmosphère solaire, qui ne paroît être effectivement qu'une portion de l'atmosphère de la terre plus raréfiée que
le reste, que la réfléxion de la lumière fait paroître plus élevée, &
qui va dans la région supérieure de
l'air, donner naissance à des phénomènes plus brillans : car ce cône
n'a pas plutôt disparu avec le soleil
couchant, que l'aurore boréale en
prend la place, en lançant sur l'hé-

miſphère mille rayons lumineux &
colorés, ſi brillans que leur luſtre
n'eſt pas même effacé par la pleine
lune. Mais leur lumière eſt infiniment plus vive dans les autres tems:
on y peut lire diſtinctement toutes
ſortes d'écritures; la terre même
participe à la ſingularité de ce ſpectacle, les ombres des corps ſont
fortement marquées ſur la neige &
s'étendent au ſud-oueſt, parce que
le foyer de la lumière eſt dans le
point oppoſé à celui d'où elles partent: ſes rayons s'élancent avec un
mouvement ſenſible d'ondulation
dans toute la région du ſoleil du
nord au ſud: la lumière des étoiles
plus ardente les fait paroître enflammées, principalement vers l'horizon
où elles reſſemblent à du feu vu de
loin. Ce ſpectacle doit rendre les
nuits d'été bien brillantes: mais
comment l'obſerver pendant les
nuits d'hiver, par un froid aſſez
violent pour former de la glace de
huit pieds d'épaiſſeur ſur les fleuves, non compris la couverture de

neige qu'elle porte, & qui souvent
est plus haute ? On ne sait pas encore si l'effrayante & terrible magnificence du spectacle de la nature
a quelques agrémens pour les naturels du pays, & même s'ils ont connoissance de ce qui se passe pendant l'hiver à la surface de la terre,
& dans la vaste étendue des cieux ;
si c'est une des raisons pour lesquelles ils sont si fort attachés à ce séjour : on présume seulement que la
température des contrées où ils se
fixent alors, est bien moins rigoureuse que celle des bords de la mer
& plus égale.

Les Anglois qui ont séjourné quelque tems dans ces climats, & qui
reviennent dans les Provinces tempérées de l'Europe, ne peuvent
plus s'accoutumer à l'air qu'on y
respire, & à la manière dont on y
vit. Les chaleurs leur paroissent
insuportables, les froids aussi pi-
quants & plus incommodes, parce qu'ils ne prennent pas autant
de précautions pour s'en garantir ;

en un mot ils souhaitent avec empressement de retourner à cette zone glaciale, où l'abondance du bois à brûler & des fourrures leur fournissent des secours certains contre la rigueur des plus longs hivers, où ils trouvent dans la quantité d'animaux & de poissons qui peuplent les mers & les forêts, une nourriture certaine & variée, & un amusement continuel, où le commerce de la pelleterie leur est d'autant plus avantageux qu'ils le font sans concurrence.

On n'imagineroit pas à quel point ils savent concentrer la chaleur des habitations même dans les plus grands froids, s'ils ne nous l'apprenoient. Ils y ont sans doute porté des poëles & des cheminées de fer battu à la Suédoise. Quand le bois y est à-peu-près consommé, on ôte le reste des tisons, on ferme la cheminée par le haut, & on est sûr d'avoir pendant toute la nuit une chaleur égale, accompagnée d'une odeur sulfureuse assez agréable,

qui vient de la qualité des bois ré-
fineux que l'on y brûle. M. Ellis
rapporte que malgré le froid extrême de la faifon, il étoit fouvent en fueur dans fon logement.
La différence de cette chaleur au
froid du dehors, faifoit tomber
quelques-uns de ceux qui ren-
troient après avoir paffé quelque tems à l'air, dans un évanouif-
fement fi profond, qu'ils demeuroient quelques minutes fans donner aucun figne de vie: il ne dit pas
que ces révolutions fubites fuffent
inquiétantes, ni caufaffent quelques
altérations à la fanté. Comme l'air
chaud & raréfié attire promptement l'air froid & plus denfe, fi la
porte demeuroit ouverte un moment, l'air du dehors entroit avec
une rapidité fenfible & changeoit
les vapeurs des appartemens en petite neige: la chaleur extraordinaire
du dedans ne fuffifoit pas pour garantir les fenêtres & les murs des
glaces minces & des frimats qui s'y
formoient; les couvertures des lits

se trouvoient ordinairement gelées le matin , & attachées à la partie du mur qu'elles touchoient , & on ne voyoit pas sans étonnement l'haleine condensée sur les draps en forme de gelée blanche. M. Ellis parle sans doute de l'état habituel de l'air pendant l'hiver de ces climats : la plûpart de ces accidens se font sentir dans nos Provinces , lorsque le froid y est extrême ; & si nous avions des logemens aussi prodigieusement échauffés que celui qu'il habitoit , peut-être nous appercevrions-nous des mêmes phénomènes du froid sur les parties les plus exposées à son action , quoique la chaleur fût très-grande à l'intérieur , & que la transpiration y fût toujours égale & abondante.

Nous devons ces curieuses observations aux tentatives que les Anglois ont faites pour trouver un passage dans la grande mer du Sud par la baye de Hudson. La multitude de golfes & de détroits qui s'enfoncent de tous les côtés dans les ter-

res, leur ont fait espérer qu'ils y
trouveroient cette route tant désirée, & inutilement cherchée jusqu'à présent, par les mers du Nord.
Ils se sont attachés particulierement
à pénétrer dans le petit golfe de
Wager Water, qui est par les 65
degrés de latitude ; mais ils y ont
rencontré les mêmes embarras que
dans les mers du Nord, des brumes
& des glaces impénétrables, & toutes les apparences que ce passage
n'existe point. Il est vrai qu'ils ont
une retraite assurée dans leur établissement du port Nelson, où ils
peuvent hiverner en sureté, & réité-
rer leurs tentatives qui parvien-
dront peut-être à les persuader que
ces deux mers Méditerranées, la
baye de Hudson & celle de Baffin doivent leur existence, tant
aux eaux qui s'y rassemblent de
tous les côtés des terres hautes
dont elles sont environnées, qu'à
quelque irruption de la mer sur les
terres, & qui ne peut pas être bien
ancienne : la quantité d'îles dont

les détroits & les bords de ces bayes font parfemées, & la facilité avec laquelle leurs eaux fe glacent, font des preuves de l'un & de l'autre.

Ils ont encore remarqué qu'à mefure qu'ils fe font avancés vers les terres arctiques par la baye de Baffin, les arbres, les hommes & même les animaux y diminuent de taille, à l'exception des ours blancs qui font d'une grandeur & d'une force fupérieure à celle de tous les autres ours, ce que l'on ne peut attribuer qu'à la température glaciale de ces climats. La matière ignée qui devient le fluide vital dans toutes les fubftances qui fe développent par la végétation, eft enchaînée par la rigueur du froid qui ne lui laiffe qu'une action fort lente & fouvent interrompue. Ce qui fe paffe fous nos yeux, nous le perfuade : les enfans dont l'accroiffement eft fi fenfible en été, n'en prennent prefque aucun en hiver. Ce tems paroît deftiné à confolider les molécules qui fe font déja réu-

nies, à les difposer à en recevoir de
nouvelles, & à faciliter l'allonge-
ment & l'augmentation de volume
de toutes les parties différentes,
lorfque la nature en action répare le
tems que les rigueurs de l'hiver lui
ont dérobé. Cette loi ne peut pas
avoir lieu pour les pays fitués dans
la Zone torride, où la difpofition
de l'air eft toujours à-peu-près la
même : mais d'autres caufes y arrêtent fans doute un développement
qui deviendroit exceffif, fi le froid
feul l'empêchoit dans les Zones glaciales & dans celles qui tiennent
une partie de l'année de leur température. La nature dans la production de tous les êtres a des bornes fixées, au-delà defquelles elle
s'étend rarement.

§. VII.

*Obfervations fur la caufe & la
figure de quelques congélations.*

Avant que de quitter ces régions,
où le froid domine avec un empire

rigoureux, il faut dire quelque chose
d'un phénomène qui y devroit être
encore plus fréquent & plus varié
que dans nos climats, si les usages
y étoient les mêmes, car il tient à
la maniere dont nos maisons sont
construites, & au plus ou moins
d'aisance que l'on s'y donne. Je veux
parler ici de ces glaces ou neiges
légères qui se forment sur les vitres
des appartemens, & qui prennent
des figures diverses, toujours proportionnées au degré du froid.

Tout corps plus froid que l'air
qui l'environne, condense cet air,
& change en glace les vapeurs
aqueuses dont il est chargé, si sa
froideur est au degré de la congélation ou au-dessus. Les corps solides, durs & pesans, tels que le
verre, la pierre, le fer, & presque
tous les métaux, conservent plus
long-temps que les autres le chaud
ou le froid dont ils sont pénétrés,
par conséquent ils ne se mettent
pas aisément au degré de la température de l'air qui les environne,

il faut qu'il ait auparavant changé
leur modification actuelle : c'eſt ce
qui fait qu'à la ſuite d'une forte gelée, les parois des murs ſe trouvent
couverts d'une neige ou gelée blanche, ſouvent à l'épaiſſeur de pluſieurs lignes, qui n'eſt compoſée
que des vapeurs dont l'air eſt chargé, qui s'arrêtant ſur ces pierres,
s'y raſſemblent & s'y condenſent
ſous la forme d'une croute rare,
ſpongieuſe, blanche & opaque,
comme des particules de glace réduite en poudre, qui ne reprennent
leur tranſparence que lorſqu'elle ſe
réuniſſent en ſe fondant : ce changement n'arrive que quand la chaleur de l'atmoſphère eſt aſſez active
pour tempérer le froid dont la pierre
eſt pénétrée, & diſſoudre ces vapeurs condenſées. Ce ne ſont donc
point, ainſi que le vulgaire le penſe,
les pierres qui ſuent alors & ſe dégè-
lent, puiſque plus elles ſont à l'abri
du ſoleil & plus long-temps cette
croute extérieure de gelée s'y conſerve.

Il en eſt de même de ces figures

variées qui se forment sur les carreaux de vitre pendant la gelée ou le dégel. Dans le premier cas elles sont l'effet de la vapeur plus échauffée de la chambre qui va se congeler & se durcir sur le verre, qui est au degré du froid extérieur, & même au-dessus, attendu ses qualités propres, & alors la congélation est à l'intérieur de la chambre : dans le second, elles sont l'effet de la vapeur de l'atmosphère plus échauffée que ne l'est l'air de la chambre, & alors la croute se forme à l'extérieur, mais elle est moins compacte, parce que la température générale de l'air est sensiblement adoucie.

Ces congélations prennent des figures différentes : quelques-unes ressemblent à de grands feuillages en enroulemens, tels que ceux des arabesques ; elles partent d'un point quelconque, mais presque toujours de bas en haut, d'un amas de particules glacées, disposées en forme de tige ou de pédicule, qui en s'étendant sur le carreau, se développent

pent en contours hardiment deſſi-
nés, plus ou moins épais à proportion de l'abondance de la vapeur.
Ils doivent cette direction réguliere
au mouvement du tourbillon du
fluide ignée, qui ne ceſſant d'agir
que lorſque la condenſation eſt ache-
vée, tend à décrire une ligne cour-
be préférablement à une ligne droite. Ce phénomène ſingulier paroît
ſur-tout lorſque le degré de froid
n'eſt pas extrême, & dans les appartemens qui ſont échauffés par
quelque cauſe que ce ſoit, où le
fluide ignée conſerve le plus de ſon
mouvement naturel. Il ne faut donc
pas chercher la cauſe de cette forme
déterminée dans la contexture des
parties intégrantes du verre, &
dans le mouvement d'ondulation
que la ſpatule de l'ouvrier leur a
communiqué lorſqu'elles étoient en
fuſion dans le creuſet. Il faut encore moins la chercher dans l'habitude où ſont les ouvriers de frotter
circulairement les vitres pour les
nettoyer, que l'on ſuppoſe y tra-

Tome III. G

cer alors des lignes qui restent imprimées sur la surface du verre, quoiqu'elles soient imperceptibles. Si cela étoit, cette neige glaciale prendroit à plus forte raison la direction des lignes ou des figures visiblement marquées sur le verre, ce qui n'arrive pas. Ces accidens ne dérangent rien au prolongement de la volute, & ce n'est pas même sur ces lignes plus profondes que les vapeurs commencent à se condenser, parce que la contexture du verre dérangée dans ces endroits, doit être moins froide que dans ceux où elle conserve son poli ordinaire. C'est donc uniquement au degré de froid, & au plus ou moins de mouvement du fluide ignée qu'il faut attribuer la figure de ces congélations.

Car sur des verres composés de la même matière, & par les mêmes procédés, sur du verre blanc, nettoyé par des ouvriers qui ont la même routine, ce phénomène vient de se présenter à mes yeux sous une

forme tout-à-fait différente, & que
je ne puis attribuer qu'à l'intensité
du froid, & au peu d'action du fluide ignée dès que la vapeur se con-
densoit.

En s'arrêtant sur le verre, elle a
commencé à se ranger en lignes
très - minces perpendiculaires &
horisontales qui se coupoient à an-
gles droits ; ces lignes ont acquis
peu d'épaisseur, elles ont formé des
espèces de compartimens sur-tout
dans le haut des carreaux où les particules aqueuses venant à se glacer,
se disposoient en feuilles semblables
à celles de la fougere, du sapin,
de l'if, ou du genièvre, presque
toutes détachées les unes des autres plus ou moins longues ; quelques-unes avoient plus d'un pouce
& demi de longueur, d'autres moins
de six lignes, mais toutes perpendiculaires ou inclinées au zénith,
les pointes des feuilles étant extrêmement aiguës, & toutes attachées
à un pédicule commun ou petite
branche. Dans quelques parties des

mêmes carreaux, la matière plus
abondante formoit une croute blanche & opaque, & au milieu une
petite étoile à plusieurs pointes, iso-
lée ou terminée par une espèce de
feuille de la même forme que les
précédentes, & que l'on pouvoit
comparer à la queue d'une comète.
Ces petites étoiles étoient dans un
espace transparent du carreau, &
bien éclairé, qui devenoit pour elles
comme une atmosphère brillante
qui rendoit plus sensible la régula-
rité de leurs formes. Ces congélations se sont formées à-peu près de
même sur tous les carreaux de la
fenêtre d'une chambre où il y a toujours un bon feu ; je les ai obser-
vées pendant huit jours de suite,
depuis la fin de Décembre 1767
jusqu'au 6 Janvier 1768, par un
froid extrême, dans un canton fort
élevé de la Bourgogne près de la
source de la Seine.

Dans la chambre voisine, où l'on
n'a point allumé de feu, que l'on
traverse pour entrer dans celle dont

je viens de parler, & où l'évaporation est moins abondante, les congélations des vitres ont été moins
épaisses, mais toutes en forme d'é-
toiles séparées les unes des autres,
& assez généralement à cinq pointes & fort minces. Dans un cabinet tenant à une cuisine où l'on a
fait un feu continuel, & où sans
doute l'évaporation a dû être plus
forte, les congélations n'ont formé
sur les vitres qu'un massif qui en oc-
cupoit le centre quarrément, les
bords du verre étant restés transparens ; quelques-unes étoient divisées par des lignes perpendiculaires
légèrement dentelées, au-travers
desquelles le verre conservoit toute
sa transparence. Les fenêtres sont
tournées au Sud-Est, & toutes sur le
même plan. Les congélations ont
été fondues presque tous les jours
par l'action du soleil, & les matins
je les ai constamment retrouvées
sous la même forme.

La nuit du 6 au 7 de Janvier, l'air
s'étant fort adouci, il n'y eut point

de congélation fur les fenêtres de ma chambre, la température extérieure & intérieure fe trouvant fans doute en équilibre ; mais il y en eut fur les fenêtres de la chambre voifine à l'extérieur des carreaux, parce que l'air du dedans de la chambre refta plus froid que celui du dehors. Les congélations étoient plus épaiffes que les jours précédens, dirigées par des lignes perpendiculaires & horifontales, qui occupoient le centre des carreaux, d'où partoient des feuilles ou branches plus longues que celles dont j'ai parlé, & dont les extrémités étoient plus arrondies, fans doute à caufe que la matière étoit moins condenfée que celle des jours précédens ; fur prefque tous les carreaux, les congélations avoient affecté une direction fingulière ; elles formoient une quantité de portions de cercles paffées & recroifées les unes dans les autres, qui compofoient enfemble une efpèce de guirlande qui s'étendoit du bas du carreau jufqu'à la ligne horifontale la plus élevée ; elles ne fe confervèrent ainfi que deux heures au plus, la chaleur de la température les fondit affez promptement.

Je trouve dans ce phénomène la preuve du plus grand froid, relativement à nos climats, & de l'arrangement auquel la matière eft foumife de préférence dans les pays les plus voifins des poles. Les arbres & les plantes qui ne doivent leur accroiffement qu'à l'action du fluide fubtil, y fuivent le même ordre. Les fougeres, les ifs, les fapins, les genièvres, les capillaires, les arbres & les plantes de ce genre, font ceux qui croiffent le plus aifément dans les terres qui bordent la baye de Hudfon, dans le Groenland & dans le Spitzberg : la nature dans l'arrangement de leurs parties extérieures, obferve le même ordre que dans la formation de la neige & de la glace : ainfi malgré la chaleur & le mouvement du fluide fubtil, le froid extérieur

domine toujours affez pour exercer
fon empire d'une maniere vifible
fur des productions qui ne font que
l'effet de la chaleur & du mouvement.

En obfervant encore la forme de
ces congélations, les parties minces & aiguës qui compofent ces
feuilles & ces étoiles de glace, on y
trouve la caufe de la fenfation dou-
loureufe du froid ; on voit quelle
eft la configuration des matières répandues alors dans l'atmofphère,
combien elles font pénétrantes fi
rien n'arrête leur action & n'en
émouffe les pointes, fans quoi elles
s'infinuent comme autant de coins
dans tous les corps expofés à leur
action, arrêtent le cours des liquides, & fur-tout interceptent le
mouvement du fluide fubtil, principe de la chaleur & du mouvement, & jettent dans toute l'harmonie de la machine un défordre fi
grand, que la diffolution s'enfuit,
fi on n'en arrête pas les effets.

Cependant quelque terribles que

paroissent les phénomènes du froid, les climats où il règne sont ceux où l'on vit le plus long-temps & le plus tranquillement. Les caprices de l'inconstante fortune n'y sont pas connus ; la cupidité ne paroît pas encore avoir causé aucun désastre parmi les hommes qui les habitent ; on ne s'est pas encore avisé d'aller enlever les Eskimaux ou les Lapons pour les employer à tirer l'or qu'ils ne connoissent pas, des mines du Pérou. Une liberté entière & une égalité parfaite, semblent régner entre toutes les familles dont la réunion forme ces peuples ; & il est probable qu'on n'y connoît d'autre autorité que celle que la nature accorde aux peres sur leurs enfans. Cet homme que nous regardons comme sauvage, couché dans un antre rustique au milieu de sa famille, entouré des biens que son industrie lui fait trouver dans les forêts & dans les eaux, jouissant de quelques autres productions de la nature ou de son invention dont il

G v

connoît l'uſage, brave la rigueur
de ces longs hivers ſous leſquels la
nature expire. Accoutumé à ces révolutions, il va chercher dans le
ſein de la terre une température
douce & toujours égale, qui le ra-
nime & le ſoutient, où il repoſe
long-temps à la ſuite des travaux
continuels de la chaſſe & de la pêche auxquels il s'eſt livré, lorſqu'une ſaiſon plus douce lui laiſſoit
les eaux & les forêts ouvertes. Il
eſt heureux dès qu'il a ſatisfait à ce
que le beſoin exige de lui. Une vie
laborieuſe, une nourriture frugale,
ſimple & preſque toujours la même,
lui aſſure une ſanté inaltérable, &
des forces ſuffiſantes pour les occupations auxquelles il eſt deſtiné.
Sans beaucoup de ſoin il trouve
abondamment tout ce qu'il déſire,
parce qu'il ne connoît que le néceſſaire. Ainſi l'habitude de ſe conten-
ter de peu, loin de lui être à charge, eſt la première ſource de ſon
bonheur. Le luxe recherché de nos
pays policés, lui plairoit moins que

la simplicité grossière dans laquelle
il est né ; il n'a jamais imaginé
qu'une plus grande aisance pût rendre son sort plus heureux : il ne
connoît ni les fureurs de l'ambition,
ni les duplicités de l'intrigue, ni les
bassesses de l'avarice ; il n'a de dé-
sirs qu'autant qu'il en faut pour
éprouver quelques sensations agréables : dès-lors quel intérêt le divi-
seroit d'avec son semblable, & l'empêcheroit de l'aimer ? il semble
qu'il ne doive cette heureuse tranquillité, sa force & sa santé qu'aux
rigueurs même du climat dans lequel il est né. L'air y est toujours
pur & sain, les animaux & les végétaux dont il se nourrit, participent aux mêmes qualités ; il ne faut
donc pas s'étonner si dans le cours
d'une plus longue carrière, il
n'éprouve presque aucune maladie.
Quand je dis que les peuples des
terres arctiques & leurs voisins de
l'Amérique septentrionale vivent
très-long-temps, je n'avance rien
que de très-probable, Qu'on jette les

yeux sur les catalogues des personnes mortes dans un âge avancé, &
on verra que le plus grand nombre
ont vécu dans les régions les plus
froides de l'Europe, en Suède, en
Dannemarck, dans le Nord de l'Angleterre, en Suisse dans les terres
montagneuses élevées & froides,
où la température est rigoureuse, &
la vie laborieuse & frugale. On parcourroit toutes les terres connues
de l'Univers avant que de trouver
ailleurs que dans ces climats, un
vieillard de cent quarante ans (a).
Dans le catalogue des centénaires,
sur dix à peine en trouve-t-on un

(a) Le nommé Drachenberg d'Aarhuus
en Jutland, si connu par son grand âge,
sous le nom de vieux homme du Nord,
existoit encore en 1768. Il avoit célébré
l'anniversaire de sa naissance avec beaucoup de présence d'esprit, le 6 Novembre 1767, jour auquel il accomplissoit la
cent quarante-deuxieme année de son âge.
Il s'étoit rendu ce jour-là à pied de la Baronnie de Marsoliesbourg au château de
Rosenholm, sans se ressentir d'aucune fatig

qui ait habité les pays méridionaux. Cependant les régions septentrionales font beaucoup moins peuplées que celles qui font à une égale distance des deux Zones torride & glaciale : la caufe en eft qu'elles ne pourroient pas nourrir un auffi grand nombre d'hommes, il s'en faut beaucoup que la nature y étale fes richeffes avec autant de profufion qu'elle le fait dans les climats fitués entre les Tropiques, & en général dans toute la Zone tempérée.

gue, quoiqu'il eût fait environ quatre lieues. On ne peut affez admirer les forces de ce vieillard ; excepté fa vue qui étoit affoiblie, il jouiffoit encore d'une fanté parfaite.

HISTOIRE
NATURELLE
DE L'AIR
ET
DES MÉTÉORES.

DISCOURS CINQUIEME.
THÉORIE GÉNÉRALE DE L'AIR.

QUATRIEME PARTIE.
§. I.

Qualités de l'air dans les terres orientales de l'ancien continent. Sibérie. Tartarie. Chine & Japon.

L'EXAMEN que nous allons faire des qualités de l'air dans ces vastes contrées, sera relatif à ses deux extrêmes du froid & du chaud dont nous avons établi les causes, & nous y retrouverons des effets à-peu-près semblables, suivant que les dispositions de l'air en approcheront plus ou moins.

Dans cette vaste étendue de terres, la plupart inconnues, qui sont entre l'Europe & la Chine, entre la mer Caspienne & l'Orient de l'Univers, la température de l'air est en général plus froide que chaude ; le sol en est élevé & sec, on y fait des routes immenses sans trouver d'eau ; ce ne sont presque par-tout que des sables arides ou des bruieres incultes, qui fournissent pendant quelques mois de l'année des pâturages abondans, mais que la chaleur de l'été, jointe à l'aridité du sol, fait sécher promptement. C'est ce que nous apprennent de tout ce pays en général, les relations de plusieurs bons Observateurs, faites à la fin du dernier siècle & dans celui-ci.

Avant que d'arriver à ces plaines immenses de sables & de bruieres,

on traverse un très-grand pays sous
la domination des Russes, qui s'é-
tend du Nord à l'Est entre l'Europe
& l'Asie. A quelques journées de
Moscou on entre dans des terres
désertes assez unies, découvertes,
& occupées par des landes & des
marais entrecoupés de quelques
bois, où la neige & les glaces se
soutiennent pendant sept à huit
mois, & où il n'est presque pas
possible de voyager que dans la saison la plus rigoureuse, lorsque les
traîneaux peuvent passer sans risque par un pays impraticable en tout
autre temps, à cause de la quantité
de marais, de lacs & de rivieres
qu'il faut traverser. C'est alors qu'il
y a une communication libre, établie entre toutes les Provinces de la
Russie, sur-tout du Sud au Nord &
à l'Est. Les premiers traîneaux tra-
cent une route que les autres suivent, les neiges s'affermissent : on
avance assez sûrement, & l'on fait
beaucoup de chemin en peu de
temps, les chevaux dont on se ser-

étant vigoureux & très-légers à la course : il ne faut que se garantir du froid extrême qui règne alors dans ces climats.

Cette plaine est terminée par la ville ou bourgade de Solikamsca, au sortir de laquelle ou entre dans l'épaisse chaîne de montagnes de Verschoturie, que l'on regarde comme une branche du Caucase, qui s'étend du Midi au Nord de la mer Caspienne, jusqu'à la mer Glaciale, & sépare l'Europe de l'Asie.

Ces montagnes ont quarante-cinq lieues d'épaisseur de l'Ouest à l'Est, elles sont peu élevées, n'ayant que cinquante à quatre-vingt toises de hauteur, leurs pentes sont très-rapides ; & pour leur conformation extérieure, elles ressemblent beaucoup à celles des terres arctiques, & même du Spitzberg, qui sont petites, aiguës, mais où la neige & les glaces sont aussi épaisses & se conservent aussi long-temps que sur les plus hautes montagnes de l'Univers, ce qui est une preuve de

la hauteur du fol de cette région
relativement au refte du globe.
M. l'Abbé Chapes d'Auteroche,
dont je fuis ici la relation, dit qu'el
les ne produifent pas d'autres arbres que des pins, des fapins, des
bouleaux, & quelques génièvres.
Au commencement d'Avril 1761,
lorfqu'il les traverfa, la nature y
étoit encore engourdie, & on auroit cru ces lieux tout-à-fait déferts,
fi la trace des traîneaux n'avoit pas
indiqué qu'il y avoit quelques habitations ; une fombre horreur régnoit par-tout, & le filence n'étoit
interrompu que par le bruit des
chevaux, & les cris de quelques
voyageurs dont les traîneaux fe
renverfoient.

Les habitations font fort éloignées les unes des autres ; & fouvent les chaumieres dont elles font
compofées, ne pourroient avoir aucune communication entre elles par
la quantité de neiges qui tombent
dans ces régions, que les vents raffemblent en tas énormes, fi les ha-

bitans ne s'ouvroient des routes par dessous: ils passent près de neuf mois dans cet état. On y voit de la neige dès le mois de Septembre avec tant d'abondance que bientôt il ne reste plus de vestiges d'habitations ni de chemins. Le dégel n'y commence qu'à la fin d'Avril, & les neiges n'y sont entiérement fondues qu'un mois après : ainsi ces peuples ne jouissent que pendant trois mois environ des douceurs de l'été, lorsqu'il n'arrive aucun dérangement dans l'ordre de leurs saisons. Ils sement pendant ce court espace du seigle, de l'avoine, de l'orge & des pois qu'ils recueillent vers la fin d'Août, & qui parviennent rarement à une parfaite maturité.

La saison rigoureuse dure moins long-temps dans la plaine, c'est-à-dire, que l'on peut cultiver les terres un mois ou six semaines plutôt, & que les neiges ne s'y établissent qu'à la fin de Septembre. Dès le commencement d'Avril la plaine

qui s'étend des montagnes de Verschoturie à Tobolsk, est presque entiérement découverte : les opérations de la nature y sont promptes.
En quatre ou cinq jours les neiges
sont fondues, & il n'en reste plus
que dans les endroits où les vents
les ont accumulées pendant l'hiver.
Mais alors les eaux sont très-gran-
des, elles se répandent sur la surface des rivières encore gelées, ce
qui les rend très-dangereuses à traverser, & annonce la débacle des
glaces, pendant laquelle elles sont
impraticables.

On peut se faire une idée de la
température de ces climats, d'après
ce que nous avons dit de la Laponie
& de la plupart des terres australes : l'air y est en général fort sain,
mais la race des hommes y est plus
grande, & également forte & vigoureuse. Ils ont seulement des usages particuliers, qui tiennent plus
au gouvernement sous lequel ils
vivent qu'aux influences du climat,
& qui ne paroissent être qu'une cor-

ruption d'autres usages fort anciens, qui ont des rapports marqués
avec ceux de quelques - uns des
Sauvages de l'Amérique septentrionale.

La plupart des habitans de la Sibérie sont attachés à la Religion
Grecque jusqu'au fanatisme : leur
zèle est en proportion avec leur
ignorance & leur grossièreté : ce
sont néanmoins ceux qui ont le plus
de relation avec la Russie. Les autres ont des idoles & une espèce de
doctrine qui tient du Mahométisme
ou du Christianisme. On a essayé
en divers temps de les instruire : ils
ont eu commerce avec les Européens & les Asiatiques, ils ont conservé quelques idées de ce qu'ils ont
appris autrefois, & ils s'en sont formé une tradition à leur mode, qui
varie dans chaque Peuplade, excepté dans celles qui ont eu plus nouvellement des Missionnaires Grecs
envoyés de Russie, dont les instructions ont encore tout leur effet sur
un peuple souple, crédule & très-

ignorant. Ils font prefque tous dans
l'efclavage le plus affreux, ils n'ont
aucune idée de la liberté : la puif-
fance arbitraire de leurs derniers
conquérans femble l'avoir anéantie
en eux, fi jamais ils en ont connu
le prix ; car leurs occupations, leurs
defirs, leurs plaifirs, font peu au-
deffus de l'inftinct purement animal.
Ils n'ont ni commerce, ni induftrie;
ils fe nourriffent fort mal, & ne fou-
haitent pas d'être mieux, avantage
qui au moins éloigne d'eux le fentiment incommode du befoin. Du
poiffon fec ou pourri, du pain fort
noir de feigle & d'avoine, & des
pois, font leur nourriture ordinaire:
l'orge leur fert à fabriquer de la mau-
vaife bierre : ils ont une autre boif-
fon appellée *Quas*, faite avec du fon
fermenté dans l'eau, où ils mettent
un peu de farine, c'eft pour eux un
régal, qu'on ne leur envie point, &
qui eft en ufage dans prefque toute
la Tartarie.

Leurs chaumieres font un féjour
d'autant plus trifte, que la rigueur

des hivers ne leur permet pas d'entretenir une communication habituelle avec l'air extérieur, souvent
elles sont abîmées sous la neige ; &
celles qui restent à découvert ne
peuvent qu'être fort obscures, les
fenêtres n'ayant pas plus d'un pied
& demi de large, sur six pouces de
haut, & à peine jouissent-ils de quelque lumière pendant que le soleil
parcourt les signes méridionaux.
Alors dans une nuit presque continuelle, ils s'éclairent avec des éclats
de bouleau, allumés & fichés entre
les poutres, ce qui cause des incendies fréquens dans toutes ces hutes
construites de bois fort combusti-
bles, & desséchés par le feu continuel qui y est allumé pendant le plus
long hiver.

Il y fait alors très-chaud, & c'est-
là que tous les Sibériens livrés à la
fainéantise, vivent dans la malpropreté la plus dégoûtante. Cependant
dant ils aiment leur état, & redoutent d'en sortir, sur-tout pour porter les armes ; mais la crainte du

châtiment, & l'ufage de l'eau-de-
vie, parviennent à en faire d'affez
bons foldats, qui ne connoiffent
d'autre danger que celui de défo-
béir, & qui font très-robuftes.

Leur première éducation contribue beaucoup à leur former le tempérament le plus fort. A peine les
enfans font-ils nés, qu'on les met
dans un panier fur un tas de vieux
linges ou de paille. Ils jouent des
pieds & des mains fans être em-
maillottés ni gênés en aucune façon.
Ce panier eft fufpendu à une longue
perche élaftique, qu'on peut faci-
lement mouvoir d'un pied, & les
femmes s'occupent en même temps
à filer du chanvre & à bercer leurs
enfans ; elles les nourriffent de lait
par le moyen d'un cornet au bout
duquel on adapte une tétine de vache : les mères leur donnent auffi
quelquefois à téter.

Ces enfans ne peuvent pas encore fe foutenir, qu'on leur laiffe la
liberté de fe rouler à terre, n'ayant
qu'une chemife pour tout vêtement.

ils s'y culbutent, font des efforts pour marcher, & on les laiſſe tranquillement ſe débattre juſqu'à ce qu'ils puiſſent ſe lever ſeuls, & ſe tenir ſur leurs pieds. Enfin ils marchent au bout de quelques mois, & bientôt après ils courent partout. On les voit ſortir des poêles avec leurs chemiſes ſeulement, & venir jouer à l'air au milieu de la neige, dans une ſaiſon où le froid exceſſif fait craindre aux voyageurs les plus aguerris de ſortir de leurs traîneaux, quoiqu'ils ſoient tout couverts de péliſſes.

C'eſt ainſi que ſe forment des hommes généralement bien faits, d'une grande taille, parmi leſquels on en voit rarement de contrefaits : ils ont un uſage qui leur eſt particulier, & qui ne peut avoir pour but que de les endurcir contre les rigueurs du froid. M. l'Abbé Chape dit qu'en entrant dans les ſalines de Solikamſca, il y trouva des hommes qui ſe fouettoient tout le corps à coups de verges avec tant de violence qu'ils avoient la peau rouge comme de l'écarlatte ; après quelques minutes, ils fortirent des étuves nuds, dégouttans de fueur, & furent dans cet état fe rouler fur la neige.

Il femble que de pareilles précautions devroient affurer à ces peuples la plus longue vie, mais leurs excès & leurs débauches l'abregent beaucoup. Chaque année il meurt dans ce pays une prodigieufe quantité d'enfans, il en refte rarement plus d'un tiers de ceux qui naiffent, & fouvent moins. Un pere & une mere n'en confervent ordinairement que trois ou quatre de feize ou dix-huit auxquels ils ont donné le jour. Plufieurs raifons concourent à cet effet, & dépeuplent les habitations difperfées dans ces vaftes déferts.

La petite vérole en emporte près de la moitié, & quelquefois plus. Le fcorbut & la débauche des peres & meres, leur occafionnent quantité de maladies inconnues ailleurs

aux enfans, peut-être parce qu'ils
n'ont dans ce pays d'autre remède
que leurs étuves, qui peuvent être
falutaires à ceux qui n'éprouvent
que des maladies analogues au climat, mais qui font infuffifantes
pour celles qui des régions chaudes
de l'Amérique ont pénétré jufques
dans les pays glacés du Nord, &
qui font fi fort répandues dans la
Sibérie & dans la Tartarie feptentrionale, qu'il eft à craindre que par
la fuite des temps, elles n'y anéan-
tiffent l'efpèce humaine; ce qui doit
en accélérer la deftruction, c'eft
que la jeuneffe plutôt inftruite
qu'ailleurs, a trop de facilités pour
ne pas fe livrer à la diffolution dès
qu'elle a atteint le premier temps
de la puberté. La façon dont ils
vivent dans leurs chaumières, oc-
cafionne un libertinage très-pré-
coce : ils ne connoiffent point l'u-
fage des lits, la famille eft couchée
pêle-mêle prefque deshabillée, les
uns fur des nattes placées fur de
larges bancs, d'autres fur le poële

H ij

ou par terre, & ils n'observent aucune retenue. Ce font les mœurs
anciennes de ces peuples feptentrionaux, qui fe font confervées
en partie. Avant qu'aucun virus
étranger n'eût infecté leur fang, ils
produifoient la plus grande quantité d'hommes : ils habitoient les
vaftes régions qui s'étendent des
montagnes de Sibérie aux Palus
Méotides, en fe rapprochant par le
Sud & l'Oueft de l'Afie & de l'Europe : c'eft de-là que fortoient anciennement ces armées prodigieufes
par leurs nombres ; ils vivoient à-
peu-près comme les Sibériens, il
n'y avoit point de familles diftin-
guées, les femmes étoient communes, & les enfans ne connoiffoient
que leurs meres & ceux qui vouloient s'avouer pour leurs peres.
C'étoit encore l'ufage de ces Nor-
mands qui dévaftèrent pendant fi
long-temps les plus belles provinces de l'Europe, & dont la plûpart
étoient originaires des pays dont
nous venons de parler. Sans doute

que la petite vérole n'exerçoit point
alors ses ravages parmi eux , ou
qu'elle y étoit bien moins meur-
trière qu'à présent.

La ville de Tobolsk au 58e degré
de latitude , capitale de la Sibérie ,
contient environ quinze mille habitans , le climat y est très - rigoureux , & l'air fort sain , quoiqu'elle
soit sujette à de grandes inondations qui la submergent en partie
dans le temps de la fonte des neiges. Les mœurs y sont les mêmes
que celles que nous venons de décrire , & encore plus corrompues :
les femmes & les filles de tout état y
font usage du rouge. On dit celles
du premier rang aimables , quoiqu'elles n'aient encore pu adoucir
la dureté féroce des hommes qui y
abusent plus que par-tout ailleurs
du droit du plus fort. C'est par-tout
la suite d'un despotisme outré , où
la puissance, à quelque degré qu'elle
soit , ne s'occupe qu'à faire des esclaves. Les hommes y tyrannisent
leurs femmes qu'ils regardent com-

H iij

me leurs premiers esclaves, dont ils exigent les services les plus vils. Eux - mêmes y sont tenus par le Gouvernement dans un état d'avilissement qui détruit en eux tout principe d'humanité. On y choisit les hommes propres pour le service, de la même manière que les bouchers vont par-tout ailleurs marquer dans les étables le bétail qui leur convient. Ces esclaves ne peuvent être que naturellement lâches; mais la crainte de la mort est surmontée en eux par celle du châtiment, ce qui produit dans l'ame un nouveau genre de terreur, qui la rend comme stupide : ce ne sont plus des hommes, mais des machines qui agissent & qui ne font que céder à l'impulsion qu'on leur donne sans aucun mouvement spontané. La tranquillité qu'ils montrèrent à la fameuse bataille de Kunersdorf, au mois d'Août 1759, semble en être la preuve. Les Nations libres ne sont pas aussi flegmatiques dans des actions aussi chaudes. On peut donc regarder tous les peuples de la Sibérie comme une classe d'hommes à part, livrés à la paresse & à une dissolution habituelle, où la rigueur du climat les force de croupir pendant les trois quarts de l'année (*a*).

Les terres que les Russes ont conquises sur les Tartares, sont dans une température plus douce : les habitans en sont moins grossiers ; quoique soumis au même empire, ils conservent encore quelque chose de leur ancienne franchise & de leur honnêteté. L'air commence à être déja fort tempéré à Casan en Asie, au 55e degré 43 minutes de latitude, les terres y sont assez bien cultivées, on y trouve toutes sortes de denrées, bonnes & à bas prix ; les mœurs y sont plus honnêtes, il y a quelque commerce & de l'industrie, la noblesse y vit

____

(*a*) Voyage de M. l'Abbé Chape d'Auteroche dans les Mém. de l'Acad. des Sciences. An. 1761.

H iv

en société avec assez d'agrément.
En avançant davantage soit au Sud,
soit à l'Est, l'air & le sol deviennent plus secs, & cette qualité est
dominante dans toute la Tartarie.
Il ne pleut jamais à Astracan, ville
de la domination des Russes, ce qui
fait qu'on ne peut y cultiver les
terres. Elle est située dans une isle
du Volga, à 20 lieues de son embouchure dans la mer Caspienne,
au 46e degré de latitude. Le fleuve
qui se déborde tous les ans au mois
de Mai, couvre une grande quantité de terres où se forment des pâturages qui nourrissent beaucoup
de bestiaux, qui avec le produit de
la pêche, établissent un commerce
assez considérable dans ce pays. Le
sel que l'on ramasse dans les bruyè-
res qui s'étendent d'Astracan à Tes-
ki, le long de la mer Caspienne dans
un espace de plus de quarante lieues,
en plus grande abondance que dans
aucun autre endroit du monde, est
une des richesses de ce pays. Cette
qualité particuliere du sol est cause

de la sécheresse & du froid qui y règnent presque toujours ; elle décide
de la disposition de l'air , qui est à-
peu-près la même dans la plus grande partie de l'Asie , ainsi que nous
allons le dire : commençons par ce
qui a rapport à la Tartarie proprement dite.

Les régions qu'habitent les Eluths
& les Kalmouks dans la grande Tartarie , étant situées relativement à
l'équateur dans le climat du monde
le plus favorable , devroient être
dans toutes leurs parties d'une bonté & d'une fertilité extraordinaire ;
mais quoique la plupart des grandes rivieres d'Asie y prennent leur
source , elles manquent d'eau dans
une infinité d'endroits , parce que
ce sont peut-être les plus hautes
terres du globe ; & c'est à raison de
cette hauteur qu'elles sont beaucoup plus froides que quantité d'autres pays situés à la même latitude
au 45ᵉ degré environ. A la suite des
jours les plus chauds de l'été , il y
gèle quelquefois pendant la nuit de

H v

l'épaisseur d'une ligne. En général, il y règne par-tout un air sec & froid, chargé d'exhalaisons nitreuses, dont la matière est si abondante que l'on ne peut creuser à trois ou quatre pieds de profondeur, sans y trouver des mottes de terre gelées & mêmes des glaçons entassés.

Les voyageurs observent que les ruisseaux auprès desquels les caravanes s'arrêtent, parce que ce sont les seuls endroits où on trouve quelquefois des habitations & de l'eau, sont d'une fraîcheur extrême, ce qu'ils attribuent à l'abondance d'un nitre à demi blanc & fort exalté, dont leurs bords sont couverts. Les pâturages en sont meilleurs, mais on n'y voit ni arbres ni buissons, & nulle part ailleurs de l'eau, que dans quelques sources fort éloignées les unes des autres, ce qui fait que dans les chaleurs de l'été on trouve très-fréquemment des bêtes de somme mortes de soif le long des chemins. La réflexion des sables bru-

fans communique à l'air une ardeur
dévorante & infupportable, même
lorfque le vent eft frais & contraire
au cours du foleil : s'il eft plus fort,
il eft accompagné d'un autre inconvénient auffi dangereux, il tranf-
porte les fables, couvre les chemins qui deviennent très-pénibles
fur un terrein mouvant dans lequel
on ne rencontre ni ombrage, ni
rafraîchiffement d'aucune efpèce :
c'eft encore ce qui contribue à l'i-
négalité des vaftes plaines de la
Tartarie orientale. Dans les endroits où les chemins font plus bat-
tus, où les fables ne s'amoncèlent
pas fous la direction des vents, on
voit paroître à la furface du fol le
falpêtre tout formé, qui entretient
le froid prefque continuel dans ces
régions, où toutes les terres font
incultes & abandonnées ; on ne
peut guère attribuer à une autre
caufe cette température ordinaire,
puifqu'on ne trouve au Nord de
ce pays, ni montagnes, ni forêts,
d'où puiffent venir les vents fecs &

H vj

perçans qui y règnent. Dans les meilleurs cantons où les Chinois ont des fermes, le froid y est excessif, & tient la terre glacée pendant huit à neuf mois ; elle ne porte ni bled, ni riz, quoiqu'elle soit assez bien cultivée par des familles esclaves & des haras de chevaux médiocres que les propriétaires y entretiennent ; mais on y recueille en abondance du millet & des féves. Ce font les feuls endroits où l'on trouve des arbres fruitiers de plusieurs espèces ; les fruits qu'ils produisent même à leur parfaite maturité, quoiqu'ils dussent être doux, conservent un acide considérable, à cause de la quantité de sels qui se filtrent avec les sucs dont ils sont nourris, & qui sont répandus dans toute cette amotsphère.

Le pays des Tartares Mantcheoux est un des plus abondans de ces vastes régions, & situé à-peu-près à la même latitude que la France, mais il en différe beaucoup par rapport aux saisons & aux produc-

tions de la terre ; le froid s'y fait
sentir plutôt & avec bien plus de
violence que dans nos contrées,
sur-tout celles qui sont en plaine ou
tournées au Midi. Dès le commencement de Septembre les grands
fleuves charient des glaçons qu'ils
portent dans les mers du Nord. On
attribue ce froid excessif & préma-
turé, à l'abondance du nître dont
les terres sont imprégnées, & aux
forêts épaisses & impénétrables dont
une partie de ce pays est couvert.
Ainsi on voit qu'en général le froid
long & piquant que l'on ressent
dans toute la Tartarie, est occasionné par une même cause, par une
surabondance de sels & de nîtres
qui s'exhalent dans l'atmosphère, &
y établissent une température froide, mais égale & fort saine.

Les peuples grossiers qui l'habitent, sont braves, robustes, & assez
généreux. C'est de cette partie du
monde que sont sortis les conquérans qui ont donné des loix à l'Asie,
à une partie de l'Afrique, & les

ont peuplées : souvent même ils
ont parcouru l'Europe plutôt pour
la dévaster que pour s'y établir.
Les descendans de ces peuples,
peut-être les plus anciens du monde, que l'on trouve encore dans les
mêmes climats, semblent avoir perdu toute disposition à faire des émi-
grations ou des conquêtes : ils regardent leur pays comme le plus
délicieux de l'Univers : ils y vivent
dans une indépendance qui leur paroît préférable à tous les autres
biens. Ils jugent de leur situation
d'après leurs préjugés, & par comparaison avec les nations qu'ils sont
le plus à portée de connoître.

Les Tartares Kalmouks fuient le
travail comme le dernier des escla-
vages, ils n'ont d'autre occupation
que celle de faire paître leurs troupeaux, de dresser leurs chevaux &
de chasser ; & ils sont si contents de
leur état & de leur pays, que s'ils
veulent du mal à quelqu'un, ils lui
souhaitent d'aller vivre ailleurs,
& de travailler comme un Russe.

Ils ont un fond de franchise & d'honnêteté qui leur paroît héréditaire :
dans leur langue on ne trouve aucun
terme pour exprimer ces sermens
horribles si communs parmi les nations civilisées. Ils croyent que la
vertu rend l'homme heureux, &
que le vice le rend misérable : si l'on
exige d'eux quelque chose d'injuste,
ils répondent par un proverbe : « un
» couteau quoique tranchant ne peut
» couper sans manche » (*a*). Ces hommes n'ont cependant ni loix, ni Ju-
risprudence, ils ne connoissent que
le sentiment naturel qui leur apprend de ne pas faire à autrui ce
qu'ils ne veulent pas qu'on leur
fasse : guidés par ce seul principe,
ils ne s'abandonnent ni au vol, ni à
l'adultère, ni au mensonge : libres
en tout, leur caractère tient de l'â-
preté de l'air dans lequel ils vivent,
& de l'acidité des fruits dont ils se
nourrissent : il n'y a point de na-

____

(*a*) Voyage de Saint-Pétersbourg en
Asie, t. 3. *in-*12. Paris. 1766.

tion au monde moins souple, & plus
éloignée de se soumettre aux caprices du despotisme. Cependant quelque braves qu'ils soient naturellement, quoique dans un état de
guerre habituel & dans des courses
sans fin, leur valeur & leur conduite
ne sont pas comparables à celles de
nos troupes réglées; dès qu'ils sont
poursuivis, ils jettent leurs fleches
& coupent les sangles de leurs chevaux pour fuir plus vîte.

C'est assez en général la façon de
penser des Tartares, presque tous
mènent une vie errante, & changent de climats suivant les saisons.
Après que les neiges sont fondues,
lorsque leurs vastes plaines sont
couvertes d'une herbe nouvelle, ils
conduisent leurs troupeaux sur les
hauteurs, où ils trouvent des pâturages abondans & d'une excellente
qualité : les plantes y croissent très-
promptement à plus de deux pieds
de hauteur, mais elles durent à
peine deux ou trois mois, les premieres chaleurs dessechent le sol &

les font périr ; alors les Tartares
gagnent le bord des rivières ou des
lacs. Comme ces prairies font immenfes, & qu'il s'en faut beaucoup
que le pays foit affez peuplé pour en
confommer toute l'herbe , ils ont
remarqué que ce qui en reftoit fur
la terre, & s'y pourriffoit pendant
l'hiver après s'être defféché , arrê-
toit les progrès de la végétation au
printems. Pour obvier à cet inconvénient , à la fin de l'été ils mettent
le feu à ces prairies : il s'étend quelquefois dans un efpace de plus de
cent lieues, & ils font fûrs d'avoir
l'année fuivante , de très - bonne
heure, d'excellens pâturages. Outre
l'utilité qu'ils retirent de cette précaution, il n'eft pas douteux qu'elle
ne contribue encore à la falubrité
de l'air & à l'égalité de fa température, qui, à la longue, auroit été
chargée par les exhalaifons mal-fai-
nes qui fe feroient élevées au printemps , de ces végétaux pourris ,
qui fe feroient accumulés fur la terre
à une grande épaiffeur. Ces plaines

ainsi enflammées, jettent quelquefois les voyageurs dans le plus grand
embarras : ils risqueroient de périr
s'ils s'y engageoient, ils n'ont d'autre parti à prendre, que de retourner sur leurs pas, s'il est encore
temps, lorsque la fumée dont l'atmosphère est chargée, leur annonce que le feu est dans les prairies ;
la flamme excitée par un vent sec
& impétueux se répand au loin avec
une rapidité étonnante.

En général, ce pays ne peut
offrir qu'un spectacle assez triste,
quelques prairies, peu d'arbres &
de sources d'eau vive, par-tout des
sables stériles qui cependant ont
quelquefois des veines d'une richesse singulière. Dans le désert qui
est au Nord de la muraille de la
Chine, on trouve un terrein grave-
leux d'environ une journée de chemin, rempli de cailloux rouges &
jaunes, la plupart transparens, qui
forment un coup d'œil admirable
lorsque le soleil les éclaire ; ils paroissent être des cornalines dures &

d'un beau poli : il n'y a point d'homme qui ne puisse en amasser en un jour la quantité d'un boisseau propres à être mises en œuvre, c'est-à-dire, à faire des bagues ou des cachets. Un Grec de la suite de l'Ambassadeur Russe en 1722, trouva un de ces cailloux qu'il disoit être un saphir jaune de la valeur de deux cens cinquante livres (*a*). Si ce spectacle peut amuser la curiosité, il annonce en même temps que le pays a du souffrir quelque révolution bien étrange , puisque l'on rencontre à la surface de la terre, & dans une si grande étendue, des matières qui ne peuvent avoir été formées que dans son sein : ou si ce sont des cristallisations faites où on les trouve , elles désignent une atmosphère chargée de particules nîtreuses & salines d'une activité prodigieuse pour avoir de pareils effets, malgré les causes qui peuvent les combattre.

____

(*a*) *Ubi sup. t.* 1.

De toutes ces observations réunies, il résulte que la partie orientale
du globe est la plus élevée & la plus
froide; que la surface de la terre
continuellement resserrée par l'action des vents de Nord & d'Est qui
y regnent presque toujours, &
qui sont chargés d'une prodigieuse
quantité de sels & de nitres, qu'ils
enlèvent des glaces & des neiges des
terres australes qu'ils parcourent
avant que de se faire sentir en Tartarie, ne laisse échapper qu'une
très-petite quantité de ce fluide
ignée, principe du mouvement, de
la chaleur & de la fécondité, qui
donneroit une température plus
douce à l'air des climats, s'il y étoit
répandu plus abondamment.

Comme cette partie de l'ancien
continent est la moins connue de
toutes, qu'il est probable qu'elle a
été plus habitée qu'elle ne l'est
actuellement, on pourroit conjecturer qu'elle a joui autrefois
d'un ciel plus doux, & que ses
terres étoient plus fertiles. Les

dernières relations de ce pays disent que l'on trouve entre la Chine
& la Sibérie, environ du 55 au 60ᵉ
degré de latitude, sur-tout dans le
voisinage du fleuve Oby, habité
par les Tartares de Baraba, des espèces de cornes ou dents d'une grandeur & d'un poids considérables,
que l'on appelle *cornes de Mammons*,
animal que les habitans du pays ne
connoissent point, mais qu'ils disent être aussi gros qu'un éléphant,
très-fort, vivant sous terre, d'où
il ne sort que pendant la nuit, si
toutefois il en sort: tradition grossière, & bien digne de l'ignorance
des Tartares, pour expliquer un
fait dont l'origine est inconnue (*a*).
Ces cornes ressemblent en tout à
l'yvoire ou aux dents d'éléphant;
même forme, même poids, même
configuration de parties, seulement quelques-unes de ces grosses
dents ou cornes sont un peu jau-

____

(*a*) *Ubi sup.* t. 2.

nies, couleur qui peut leur avoir été donnée par la terre où on les trouve, ou peut-être pour avoir été long-temps au soleil avant que d'être enfouies. Mais comment des éléphans, qui ne vivent que dans les régions les plus chaudes de l'Asie, auroient-ils pu se trouver en aussi grand nombre dans le nord des contrées les plus orientales, où la température ne paroît pas jamais avoir été plus douce qu'elle l'est actuellement? On ne peut raisonner là-dessus que par conjectures, & porter le temps auquel ces éléphans ont passé dans le pays où on trouve leurs os, au douzieme siècle, lorsque Gengiskan soumit presque tous les Tartares orientaux; probablement il avoit des éléphans dans ses armées, & les ayant conduits trop avant du côté du Nord, ils y périrent de froid, & tous à-peu-près dans la même contrée, car on ne trouve de leurs restes que sur les bords & dans les environs de l'Oby. Tamerlan dans le quatorzieme siè-

cle, excita de grands mouvemens
dans ce pays où il porta la guerre ;
mais il ne traînoit pas des éléphans
à sa suite. On ne trouve pas ces os
assez profondément en terre pour
qu'on puisse dire qu'ils ont été placés où on les rencontre, par quelque
révolution générale & très-ancien-
ne qui auroit changé toute la face
du pays. On les découvre à quelque profondeur en terre, le long
de l'Oby ou des rivieres voisines, à
la suite des éboulemens qui se font
sur leurs bords après les dégels,
lorsque les terres ébranlées par le
choc des glaces que les eaux charient au printemps, s'écroulent à
la suite des pluies & pendant la chaleur de l'été. Il me paroît que cette
explication d'un fait qui a intrigué
les Sçavans, est la plus naturelle &
peut-être la plus vraie. Le docteur
Thomas Burnet, Archevêque de
Cantorbéry, étonné de ce qu'on
trouvoit de grands os & des dents
d'éléphans enfouis en Sibérie, en
tiroit une preuve démonstrative,

que la terre avant le déluge avoit
une forme toute différente de celle
qu'elle a aujourd'hui, & que son axe
avoit une autre inclinaison vers le
soleil: ainsi que cet astre avoit autrefois formé d'autres Zones, puisqu'il
étoit absurde de penser qu'un animal comme l'éléphant, eût pu vivre dans un climat tel que celui de la
Sibérie, où le froid est excessif &
très-long. Cet habile écrivain avoit
raison de penser que les éléphans
nés sous la Zone Torride, ou dans
des contrées voisines dont la température est à-peu-près la même,
ne pussent pas vivre dans un pays
presque aussi froid que la Zone glaciale, aussi y moururent-ils tous. Il
en arriva de même à d'autres éléphans qui passèrent de l'Asie dans
l'Amérique septentrionale par une
route qui n'est plus connue, & dont
on trouva quelques squelettes dans
les marais de l'Ohio en 1734. Mais
pour rendre raison de ce fait, il n'é-
toit pas nécessaire de former un
système nouveau & de déranger
toute

toute l'économie de l'univers, pour trouver une cause extraordinaire au gissement de ces os dans les terres de Sibérie, où ils ne sont pas même en assez grande quantité pour supposer que les éléphans aient été autrefois aussi communs dans ce pays que dans les Indes orientales. Il n'est pas étonnant que le Docteur Burnet ayant entrepris de former un système nouveau & purement imaginaire, ait tiré ses preuves de faits peu connus, auxquels on ne s'étoit pas avisé de fixer une époque à-peu-près certaine : il est peut-être plus singulier que de nos jours on ait essayé de donner une nouvelle existence à ces idées bizarres en les adoptant.

Quant au nom de Mammon, que les Tartares ont donné à ce prétendu animal, qu'aucun d'eux n'a vu, il répond à l'idée de force & de grandeur qu'ils s'en sont formée, ce terme l'exprimant, à ce qu'on dit, en langue orientale. Les Sibériens, & sur-tout ceux qui sont encore ido-

lâtres, & fort fauvages, ont imaginé un animal fabuleux auquel ils
donnent ces os. Il eft, difent-ils,
d'une grandeur prodigieufe, il vit
dans de vaftes cavernes d'où il ne
fort jamais; & s'il les quitte par
quelque accident, il perd la vie dès
qu'il voit le jour. Lorfqu'il marche dans des lieux trop bas, il fou-
leve la terre qui retombe enfuite.
Ils n'ont jamais vu cet animal & ils
en font l'hiftoire. L'ignorance établit par - tout l'amour & le goût
pour le merveilleux. (V. les Mém,
de l'Acad. des Sciences. An. 1727.)
La découverte de ces os prouve
encore que le fol de la Tartarie ne
s'eft point abbaiffé depuis plufieurs
fiècles ; car quand même les Afiatiques de la fuite de Gengiskan auroient accordé les honneurs de la
fépulture à leurs éléphans, ils ne
les auroient pas enfouis à vingt ou
trente pieds en terre.

Une autre caufe de la fécherefe
de l'air de la Tartarie, c'eft que l'é-
vaporation des contrées où il y a

le plus de rivieres & d'amas d'eaux,
ne peut fournir que très-peu de matière à l'humidité de l'atmosphère.
La plûpart de ces eaux venant de
pays très-élevés, coulent avec
la plus grande rapidité sur un
fond de fable ou de cailloux : les
rayons du foleil n'ayant prefque
aucune action fur leur furface,
attendu leur grand mouvement, ne
peuvent pas en élever affez de vapeurs pour changer la température
de l'air. La rapidité de ces rivieres,
la hauteur de leurs bords, la fombre horreur qui y regne, le bruit
avec lequel elles fe brifent contre
les rochers, dont leurs lits font hé-
riffés, ont infpiré une terreur fi
grande aux gens du pays, qu'ils
regardent ces eaux comme une efpece de divinité. La riviere d'Angara, a fon embouchure dans le
lac Baykal par les 50 degrés environ de latitude, eft large de près
d'une demi-lieue ; & cependant
fon cours eft fi rapide, fes flots fe
brifent avec tant de violence con-

I ij

tre les rochers dont elle est parsemée, que l'on n'y passe qu'avec le
plus grand péril. Si on manque le
passage, ordinairement fort étroit,
& que le courant pousse le bateau
sur les rochers, il se met en pieces,
& l'équipage est perdu sans ressource. Les eaux du lac ne sont pas
plus tranquilles, leur agitation est
continuelle. On est saisi de terreur
à la vue des objets que présente
la nature dans ces environs : de-là,
la crainte religieuse des pilotes &
des matelots qui navigent sur ces
eaux, ils n'en parlent qu'avec le
plus profond respect ; le lac, les
montagnes qui l'environnent, les
rochers dont il est parsemé, sont
autant d'objets de leur culte super-
stitieux ; & ils n'attribuent les nau-
frages qu'ils y font, qu'au manque
de respect pour ces rivieres, ces
montagnes & ces rochers. Tel est
l'effet de la peur dont les objets sont
toujours présens au peuple ignorant & grossier.

Ces observations différentes nous

éclairent fur les caufes de la température, à-peu-près uniforme, qui
domine dans un efpace d'environ
mille lieues en quarré de l'Orient
du monde à la mer Cafpienne, &
de la Mofcovie à la Chine : par-tout
on y trouve un air fec, dont la difpofition tient plus du froid que du
chaud, eu égard au peu de vapeurs
humides répandues dans l'atmofphère, à la quantité d'exhalaifons
falines & nitreufes que les vents du
Nord y apportent, & que le fol
même du pays ne ceffe d'y répandre, & à la hauteur des terres. Cependant à raifon de fa grande étendue, cette température varie, &
n'eft pas froide & feche par-tout
au même degré ; les vents y mettent des changemens fenfibles, quelquefois ils font fi violens qu'ils ren-
verfent les hommes & les murailles, ils déracinent les arbres : on
peut dire que ce font eux qui ont
formé ces plaines immenfes, ces
mers arides d'un fable ftérile qui occupent une fi grande étendue dans

la Tartarie. Quelques cantons dans le voisinage des rivieres, inclinés à l'équateur & couverts des vents du Nord par des montagnes ou des forêts épaisses, jouissent d'une température plus douce & d'un sol plus fertile, on y recueille du riz & du chanvre ; c'est-là que l'on trouve la meilleure rhubarbe ; mais ces exceptions ne servent qu'à rendre plus sensible l'effet de la cause générale qui domine dans plusieurs autres grandes régions de l'Asie.

On ne peut pas même attribuer à une autre cause, l'uniformité de figure que l'on remarque dans tous les hommes qui habitent le vaste espace qui s'étend de la Russie jusqu'au Kamchatka, & qui sont compris sous le nom général de Tartares. Cette nation, la plus étendue que l'on connoisse, probablement la plus ancienne & encore très-nombreuse, a peuplé toute l'Asie, les Isles voisines, peut-être l'Amérique & une partie de l'Europe. Toujours errante dans le lieu de son

origine, elle ne s'occupe comme
autrefois, que du soin de ses troupeaux, vit durement & brave les
injures d'un climat très-rigoureux.
Tous les Tartares ont le haut du
visage large & ridé, même dès leur
jeunesse, le nez court & gros, les
yeux petits & enfoncés, les joues
fort élevées, le bas du visage étroit,
le menton long & avancé, les dents
longues & séparées, les sourcils gros
qui leur couvrent les yeux, les pau-
pieres épaisses, la face plate, le tein
basanné & olivâtre, les cheveux
noirs, n'ayant que très - peu de
barbe & par épis comme les Chinois, les cuisses grosses & les jambes courtes, ils sont de stature médiocre, mais forts & robustes. Les
peuples qui en descendent ont les
mêmes traits marqués & des phisio-
nomies qui ont un rapport frappant
les unes avec les autres, même dans
des climats beaucoup plus tempérés où ils se sont établis, & où d'autres occupations & un autre gouvernement leur ont fait prendre

des habitudes & des mœurs différentes; on retrouve ces traits prin-
paux dans les Japonois, les Chinois,
les Cochinchinois, & même les habitans de la terre de Jeſſo, plus groſſiers à tous égards que leurs voiſins,
parce que leur pays eſt ſtérile, hériſſé de montagnes & de rochers,
& très-froid à raiſon de ſa hauteur.
On ne doit donc rapporter cette
reſſemblance générale qu'à la diſ-
poſition de l'atmoſphère, & au
genre de vie des Tartares qui ſont
continuellement expoſés à l'action
de l'air. Dans nos climats dont la
température & le ſol ont quelque
rapport avec la Tartarie, mais où
les phiſionomies & les traits principaux du viſage ſont tout-à-fait dif-
férents, on remarque ſouvent parmi les gens de la campagne, &
ceux que leurs travaux journaliers
obligent de reſter continuellement
à l'air, des traits qui ſe rapportent
beaucoup à ceux des Tartares, des
joues élevées, des yeux enfoncés,
des viſages taillés en loſanges. Les

enfans n'ont rien dans leurs premières années qui annonce cette
conformation ; mais à mesure qu'ils
partagent les travaux de leurs peres, ils changent insensiblement : ce
que l'on ne peut attribuer qu'à l'action de l'air & au genre de vie,
sur-tout dans les Provinces dont le
sol est sec & la température plus
froide que chaude.

Comme il y a toujours quelques
exceptions à faire au regles les plus
générales, de nouvelles relations
nous ont appris que les Tartares
Kabardinski sujets de la Russie,
sont d'une grande taille, d'une figure
noble, mâle, régulière & belle. (*a*)
On les croit descendans d'une colonie de l'Ukraine transportée il y
a environ deux siècles dans la Tartarie orientale, dans un climat doux
& tempéré, quoique sous une latitude avancée ; mais par-tout ailleurs on trouveroit des hommes

____

(*a*) V. Hist. Nat. *in*-12. t. 6. Discours
sur les variétés de l'espece humaine.

I v.

tout-à-fait femblables, fi les qualités du climat & celle des alimens, la
nature du terroir, une opulence plus
ou moins grande, & une forme différente de gouvernement n'avoient
mis du changement dans les mœurs
& les figures. Auffi les Chinois ont-
ils raifon de dire, quand on leur
parle de la groffiereté & de la laideur des Tartares dont ils tirent
leur origine, que cette différence
vient de l'eau & de la terre ; c'eft-
à-dire de la nature même du pays
qui opere ce changement fur les
efprits & les corps. Ainfi la diverfité qui fe trouve entre les habitans
de la Chine & du Japon, & les Tartares qui s'étendent à l'eft & au
nord de l'Afie, vient de ce que
ceux-ci féparés du commerce des
autres nations par des mers inabordables, des chaînes épaiffes de montagnes, font demeurés errans dans
leurs vaftes déferts, fous un ciel
dont la rigueur, fur-tout du côté du
Nord, ne peut-être fupportée que
par des hommes durs & groffiers ;

tandis que la bonté du terrein , la douceur du climat & le voifinage de la mer ont rendu les autres plus doux , plus policés , plus induf-trieux , & fur-tout beaucoup plus fins : la groffiereté de leurs traits s'eft adoucie en même tems que leurs mœurs ont changé. C'eft la raifon pour laquelle la plûpart des peuples ne font pas dans un tems ce qu'ils ont été dans un autre : fi les Tartares font toujours les mêmes , c'eft une fuite de leur indépendan-ce , ils ont été conftamment foumis aux mêmes mœurs & aux mêmes ufages , & aucun intérêt étranger n'a encore pu y caufer le moindre changement.

On conçoit aifément que dans la vafte étendue de la Chine , la nature des terres eft fort différente felon leur fituation particulière , & qu'elles s'éloignent plus ou moins du midi ; les exhalaifons & les va-peurs qui s'en élevent , doivent communiquer des qualités diver-fes à l'atmofphère , & le degré de

I vj

froid ou de chaud ne peut pas être le
même par-tout : cependant l'air en
général y est fort sain. Il y a comme par-tout ailleurs des montagnes
& des plaines ; mais la nombreuse
population de ce grand Empire, fait
que l'on n'y voit aucune terre inculte & négligée. Les montagnes sont
cultivées avec tant de soin, que leur
disposition admirable peut être regardée comme une preuve de l'ancienneté du gouvernement, & de
l'intelligence des peuples. Divisées
en terrasses plus ou moins étendues
& exactement nivelées, elles reçoivent les eaux de la pluie sur une surface égale, & on ne s'apperçoit pas
que leur abondance y cause jamais
aucun éboulement nuisible, tant l'art
est attentif à seconder la nature. Ces
terres quoique fort élévées, conservent assez de fraîcheur & d'humidité pour être aussi fertiles que les
plaines ; d'ailleurs étant en culture
depuis une longue suite de siècles,
le sol en est végétal & léger, facile
à cultiver & d'un rapport presque

certain. On a assuré les mêmes avantages à la plaine en distribuant également les eaux , & en suppléant
par des arrosemens utiles au défaut
des pluies & à la sécheresse qui en
est la suite , sur-tout dans les Provinces méridionales.

Quant à la température générale ,
les régions du Nord sont extrêmement froides en hiver , pendant que
celles du Sud restent toujours tempérées ; mais en été , la chaleur est
extrême en celles-ci, & les autres
conservent une fraîcheur agréable ,
sur - tout quand le vent est nord ;
quoique cette diminution de chaleur doive autant être attribuée aux
qualités locales de l'atmosphere ,
aux sels & aux nitres dont les terres sont imprégnées en telle abon-
ce , que dans des Provinces de la
Chine , aussi voisines de l'équateur
que le Portugal & la Sicile , entre le
38e & le 40e degré de latitude ; il
ne faut pas creuser la terre à plus de
quatre pieds pour y trouver , même
dans les mois de Juillet & d'Août ,

des mottes gelées & des glaçons en-
taſſés les uns ſur les autres. Cet
état naturel du ſol eſt oppoſé à l'é-
manation pleine & entiere du fluide
ignée, qui eſt toujours arrêtée en
grande partie, par l'action contraire des exhalaiſons nitreuſes &
ſalines, dont l'air de ces Provinces
ne peut jamais être entierement
dépouillé ; & c'eſt du mêlange de ces
qualités diverſes, que réſulte la ſalu-
brité reconnue de l'air de la Chine,
il eſt rarement infecté de vapeurs
nuiſibles. Ajoûtons que dans tout ce
pays, il n'y a aucunes prairies naturelles ou artificielles : la néceſſité
de pourvoir à la ſubſiſtance d'un peuple extrêmement nombreux, fait
que le gouvernement même ne ſouffre pas que jamais aucune portion
de terres ſe repoſe, elles ſont tous
les ans en culture & rapportent quelque eſpece de grains : ſi cet uſage
n'étoit pas exactement obſervé, ſi
une partie des terres reſtoit en ja-
cheres, le pays ne pourroit plus
nourrir les habitans, & il en réſul-

teroit une famine , dont les suites
ne pourroient manquer d'être terribles. Cette culture exacte &
continuelle contribue à entretenir l'égalité de la température &
même sa bonté , en facilitant l'effluence d'une même quantité d'exhalaisons & de vapeurs.

Enfin le terrein est si bien mé-
nagé dans tout cet Empire, qu'il n'y
a presque aucuns grands chemins.
Les canaux & les rivieres servent
à transporter les denrées, & d'espaces à autres on voit quelques sen-
tiers assez étroits sur les bords des
canaux , qui servent aux gens de
pied & à ceux qui vont à cheval.
L'invariabilité des impôts , contribue encore à y entretenir l'agriculture dans un état florissant , & à soutenir le courage de la Nation dans
les travaux continuels auxquels elle
est obligée pour trouver sa subsistance dans le produit de ses terres. On
y paye par-tout le dixieme pour les
bonnes , & le trentieme pour les
mauvaises.

Cependant il arrive quelquefois, que malgré la pureté constante de l'air, quelques Provinces sont désolées par des maladies épidémiques; ce que l'on ne doit attribuer qu'à la quantité extraordinaire de canaux dont les campagnes sont coupées, à la multitude des terres destinées à la culture du riz; nourriture la plus commune de ce peuple nombreux, qui ne croît que dans des terreins toujours inondés, & dans une saison où l'évaporation est très-forte. L'atmosphere se charge alors d'une trop grande abondance d'exhalaisons mal saines, qui s'élevent de ces terres grasses, humides & continuellement amandées par un mélange de toutes sortes d'immondices : au lever du soleil, la plûpart de ces canaux sont couverts d'une fumée épaisse, qui se dissipe très-promptement, & dont les effets ne doivent pas être fort dangereux, puisque dans un pays aussi peuplé & aussi chaud que les Provinces méridionales de la Chine, avec cette multitude d'eaux la plûpart stagnantes, répandues par-tout, la peste n'y est presque pas connue, parce que les vents secs & froids qui soufflent de la Tartarie, & qui regnent dans toute la plaine, purifient l'air des miasmes impurs dont ils le trouvent chargé ; aussi les desire-t-on beaucoup dans la saison des chaleurs. Les Chinois ne sont pas comme les Turcs qui ont une espece d'horreur pour les vents du nord, ils les appellent les vents noirs ; on ne sçait sur quelle idée populaire & chimérique ils se sont imaginés qu'ils étoient la cause de la contagion qui désole si souvent Constantinople & les environs, & dont ils sont bien plutôt le remede.

La nature offre encore une singularité dans plusieurs Provinces de la Chine, qui peut influer sur la température de l'air & le degré de chaleur; ce sont les puits de feu, ou les sources chaudes renfermées dans le sein de la terre, à l'ouverture desquelles les Chinois sont dans l'ufage de faire cuire leurs alimens fans peine & fans dépenfe ; & ce n'eft pas le feul avantage qu'ils en retirent ; car ce feu n'étant autre chofe qu'une vapeur fort chaude, peu lumineufe, incapable de brûler le bois, ils l'enferment exactement dans des vaiffeaux légers qui fervent à échauffer les lits dans les tems froids, & de chaufferettes de chambre. De quelle reffource n'eft pas cette faveur de la nature pour une Nation peu riche, mais qui fçait mettre à profit tous les bienfaits de cette mere fage & féconde ? Elle eft une preuve de la grande chaleur répandue dans tout ce terrein, qui fe porteroit au plus haut degré, fi elle n'étoit tempérée par l'abondance du nitre qui la concentre, & arrête les effets nuifibles qu'elle auroit dans une atmofphere chargée de tant d'exhalaifons impures : c'eft fans doute à la même caufe qu'il faut attribuer la chaleur que confervent plufieurs rivieres de la Chine au fond de leurs lits,

quoique l'eau en soit très-froide à
la surface.

La grande Isle Formose, qui s'é-
tend du 21 au 25e degré de latitude
sous le tropique du Cancer, divisée
de l'est à l'ouest par une chaîne
de montagnes dans sa partie occidentale, possédée par les Chinois,
n'est pas d'une température aussi
chaude que les Provinces méridionales de la Chine, vis-à-vis desquelles elle est située : ce que l'on
doit rapporter à la position des terres
tournées au nord, à la hauteur des
montagnes, & à l'action des vents.
Elle est cependant bien peuplée,
l'air y est sain & le sol en est aussi
fertile que celui des meilleures terres
de la Chine. Les naturels du pays
occupent les montagnes & la partie orientale : ils passent pour avoir
des mœurs tout-à-fait opposées aux
Chinois ; ils sont très-actifs, légers
à la course, chasseurs déterminés,
francs & sinceres, & ne souffrent
parmi eux ni fripons ni querelleurs,
ce qui porte à croire qu'ils ont

conservé avec leur liberté une partie des ufages & les mœurs des Tartares dont il paroît qu'ils defcendent ; mais ce en quoi ils ne leur
reffemblent point, c'eft dans la coutume où ils font de fe graver fur le
corps des figures d'animaux ou de
fleurs, & dans un accident de conformation que l'on ne trouve point
ailleurs : c'eft-là, dit-on, que l'on
voit des hommes à queues, dont
quelques-unes font longues de plus
d'un pied, couvertes d'un poil roux
& femblables à celles des bœufs :
plufieurs Voyageurs atteftent ce
fait, que l'on pourroit croire, fi on
étoit fûr qu'ils ne fe fuffent pas copiés
les uns les autres. C'eft encore dans
cette Ifle où il n'eft pas permis aux
femmes d'accoucher avant trente-
cinq ans, quoiqu'elles fe marient
beaucoup plutôt. Si elles deviennent
groffes, les Prêtreffes vont leur fou-
ler les ventre avec les pieds s'il
le faut, & les forcent d'avorter.
On lit dans le Recueil des Voyages de la Compagnie Hollandoife

qui a eu un établissement dans cette
Isle, avant que les Chinois ne l'euſſent forcée d'en ſortir, que des femmes ont fait périr leur fruit quinze
ou ſeize fois avant que d'être groſſes pour la dix-ſeptieme, lorſqu'il
leur étoit enfin permis de mettre au
monde un enfant. Malgré le danger
de cette opération, auſſi cruelle
qu'elle eſt barbare, ces peuples ſont
perſuadés, que ce ſeroit une honte,
& même un péché grave de laiſſer
venir au monde un enfant avant le
terme preſcrit : il eſt étonnant que
ces femmes continuent enſuite d'ê-
tre fécondes, car cette Iſle paſſe pour
être fort peuplée, même dans la
partie occupée par ces hommes groſſiers. L'origine de cette coutume
barbare paroît venir du Kamchatka,
où la plûpart des femmes font encore périr leur fruit par des drogues, ou ont recours à d'autres
moyens plus affreux encore, étouffant leurs enfans dans leur ſein, ou
les faiſant briſer par des vieilles
femmes expérimentées dans de pa-

reils forfaits, quoique souvent il
leur en coûte la vie. Quelquefois
ces horribles tentatives ne réuffiffent pas, & alors la mere étrangle
l'enfant auffi-tôt qu'il eft né, ou le
fait manger aux chiens ; quand
une femme accouche de deux enfans, il faut néceffairement que l'un
des deux périffe.

Ces horreurs fe pratiquoient en
Afie fort anciennement, prefque
toujours on y a trouvé des peuplades de barbares fauvages, fans religion & fans mœurs, qui n'avoient
que des coutumes féroces. Les Gié-
kers, qui vivoient dans l'Indoftan
au dixieme fiècle, & qui depuis s'en
font retirés ou en ont été bannis,
portoient leurs filles auffi-tôt qu'elles étoient nées dans la place pu-
blique, & les tenant d'une main &
un couteau de l'autre, ils décla-
roient à haute voix, que quiconque auroit dans la fuite befoin d'une
femme, n'avoit qu'à s'approcher
& prendre cet enfant : ils répétoient
trois fois cette déclaration, & il

personne ne se présentoit, ils égor-
geoient la fille. L'attachement des
Giekers à cet usage étoit tel, que chez
eux, il y avoit beaucoup plus d'hommes que de femmes, ensorte que la
même étoit communément l'épouse
de plusieurs. Il est vrai que leur
cœur étoit inaccessible à la jalousie.
Une femme étoit-elle occupée avec
l'un de ses maris, elle avoit soin de
placer un signal devant la porte de
la cabanne où elle étoit enfermée,
& cette marque étoit respectée par
ceux des autres époux qui venoient,
& n'entroient que lorsque le signal
étoit ôté. (*a*)

La vie errante des Tartares ne
leur laisse pas le tems d'être jaloux:
les Chinois le sont à l'excès; &
malgé cette variété de sentimens,
on retrouve dans leur conduite le
germe de la plûpart des anciens
usages dont nous venons de parler,

(*a*) V. la Description du Kamchatka par
M. Kracheminnikow, & l'Histoire de l'Indostan.

qui annoncent qu'ils n'ont été originairement qu'un même peuple ;
cependant quelle différence entre
les mœurs & les usages des uns &
des autres! Ils ne se ressemblent que
par les traits du visage & la conformation du corps, qui sont fort adoucis dans les Chinois, plus blancs,
plus embonpoints, & moins nerveux que les Tartartes. Il n'y a
point de nation dans l'Univers
plus jalouse de sa liberté & de ses
droits, plus active, plus franche,
& plus ennemie de toute gêne, que
les Tartares ; & il n'y en a point de
plus sédentaire, plus taciturne, plus
fine & plus formaliste que les Chinois. Il semble que toute l'activité
uniforme des anciens Tartares se
soit divisée en une infinité de parties
variées qui composent le cérémo-
nial interminable des Chinois: il n'y
a que la simplicité de leurs procédés qu'il est impossible de retrouver dans les formalités captieuses
de leurs descendans. Ce n'est point
dans le climat, dans les qualités de
l'air,

l'air, dans les effets du chaud & du froid, qu'il faut chercher la cause de ces variétés; on les trouve dans l'esprit d'un gouvernement très-ancien & constamment attaché aux mêmes formes, dans la nombreuse population & dans l'industrie dont il faut user d'abord pour se procurer le nécessaire, ensuite pour arriver à quelque distinction. Parmi les Tartares, on ne connoît d'autre inégalité que celle qui peut venir de la nonchalance & de l'abandon de ses propres intérêts. Chaque famille tout-à-fait libre doit la considération dont elle jouit à la valeur de ses membres, à l'attention avec laquelle elle augmente les troupeaux, source de son aisance. A la Chine l'Etat est despotique, le Prince dispose à son gré des rangs & des fortunes; les degrés qui rapprochent les sujets de son Trône, sont multipliés à l'infini; & comme tout dépend de sa volonté, & des Grands qui sont immédiatement chargés de la notifier à une infi-

Tome III.   K

nité de fubalternes , par l'organe
defquels elles paffe au refte du peuple, il n'y a pas de pays au monde,
où il y ait plus d'intrigues, plus de
manœuvres fourdes pour fupplan-
ter des concurrens & s'élever fur
leurs ruines : tout cela fe fait fans
éclat, avec l'apparence de l'honnêteté même , fous l'autorité des
loix & des anciennes conftitutions
de l'Empire , que l'on met toujours
en avant , & qui ne fervent que de
voile aux différens intérêts, qui font
le vrai reffort de la politique.

On peut dire encore que leurs
rites, qui forment véritablement les
mœurs de l'Etat , contribuent à entretenir ces fentimens généraux.
Parmi les Chinois, la gravité en public va jufqu'à l'excès , & la liberté
dans le particulier jufqu'à l'indé-
cence. Dans les vifites la forme du
difcours, la fituation du corps, les
geftes font prefcrits. Une pareille
fervitude bannit bientôt tout commerce entre les Citoyens ; quelque
attaché qu'y foit le gros de la na-

tion, elle amene nécessairement une contradiction entre les mœurs publiques & les mœurs particulieres. On se dédommage de la gêne presente par l'abus de la liberté, dès qu'on peut s'y livrer impunément. C'est à-peu-près la même chose dans toutes les nations: les hommes qui par état sont tenus à certains devoirs gênans, à des rites, à des pratiques réglées, d'autant plus indispensables qu'ils s'y sont obligés solemnellement, sont ceux qui s'abandonnent aux plus grands excès, quand ils croyent pouvoir se soustraire à la contrainte dans laquelle ils sont forcés de vivre habituellement.

C'est ce même attachement aux anciennes pratiques, qui est cause que pour les arts & les sciences, les Chinois en sont encore au même point qu'ils étoient il y a deux ou trois mille ans. Tout fut ébauché alors, & depuis est resté au même état, parce que ce n'est pas sans innover qu'on parvient à perfectionner

les arts. A s'en rapporter aux auteurs qui nous ont repréfenté cette
nation dans le jour le plus favorable, on eft étonné de fon opiniâ-
treté & de l'abfurdité de fes opi-
nions. Depuis très-long tems tous
fes voifins ont l'ufage de l'écriture
par lettres; les feuls Chinois ont
négligé jufqu'à préfent de fe procurer les avantages de cette invention
divine, & font reftés attachés à la
méthode groffiere de repréfenter les
mots par des caracteres arbitraires.
Cette méthode fait de l'écriture un
art qui exige une application infi-
nie, où un homme ne peut jamais
être que médiocrement habile; tout
ce qui a été écrit de cette manière,
ne peut qu'être enveloppé d'obfcu-
rité & de confufion : les liaifons
entre les caracteres & les mots
qu'ils repréfentent, ne peuvent être
tranfmis par les livres; il faut de
toute néceffité que la tradition foit
venue d'âge en âge au fecours de
cette méthode, ce qui fuffit pour
répandre une grande incertitude fur

des matières compliquées , & des
sujets d'une grande étendue : il ne
faut pour le sentir, que faire attention aux changemens que souffre
un fait qui passe par différentes
bouches ; où la mémoire manque,
où l'amour du merveilleux, & une
certaine vanité nationale & réfléchie, y mettent des altérations qui
changent insensiblement les faits,
& les présentent sous une autre
face. On peut conclure de-là, que
le grand sçavoir & la haute anti-
quité de la nation Chinoise deviennent problématiques à bien des
égards.

Les Chinois accoutumés à dégui-
ser leurs sentimens & leurs préten-
tions , ont porté le même esprit
dans les affaires qu'ils ont à traiter
avec les étrangers & dans le commerce. Depuis que les Européens
ont des relations avec eux , ils ont
reconnu qu'il n'y a point d'Orientaux qui soient plus habiles à se faire
des conditions avantageuses. La défiance à laquelle ils sont habitués , &

qui est l'ame de leur conduite ; la
tranquillité apparente qu'ils mettent dans toutes leurs actions, leur
silence singulier, & leur patience à
toute épreuve, déroutent toutes les
autres nations ; le flegme même des
Hollandois n'y peut tenir, & toute
leur intelligence dans le commerce
échoue contre la dissimulation des
Chinois. On a vu un Gouverneur
de Batavia consommé dans les affaires, espérer que son adresse & la
connoissance qu'il avoit de ses ressources, ainsi que de sa discrétion
éprouvée, engageroient le Mandarin avec lequel il avoit à traiter, à
s'ouvrir avec lui, & à faire les premières propositions sur lesquelles il
se décideroit. Le Chinois vint à la
conférence, & après les politesses
& les cérémonies d'usage, il se tint
dans le silence le plus opiniâtre,
jusqu'à ce que le discret Hollandois, poussé à bout, lui eût fait
part de ses vues, sur lesquelles il
demanda le tems de délibérer, & fit
si bien ensuite qu'il amena le Gou-

verneur à agir de la manière la plus favorable pour ses intérêts.

Rien ne ressemble moins au génie des Tartares qu'une telle conduite, cependant plus de la moitié du peuple & des Grands de la Chine sont de familles Tartares, qui se souviennent encore du tems où leur peres y ont passé : un très - grand nombre s'y sont établies depuis la dernière révolution ; & déja elles ont adopté les mêmes mœurs, les mêmes usages, les mêmes formalités minutieuses ; déja elles sont habituées à la même tranquillité, à la même inaction, si l'on peut qualifier ainsi l'état de gens qui se remuent peu ; mais dont l'esprit est continuellement occupé de réussir dans leurs projets par les finesses les plus recherchées.

Ce qu'il y a de plus singulier encore, c'est que depuis deux mille ans au-moins ce gouvernement soit le même, & qu'il ait toujours subjugué ses vainqueurs ; ces mêmes Tartares qui de tems en tems don-

K iv

nent de nouvelles familles de Souverains à ce vaste Empire, & qui se
transforment assez promptement en
de vrais Chinois. Il est vrai qu'il y
a toujours parmi eux quelques familles qui conservent un goût dé-
cidé pour leur liberté d'origine,
qui à la fin éclate & finit par ren-
verser le Trône du despotisme. Dès
que ses abus sont à leur comble, que
les Grands sont mécontens & irrités,
ils appellent les peuples du Nord,
qui ont bientôt subjugué les Provinces du midi & anéanti la race
régnante; mais comme ce n'est que
dans la plus grande tranquillité que
cette nation peut subsister, les désordres & les troubles de la révolution sont bientôt appaisés; on re-
leve le Trône, on y place un nouveau despote, duquel on espere un
gouvernement plus équitable, &
tout rentre dans l'ordre accoutumé.
Les guerriers Tartares s'établissent
d'ordinaire dans les Provinces du
Nord, où la rigueur du climat,
l'habitude de la chasse, & une forte

d'indépendance conservent leurs mœurs anciennes, & les rendent capables de servir utilement la patrie, & d'appaiser par leur activité & leur bravoure, les révoltes qui s'élevent de tems en tems aux extrémités de l'Etat: ils en sont la ressource dans ces occasions, mais ils ne conservent pas long-tems cet esprit. S'ils se rapprochent de la capitale, s'ils viennent vivre à la Cour, ou d'ordinaire on cherche à les attirer, bientôt ils tombent dans la même pesanteur & la même inaction que les anciens Chinois: leur taille s'épaissit, leurs forces s'énervent, & leurs enfans n'ont aucun trait de la vertu guerriere de leurs peres. On sçait par expérience que quand cette espéce de sujets vient à manquer dans l'Etat, il n'est pas éloigné d'une révolution. Enfin on peut regarder les Chinois comme le peuple le plus nombreux & le plus singulier de l'Univers, dont les mœurs & les coutumes tiennent à son extrême population, à son attache-

K v

ment pour sa Patrie, à son respect pour le souverain, dont toutes les occupations en apparence sont relatives au bien de l'humanité, & à la conservation des sujets. Quelque étonnante qu'y soit la population, on regarde la vie des hommes comme une chose si précieuse, qu'on ne condamne aucun criminel à mort, que son procès n'ait été examiné par différens Tribunaux : il y en a même un, où plusieurs Mandarins sont chargés de visiter les prisons & de veiller à la santé des prisonniers. En cas de maladies, ils font appeller les Médecins & leur fournissent les remedes nécessaires aux dépens de l'Empereur ; s'il en meurt quelques-uns, on en donne avis au Souverain, & sur le moindre soupçon de négligence ou de mauvais traitement, il envoye un grand Mandarin pour vérifier si le prisonnier n'est point mort de poison ou faute de soin. (*a*) Comme

______

(*a*) Description de la Chine par du Halde, t. 1. p. 310

l'agriculture y est le premier des arts & le plus nécessaire, d'abord après l'inauguration du Monarque qui est couronné dans le Temple de la Terre, son premier acte de souveraineté, c'est de tracer quelques sillons dans un champ qui tient à ce Temple, & tous les ans il renouvelle cette cérémonie, en habit de laboureur, avec une charrue d'or qu'il conduit lui-même, pour donner à son peuple l'exemple de ce qui doit principalement l'occuper.

Le climat de la Corée qui s'étend de l'Ouest à l'Est, entre la Chine & le Japon, est beaucoup plus froid que celui de la Chine, & même que le Japon qui est plus au Nord. Les neiges y sont si abondantes, sur-tout dans les Provinces septentrionales, frontieres des Tartares qui habitent les bords du fleuve Amur, que les hivers y durent sept à huit mois, pendant lesquels on est obligé de pratiquer des routes sous des montagnes de neige, pour aller d'une maison à une autre. Les contrées méridionales qui s'étendent le long de la Mer ſont plus tempérées, & par-tout l'air y eſt fort ſain : les Coréens même ſont en général plus robuſtes & plus forts que les Chinois dont ils ſont ſujets, & qui les traitent fort durement.

Si la ſanté des habitans, leur longue vie, la fécondité des femmes, & la rareté des maladies, peuvent donner une idée favorable de l'air d'un pays, celui du Japon doit être regardé comme un des meilleurs de la terre, quoique les viciſſitudes oppoſées du froid & du chaud y ſoient extrêmes. L'hiver y eſt très-rude, le froid y eſt plus vif & dure plus long-temps que le chaud. Il y tombe une grande abondance de neige qui couvriroit les montagnes, la plus grande partie de l'année, ſi les pluies n'étoient pas fréquentes dans toutes les ſaiſons, & principalement aux mois de Juin & de Juillet, qu'on nomme pour cette raiſon les mois d'eau. Ce ſont ces pluies qui entretiennent les rivieres & les ca-

naux dont les grandes isles sont coupées, tempèrent les chaleurs de
l'été, adoucissent les rigueurs de
l'hiver, & assurent la fécondité à
des terres, qui par-tout ailleurs seroient seches & stériles, mais que
ces pluies fréquentes rendent si propres à la végétation, qu'elles portent deux récoltes par an, du bled,
que l'on recueille au mois de Mai,
& du riz, au mois de Septembre.
Cette température si favorable tient
encore à la qualité sulfureuse du
sol, à la quantité de feux souterrains & de volcans dont le Japon est
rempli. Ce pays, quoique sous une
latitude peu avancée, puisqu'il ne
s'étend pas au-delà du 40e degré,
seroit très-froid & stérile à cause
de sa grande élévation, si le fluide
ignée terrestre ne se répandoit dans
l'atmosphère avec abondance par
une multitude de soupiraux toujours
ouverts : il y entretient le mouvement & la fluidité de l'air, arrête
l'effet des particules nitreuses & salines qui s'exhalent des neiges, &

fait céder à son action bienfaisante
la force du froid naturel à ces climats élevés, où secondé des vents, il
domine avec tant d'empire, que les
mers couvertes de brumes épaisses,
& battues de tempêtes continuelles,
ne sont pas tenables au-delà du cin-
quantieme degré. Il n'est pas douteux encore que les violens orages,
les tonnerres & les tremblemens de
terre auxquels le Japon est sujet, ne
contribuent à varier les dispositions
de l'atmosphère que toutes ces causes tiennent dans un mouvement
continuel.

Le soufre est si abondant dans les
montagnes du Japon, que c'est une
de ses richesses, dont il tire presqu'autant d'avantage que de l'or,
de l'argent & du cuivre que l'on y
trouve; il y est inépuisable. De ces
mêmes montagnes dont il sort des
flammes & de la fumée, on voit
jaillir plusieurs sources, les unes
froides, les autres chaudes, & bonnes pour guérir différens maux;
elles reçoivent ces propriétés des

terres mêmes d'où elles fortent.
L'eau d'une de ces fources eft prefque auffi brûlante que de l'huile
bouillante ; elle ne coule, dit-on,
que deux fois par jour dans l'efpace
d'une heure ; mais elle jette fes eaux
avec tant de violence, que rien ne
peut arrêter la force de fon courant ;
elle renverfe les pierres les plus
lourdes que l'on puiffe mettre à fon
orifice, & quelquefois avec un bruit
femblable à celui du canon. On
conçoit aifément comment des eaux
fi vives & fi chaudes peuvent agir
fur l'atmofphère, & y répandre des
matières qui déterminent fes qualités à une affez grande étendue : ce
font leurs exhalaifous fulfureufes,
& celles de huit volcans au-moins,
que l'on compte dans ces ifles, &
dont quelques-uns font terribles,
qui fourniffent la matière des foudres & des tonnerres qui fe forment
dans l'air, & qui font auffi fréquens
au Japon qu'ils font rares dans les
pays froids & humides. Le terrein
n'eft pas fulfureux en Egypte, auffi

n'y craint-on pas les effets de la foudre, & rarement on y entend le bruit du tonnerre. Les anciens disoient par proverbe : *Les Ethiopiens ne redoutent pas la foudre, ni les Gaules les tremblemens de terre*; par la raison contraire, ces phénomènes sont très-fréquens en Italie, & presque continuels aux Antilles, dans l'Amérique méridionale & au Japon. Au reste, leur utilité est sensible dans ces contrées; ils rafraîchissent l'atmosphère, & purgent l'air d'une quantité d'exhalaisons nuisibles, que peut-être ils rendent utiles en les atténuant, car les pluies qui les accompagnent contribuent singuliérement à féconder les terres, & à favoriser la végétation.

La mer dont le Japon est environné, est perpétuellement agitée & sujette à d'horribles tempêtes, ce qui, joint au grand nombre d'écueils dont elle est parsemée, en rend la navigation très-périlleuse. On ne voit dans aucune autre mer un aussi grand nombre de ces phéhomènes orageux, qu'on appelle *Trombes*, & que les infulaires nomment *Dragons d'eau :* ce font probablement les mêmes caufes qui agiffent dans l'atmofphère des terres, qui caufent les mouvemens dans la mer : ces pointes de rochers dont elle eft parfemée ne font qu'une continuation du même terrein, qui contient, comme les ifles, des volcans, ou des matières propres à en former, & qui venant à s'enflammer, font fuivies d'éruption & de vents fouterrains, ou qui s'échappant à travers les eaux de la mer, y caufent ces mouvemens tumultueux & fréquens qui en rendent la navigation fi difficile.

On peut juger par la différence qui eft entre la température du Japon & celle de la Tartarie, combien les émanations du fluide ignée terreftre changent les qualités de l'air, & font propres à communiquer aux terres la fécondité la plus grande. Il peut fe faire que le Japon ait tenu autrefois au continent de la Tartarie la plus orientale par la terre

d'Yeço au Nord-Est, & par la pointe méridionale de la Corée au Sud-
Ouest : cependant à l'inspection du
pays & de ses phénomènes, il est
tout aussi naturel de conjecturer
que c'est une terre plus nouvelle
qui doit son existence à l'éruption
même des volcans dont elle est remplie, & aux matières qu'ils ont accumulées dans une longue suite de
siécles. Cela n'empêche pas que les
Tartares n'aient peuplé ces isles ;
les Japonois petits, bazanés, trapus
& laids, leur ressemblent tellement,
qu'il est difficile de douter de leur
origine. Ils ne sont plus errans comme eux, ils ne s'occupent plus uniquement de la chasse & du soin d'é-
lever des troupeaux. Obligés de vivre dans un terrein fort resserré,
sans aucun goût pour la navigation
& le commerce, ils conservent encore les qualités principales des
Tartares, ils sont sobres, actifs &
& braves comme eux : leurs mœurs
ont nécessairement changé, parce
que leur position les a forcés à sui-

vre d'autres usages : s'ils se sont soumis à des Monarques absolus, ils
ont au moins conservé une indépendance entière des autres nations,
en tirant de la fécondité de leurs
terres & de leur industrie, non-seulement tout ce qui est nécessaire aux
besoins de la vie, mais encore tout
ce qui peut être objet de luxe ou de
faste chez une nation polie & spiri-
tuelle. L'activité qui porte les Tartares à être toujours en mouvement,
& à passer d'une contrée à une autre, suivant les vicissitudes des saisons, ne pouvant plus avoir lieu
dans les isles du Japon, leurs habitans l'ont concentrée sur des objets
différens ; tels que la culture des
terres, les arts, l'industrie, le culte
religieux qui ressemble encore à celui de la grande Tartarie : tous ces
rapports ne suffisent-ils pas pour
prouver que les Japonois & les
Tartares ont été originairement un
même peuple, que la vie sédentaire
a considérablement multiplié dans
un climat plus doux & plus fertile,

& dont les mœurs se font accom-
modées aux ufages qu'exigeoit leur
fituation nouvelle ? Si l'on y fait
attention, on remarquera que la
férocité que l'on reproche aux Japonois, n'eft qu'une modification
du caractère dominant des Tartares, de cet amour pour l'indépendance & la liberté, qui fermente
dans un climat très-orageux, & fe
porte quelquefois à des effets auffi
violens, que les tempêtes fi fréquentes dans ce pays.

§. II.

Température de l'Arménie & des régions voifines.

A l'autre extrémité de l'Afie,
dans les régions les plus occidentales de ce grand continent, quoique
les terres foient beaucoup moins
élevées & en général affez fertiles,
& que le climat foit plus doux, la
température eft plutôt froide que
chaude par des caufes à-peu-près
femblables à celles qui dominent à

la Chine & dans la Tartarie. En
quittant les bords de la mer Noire,
pour aller de Trizefonde à Erzerum, il y a près de huit jours de
marche (*a*) ; le pays que l'on parcourt pendant ce temps reffemble
beaucoup aux Alpes & aux Pyré-
nées. Le 7 Juin, dit M. de Tournefort (dont nous fuivons ici la relation), on marchoit dans des montagnes arides, couvertes de neige ,
le froid étoit âpre & les brouillards
fi épais, qu'on ne voyoit pas à quatre pas devant foi ; mais à la def-
cente des montagnes, on commença à s'appercevoir qu'on étoit dans
le Levant, le pays devint plus beau,
& la température plus agréable &
plus douce. Cependant les collines
qui bordent la plaine où Erzerum
eft bâtie, étoient encore chargées
de neige le 15 de Juin. On affuroit
même qu'il y en étoit tombé depuis peu de temps. On avoit les

(*a*) V. le Voyage de Tournefort, éd.
in-4°.

mains engourdies de froid jusqu'
ne pouvoir écrire à la pointe
jour, ce qui duroit plus d'une heu
après le soleil levé. Ce pays, qu
que par les 40 degrés de latitu
est si froid, que l'on n'y fait la r
colte qu'au mois de Septembre.
mois de Juin les grains n'y sont p
plus avancés qu'ils le sont en A
dans les plaines des environs de
ris. Lucullus y trouva de la gla
dès l'équinoxe d'automne, il fallo
la casser pour passer les rivières
les soldats Romains étoient forc
de camper dans la neige qui ne c
soit de tomber. C'est aux particu
nitreuses qui s'exhalent de la nei
& qui doivent dominer dans l'a
mosphère, que l'on doit attribu
le froid qui règne dans ces clima
Le peu de terrein que l'on cul
dans la Maurienne au pied des A
pes, ou sur quelques côteaux abor
dables, couvert de neige pendan
la plus grande partie de l'année, &
abreuvé le reste du temps d'eau
de neige fondues, a beaucoup d

conformité avec cette partie de l'Arménie : les recoltes s'y font aussi tard ; & à mesure que l'on moissonne, on est obligé de labourer pour semer de nouveau avant les premieres neiges d'automne.

C'est, comme l'on voit, encore les mêmes causes de froid qui dominent en Tartarie, qui produisent des effets à-peu-près semblables en Arménie. Une autre conformité entre les parties orientales & occidentales de l'Asie, c'est que les arbres y sont très-rares ; on n'a à Erzerum, que du bois de pin qu'il faut aller chercher à deux ou trois journées de la ville ; tout le reste du pays étant absolument découvert, les habitans se chauffent à l'ordinaire de bouze de vaches, dont ils font des motes qui répandent partout une fumée infecte, si épaisse qu'elle s'élève peu dans l'atmosphère, elle impregne de son odeur & de ses sels âcres les alimens, qui sans cela seroient aussi agréables au goût, qu'ils sont de bonne qualité : ce-

pendant cet accident ne rend pas
l'air mal sain, & ne change rien à
la nature des eaux qui y sont très-
bonnes.

Les sources de l'Euphrate sont à
l'est d'Erzerum, dans des montagnes moins élévées que les Alpes,
mais remplies de neige pendant la
plus grande partie de l'année; le 19
de Juin à peine étoit-elle fondue;
les plantes ne commençoient qu'à
pousser sur les montagnes, & les
collines moins élevées n'étoient encore couvertes que d'un gazon nais-
sant. L'Euphrate près de ses sources
& encore peu considérable, étoit
glacé par-tout où son cours étoit
rallenti, & l'air étoit si froid pendant la nuit, que l'eau où M. de
Tournefort mettoit ses plantes pour
les conserver, quoique dans un vaisseau de bois, couverte, à l'abri des
vents & de l'impression de l'air
extérieur, geloit de l'épaisseur de
deux lignes pendant la nuit; on ne
peut attribuer cet effet qu'à la quantité prodigieuse de sels & de nitres
répandus

répandus dans les terres , au point
que dans la plaine on voit le sel marin tout cristallisé dans les champs,
& qui craque sous les pieds.

A trois ou quatre lieues du village
de Trois-Eglises, sur le chemin de
Téflis, capitale de la Géorgie , il
y a des carrières de sel fossile , qui
en fourniroient aisément à toute la
Perse sans s'épuiser ; on coupe ce sel
en gros quartiers comme des pierres , & on en charge deux sur le dos
des bufles. Les gens du pays sont
persuadés que ce sel croît dans ces
carrières , & que les endroits d'où
l'on en a tiré depuis long-temps se
remplissent peu à peu. On n'a pas
d'observations exactes à ce sujet,
mais le fait ne paroît pas impossible :
à en juger par la quantité de sel
qu'on trouve par-tout, il est très-
probable que les mêmes eaux de
pluie qui contribuent à le découvrir & à le cristalliser dans les plaines, peuvent le rassembler de nouveau dans les mêmes lits de carrière
où on en a coupé anciennement ;

où les parties homogènes de cette
matière se trouvant rapprochées, se
réunissent en masse solide par leur
propre poids, & l'action de l'air sec
& froid qui domine dans ce pays.
C'est la fraîcheur que ces sels répandent dans la terre qui conserve
les neiges pendant dix mois de l'année sur des collines qui ne sont pas
plus élevées que le Mont-Valérien,
quoique dans une latitude beaucoup
moins avancée. On peut d'autant
moins douter de leurs effets, que
plusieurs expériences font voir que
le sel ammoniac rend très-froides
les liqueurs où il est dissous, & cela
par sa partie saline fixe, plutôt que
par sa partie volatile, aromatique
& huileuse, car on sent un froid
très-considérable même au milieu
de l'été, en appliquant les mains
autour de la cornue de verre dans
laquelle on fait la solution de cette
terre morte. Ce sel nitreux répandu
trop abondamment dans les eaux,
donne une mauvaise qualité au poisson. C'est ce qu'on observe dans les

truites pêchées aux sources qui forment une des branches de l'Euphrate, & qu'on peut comparer à celles
que l'on pêche dans la riviere d'Arc,
qui prend sa source dans le Duché
d'Aoste, & se jette dans l'Isere au-
dessous d'Aiguebelle, après avoir
traversé la Maurienne dans toute sa
longueur : elle n'est entretenue que
par les eaux de neige qui y coulent de tous les côtés des Alpes,
assez abondamment pour en former
une riviere considérable, si son
cours n'étoit pas extrêmement rapide : le peu de poisson que l'on y
trouve, sur-tout les truites, est fade
& de mauvais goût, ce qui vient sans
doute de ce que les eaux sont crues,
ne sont point filtrées, & peut-être
encore de ce qu'elles coulent sur un
fond de rochers calcinés & d'ardoi-
ses pourries, car les sources qui entretiennent le lac du Mont Cenis,
viennent également des eaux de
neige; mais filtrées dans des terres
& des sables d'une qualité différen-

te, elles nourriffent de bons poiffons, des truites d'un goût excellent, & fouvent très-groffes.

Si l'on remonte un peu plus au
nord de l'Arménie, du côté des
montagnes de Géorgie, ces effets
ne font que plus fenfibles : les terres, quoique noires & graffes, n'y
produifent pas beaucoup , parce
qu'il y gele prefque toutes les nuits,
& que même au milieu de Juillet,
on trouve de la glace autour des
fontaines avant le lever du foleil :
ainfi quelle que foit la chaleur du
jour, le froid de la nuit retarde confidérablement les progrès de la végétation ; les bleds dans cette faifon
n'ont encore qu'un pied de haut,
& les autres plantes ne font pas plus
avancées qu'elles le font à la fin
d'Avril aux environs de Paris. Le
pays eft entiérement dépouillé d'arbres , foit qu'on en ait détruit les
forêts, & qu'on n'ait pris aucun
foin de les renouveller ; foit que le
fol foit contraire à leur production,

ce qui paroît le plus vraisemblable,
par le rapport qu'ont les qualités du
sol & de l'air avec celles de la Tartarie orientale, & des terres Magellaniques qui sont également dé-
pouillées d'arbres ; mais ce que l'Arménie a de plus avantageux, c'est
qu'elle a de grandes plaines bien
cultivées, & arrosées d'une multitude de ruisseaux, sans quoi la plus
grande partie des bleds seroit brû-
lée par l'ardeur du soleil, ce qui
paroît contradictoire avec le froid
continuel qui s'y fait sentir. Car de
ces mêmes champs que l'on est obligé d'arroser sans cesse, on découvre la neige sur les hauteurs voisines ; & au contraire dans les isles de
l'Archipel dont nous parlerons plus
bas, & où il ne pleut que pendant
l'hiver, les bleds sont très-abon-
dans, quoiqu'on ne les arrose jamais ; ce qui prouve que toutes les
terres n'ont pas le même suc nour-
ricier, & que les exhalaisons seches
& froides dont l'atmosphère est
chargée, sont aussi contraires aux

fuccès de la végétation, que les vapeurs chaudes & humides leur font
favorables. Il eft même très-probable que fans les arrofemens prati-
qués en Armenie, les terres y de-
viendroient auffi arides que celles
de la Tartarie. Les eaux y font néceffaires pour diffoudre le fel foffile
dont elles font impregnées, lequel
détruiroit la tiffure des racines, fi
les petits grumeaux n'étoient bien
fondus par un liquide proportionné
à leur abondance; & d'ailleurs, s'il
n'étoit pas mêlé avec la terre,
s'il reftoit en trop grande quantité
à fa furface, il en réfulteroit deux
inconvéniens auffi pernicieux à l'accroiffement des plantes : les rayons
du foleil trop fortement réfléchis,
& en tout fens, par les facettes des
fels extérieurs, redoubleroient d'ardeur, & brûleroient les feuilles &
les tiges des plantes, en même
temps que toute leur chaleur arrêtée par ces fels ne pénétreroit plus
dans l'intérieur de la terre, qui ref-
teroit froide & fans action, en été
comme en hiver.

Erivan, ville frontiere de la Perse, à-peu-près à la même latitude que Téflis, au 40e degré en tirant à l'Eſt, n'eſt pas dans une température plus chaude que le pays dont nous venons de parler. L'air que l'on y reſpire eſt épais & fort froid, & d'ordinaire il y neige pendant tout le mois d'Avril, & quelquefois au-delà, ce qui oblige les payſans d'enterrer les vignes au commencement de l'hiver ; ils ne les découvrent qu'au mois de Mai. Cette contrée eſt la plus agréable & la plus fertile de toute l'Arménie ; les fruits y croiſſent en abondance, & le vin ſur-tout y eſt excellent. On prétend que c'eſt entre le mont Ararat & Erivan que Noé planta les premieres vignes, qui, depuis ce Patriarche, y ont merveilleuſement réuſſi. Tout ce côté de l'Arménie eſt plein de lacs poiſſonneux, dont celui d'Erivan a vingt-cinq lieues de tour, & donne la ſource à l'Araxe, fleuve très-rapide qui ſe jette dans la mer Caſpienne & dont les

eaux font tout-à-fait douces, quoiqu'il paffe fur plufieurs terres chargées de fel.

Cependant la température de
tout ce pays eft fort faine, rarement la pefte y fait fentir fes fureurs
comme dans les autres contrées du
Levant ; & l'afpect en eft fi beau,
que l'on croit y reconnoître encore
quelques veftiges de cet Eden délicieux, où Dieu établit le premier
homme au fortir de fes mains ; car
c'eft dans les plaines d'Arménie que
l'on place le Paradis terreftre. On
conçoit que depuis ce temps il eft
arrivé des changemens fi confidérables fur le globe, tant généraux que
particuliers, qu'il n'eft pas étonnant que les qualités de l'air & du
fol ne foient pas les mêmes ; il n'eft
pas même croyable que les terres y
fuffent alors impregnées de cette
quantité de fels & de nitre dont les
exhalaifons répandent un principe
conftant de froid dans l'atmofphère:
il faut donc en chercher la caufe
ailleurs.

Nous ne la trouverons pas dans
les montagnes voisines de l'Arménie, elles ne renferment point de
mines de sel assez considérables, ou
du moins assez connues, pour que les
dégradations qui se font aux montagnes, & les éboulemens qui arrivent à la suite des pluies, en aient
pu entraîner une assez grande quantité, & si loin dans la plaine. Il seroit peut-être plus naturel & plus
simple de chercher l'origine de ces
sels dans les mers voisines. En effet,
il paroît surprenant que la mer
Noire vuidant si peu d'eau par le
détroit de Constantinople, en reçoive une si prodigieuse quantité,
sans cependant s'accroître ni passer
les bornes ordinaires. Outre les
eaux que lui fournissent les Palus
Méotides, & qui dégorgent sensiblement dans la mer Noire par le
Bosphore Cimmérien, elle reçoit
les plus grands fleuves de l'Europe,
& ceux qui doivent fournir le plus
d'eau, le Danube, le Niester, le
Boristhène, le Tanaïs, le Copa, &

L v

quantité d'autres rivieres d'Asie qui ont leur direction du Sud au Nord. Tous ces grands fleuves semblent apporter chacun plus d'eau que le canal n'en dégorge dans la mer de Marmora. Il est difficile encore de se persuader que l'évaporation emporte tout ce qui ne s'écoule pas par le détroit. Sans entreprendre de comparer ici ce que la mer Noire reçoit d'eau avec ce qui en sort, & estimer ensuite ce que l'évaporation peut en enlever, il n'est pas douteux que l'évaporation n'y doive être moins forte que dans les autres mers, tant à cause de la qualité de ses eaux, qui étant moins salées que celles de l'Océan, sont plus froides & moins susceptibles du degré de raréfaction nécessaire pour se convertir en vapeurs, que parce qu'étant resserrées dans un espace assez étroit, elles sont presque continuellement agitées par des vents de terre en tous sens, ce qui diminue encore l'action du soleil sur la surface de cette mer, & dès-lors la

quantité de l'évaporation : c'est par
cette même raison que les tempêtes
y font plus violentes que fur l'O-
céan , parce qu'étant renfermée
dans un baffin qui n'a prefque point
d'iffue , fes flots , lorfqu'ils font
agités , ont une efpèce de mouvement de tourbillon qui bat le vaiffeau de tous les côtés avec une violence infupportable. Outre ce qui
fort de cette mer par le canal de
Conftantinople , & ce qu'elle perd
par l'évaporation , on peut donc
conjecturer qu'une partie de fes
eaux fe vuide par des canaux fouterrains, ou fe filtrant loin des côtes,
abreuve les terres qu'elle pénètre. Ainfi le fel marin dont on voit
les plaines de l'Arménie couvertes,
& les mines de fel que l'on y trouve, ne font-elles pas formées par la
filtration même des eaux de la mer
Noire, que le fluide ignée , principe
du mouvement & de la fermentation, établit dans le fein de la terre ,
modifie & élève jufqu'à fa furface ,
où le froid de l'atmofphère achève

de les condenfer, & d'unir enfemble les molécules fimilaires propres à former les parties apparentes & fenfibles du fel? Ce font les exhalaifons qui s'élèvent de ces terres ainfi modifiées, qui caufent dans les hauteurs peu éloignées de cette mer, & même dans les terres baffes, une température beaucoup plus froide qu'elle ne devroit l'être à une femblable latitude. On ne nous demandera pas quel temps il faut pour une femblable opération; il eft moins queftion ici du temps que du fait auquel nous nous tenons. D'ailleurs, il ne faut pas s'imaginer que les changemens qui arrivent à la furface du globe, aient toujours des caufes frappantes qui faffent époque dans l'hiftoire, & dont on puiffe placer l'origine à une date connue: la plupart font lents & infenfibles, & ce n'eft qu'après que leurs caufes font parfaitement établies que l'on s'avife d'y remonter par les effets.

Car, que la température des montagnes de l'Arménie & de celles qui

bordent la Natolie à l'Eſt, ſoit toujours froide, ou au moins fraiche ;
il n'y a rien que de naturel, c'eſt
une ſuite de leur élévation au-deſſus
de la plaine, & de la difficulté que
trouve le fluide ignée terreſtre à per-
cer une croute auſſi épaiſſe pour ſe
répandre dans la maſſe de l'air qui
les environne, & y établir la chaleur dont il eſt le principe. Ainſi
l'uſage des caravanes qui vont de
Smirne à Tauris, eſt, lorſqu'elles
ſont arrivées à Tocat en Natolie, de
quitter dans le temps des chaleurs,
le chemin ordinaire de la plaine du
côté du Nord, pour prendre à l'Eſt
par les montagnes où il y a toujours
de l'ombrage & de la fraîcheur, &
ſouvent de la neige, ainſi que le dit
Tavernier.

L'Olimpe, montagne de la même
Province, l'une des plus élevées de
l'Aſie, eſt dans une température
toujours froide, il faut trois heures
de marche pour parvenir aux hauteurs, du milieu deſquelles elle porte ſon ſommet juſques dans les nues :

de-là, jusqu'à l'extrémité la plus haute toujours couverte de neige, on estime qu'il y a une journée de chemin. On ne peut pas en approcher pendant l'hiver, & en toute autre saison on ne peut y aller qu'à pied. C'est de cette montagne que coulent les sources abondantes qui fournissent de l'eau à la ville de Pruse & à ses environs ; elle renferme aussi dans son sein des eaux minérales qui servent à entretenir les bains de la même ville : elles sont douces & fades, sentent un peu la teinture de cuivre, fument continuellement, & sont si chaudes qu'on ne peut y tenir la main : les œufs y cuisent & deviennent durs en moins de vingt minutes. On voit paître aux environs de cette ville des moutons qui appartiennent au Grand Seigneur, dont le troupeau subsiste depuis quatre siecles & demi ; il est la production de celui qui appartenoit à Otman ou Ottoman, fondateur de l'Empire des Turcs, qui n'avoit d'autres biens qu'un trou-

peau de moutons & un haras de chevaux (*a*). Toutes ces eaux se réunissent & forment entre les montagnes sur le chemin de Prusé à Smirne le grand lac d'Abouïllona, où il
y a quelques isles peuplées, dont la
grande fertilité répond à la douceur
de la température : c'est de ce lac
que sort la rivière de Rhindaco, appellée autrefois *Lycus.*

Le mont Sipilus, qui termine au
Sud la grande plaine de Magnésie,
& s'étend à la suite de l'Olimpe de
l'Est à l'Ouest, est beaucoup moins
froid, parce qu'il est moins élevé ;
& c'est sans doute à cause de cette
température moyenne entre le froid
& le chaud, que les orages y sont
fréquens, & que souvent on y voit
tomber la foudre, ce qui n'arrive
pas dans les montagnes plus élevées,
au sommet desquelles les vapeurs
ne parviennent que rarement, ou
tellement atténuées qu'elles ne sont

____

(*a*) V. la Bibliothèque Orientale d'Her-
belot, fol. p. 697.

plus susceptibles du degré de condensation nécessaire, pour que les nuées épaisses où se fait entendre le tonnerre, & d'où partent les foudres, puissent s'y former.

On pourroit dire encore que la cause du froid qui regne en Arménie, est la position des terres du Sud au Nord : j'avoue qu'elle y peut contribuer pour quelque chose, mais elle n'agit pas seule, & sur-tout elle n'entre pour rien dans la formation des sels dont elles abondent. D'autres Provinces, dont les terres sont tournées de même & dans une latitude aussi avancée, jouissent d'une température beaucoup plus douce, n'ont pas des hivers aussi longs & aussi rigoureux, parce que le sol est d'une qualité différente, & que les exhalaisons qui s'en élèvent dans l'atmosphère, ne sont pas d'une nature aussi seche & aussi pénétrante que celles de l'Arménie & des autres régions qui, dans des climats différens ou moins avancés vers les Poles, contien-

nent les mêmes caufes de froid, ainfi
que nous l'avons obfervé de la Tartarie en général, de la Chine, de la
Corée, & de la plupart des terres
Magellaniques.

La température des régions différentes de la Zone tempérée, dépend
donc de la hauteur des terres, de
leur pofition relativement à l'Equa-
teur, & des qualités locales du fol :
par-tout les fommets des montagnes
font couverts de glaces & de neiges
pendant une grande partie de l'année, fi elles ne s'y confervent pas
continuellement. C'eft une loi conftante de la nature, dont on peut remarquer les effets dans toutes les
parties connues du globe, fous la
Zone torride, comme fous la Zone
glaciale & dans les Zones tempérées.

Le Taurus que l'on regardoit
autrefois comme la plus fameufe
chaîne de montagnes qu'il y eût
dans le monde, traverfe l'Afie de
l'Occident à l'Orient dans une longueur de fept à huit cens lieues, &
la divife en deux parties. Cette

chaîne commence dans l'Afie mi-
neure à peu de diftance du golfe de
Satalie. Le Sipilus, l'Ararat, l'O-
limpe, dont nous avons parlé, font
des branches de cette fameufe montagne vers le Nord, comme elle en
jette d'autres vers le Midi, qui s'é-
tendent dans une partie des Indes
Orientales, fous des noms différens,
mais qui ne font qu'une prolonga-
tion de la même chaîne. Dans ce
long efpace tous les fommets les plus
élevés font dans un air très-froid:
les montagnes d'Ava, au nord du
royaume de Siam dans la Zone torride, ont leurs neiges & leurs glaces comme les montagnes du Pérou,
tandis que les chaleurs de la plaine
font exceffives, on n'y connoît d'autre hiver que la faifon des pluies.
Par-tout donc les terres les plus élevées font froides, parce que le fluide ignée terreftre ne peut que très-
difficilement pénétrer à travers l'é-
paiffeur des matieres dures & compactes dont les montagnes font formées, & qu'il a moins d'action dans

un air pur & raréfié, que dans l'atmosphère inférieure chargée de vapeurs & d'exhalaisons.

La plaine qui s'étend de ces montagnes à la mer en tirant au Sud-
Ouest, est dans une température
tout-à-fait différente. On en peut
juger par celle de Smjrne & de ses
environs, où les chaleurs de l'été
seroient insupportables, si elles n'é-
toient tempérées par un vent froid
du Nord qui souffle tous les jours, de
l'équinoxe du printemps à celui
d'automne, depuis neuf heures du
matin jusqu'à neuf heures du soir.
La situation de cette ville est l'une
des plus heureuses du Levant. Ses
campagnes sont riantes & fertiles, il
n'y pleut qu'en automne & en hiver,
& alors même les pluies y sont plus
chaudes que froides : on n'y voit jamais de neige : le ciel y est toujours
serein en été, & les rosées abondantes y entretiennent une fraîcheur agréable. Les fruits y sont délicieux & sains, le vin excellent, &
on y fait le plus grand commerce ;

mais les tremblemens de terre y
font très-fréquens & très-domma-
geables depuis un temps immémorial, de nature même à altérer la
falubrité de l'air par les évapora-
tions extraordinaires qu'ils excitent, & le bouleverfement qu'ils
caufent dans tout le pays.

§. III.

*Mont Caucafe. Géorgie, Min-
grélie, Circaffie & autres régions fituées aux environs de
la mer Cafpienne.*

Les montagnes du Caucafe ont
environ cinquante milles de largeur,
& s'étendent en longueur du Nord-
Eft au Sud-Oueft, depuis les confins de la mer Cafpienne jufqu'aux
rivages de la mer Noire : elles font
comme un mur naturel qui ferme
l'ifthme qui eft entre ces deux mers,
affez hautes pour être apperçues de
toute la mer Cafpienne, & fervir
comme de phare qui regle la courfe

de ceux qui y navigent. Une branche de ces montagnes s'étend jusqu'en Arménie, où elle est connue sous le nom d'*Ararat*, d'où elles se prolongent entre l'Est & le Nord, & se rejoignent au Taurus qui traverse l'Asie, & divise la Perse en deux parties à-peu-près égales.

Le Caucase est si élevé que les anciens le croyoient inhabitable à son sommet qui est toujours couvert de neiges & de nuages fort épais. Les voyageurs qui l'ont traversé, ne se sont pas apperçus que l'air n'y fût pas propre à la respiration, comme l'ont prétendu quelques naturalistes : il est vrai, dit Chardin (*a*), qu'il est subtil & sec, mais on s'accoutumeroit à y vivre comme dans un air plus mêlé & plus épais ; & si l'on n'y voit que peu d'habitans, c'est qu'ils n'auroient que difficilement de la correspondance & quelque commerce avec les peuples

______

(*a*) Voyages du Chevalier Chardin, t. 2. 1711. *in*-12.

voisins. Il est si haut qu'en descen-
dant de ses sommets, on voit les
nuages se mouvoir en différens sens
à perte de vûe, & qui cachent toutes les régions inférieures, cela
n'empêche pas que le sol ne soit fertile & cultivé par-tout; on y trouve
en abondance des grains, des fruits,
du vin & du bétail de toute espèce;
à en juger par le teint & la force de
ses habitans, l'air y doit être pur
& sain, ils sont bien faits & fort
agiles, & on y voit de très-belles
femmes.

C'est dans la partie de ces montagnes, qui va en s'abbaissant du
Sud au Nord de l'Arménie à la mer
Noire, qu'est située la Géorgie,
pays fort coupé de bois & de montagnes, où l'on trouve quelques
plaines assez longues, mais peu larges, excepté dans le milieu où les
terres font plus ouvertes & plus
unies qu'ailleurs. La température
de la Géorgie est fort saine, quoique variable; l'air y est sec & très-
froid durant l'hiver & fort chaud

pendant l'été: la belle saison ne commence qu'au mois de Mai & dure jusqu'à la fin de Novembre, les orages & les tonnerres y sont alors assez fréquens. Pendant les chaleurs, il faut arroser les terres, autrement elles seroient stériles. Les sources qui coulent des montagnes, & la rivière de Kur qui traverse ce pays en entier avant que de se jetter dans la mer Caspienne, fournissent assez d'eau; & le sol par-tout où il est suffisamment humecté, produit en abondance toutes sortes de grains, de légumes & de fruits. Les prairies y nourrissent des troupeaux nombreux de bétail, & les côteaux sont couverts de vignes qui produisent un vin délicieux, que les Géorgiens boivent avec excès. Cette province est l'une des plus fertiles de l'Asie; mais ce qui la distingue, c'est la beauté de ses habitans.

Le sang en Géorgie est le plus beau de l'Orient, & même du monde. Il est très-difficile de trouver dans tout ce pays un visage laid dans l'un ou l'autre sexe ; mais on y en voit d'une beauté ravissante. La nature y répand sur presque toutes les femmes des graces qu'on ne voit point ailleurs. Chardin, observateur exact, & qui a bien connu ce pays, dit qu'il est impossible de les regarder sans les aimer. On ne peut peindre de plus charmans visages ni de plus belles tailles que celles des Géorgiennes : elles sont grandes, dégagées, point chargées d'embonpoint, extrêmement déliées à la ceinture ; mais ce qui les défigure en quelque sorte, c'est qu'elles se fardent, autant les plus belles que celles qui le font moins. Le fard leur tient lieu d'ornement, elles s'en servent pour parure, comme on fait ailleurs de bijoux & de beaux habits. Si ce voyageur avoit vécu un siecle plus tard, il auroit vu le même usage aussi répandu dans toute la France qu'en Géorgie.

La beauté est presque par-tout un effet immédiat de l'heureuse température de l'air ; doit-on encore lui

attribuer

attribuer l'esprit naturel des Géorgiens? Presque tous sont rusés, in-
triguans & souples, ils ont des dispositions marquées pour les sciences & les arts, où ils feroient des
progrès s'ils étoient instruits: mais
leur éducation étant fort négligée,
n'ayant que de mauvais exemples à
suivre, ils restent ignorans & deviennent très-vicieux. Si on a quelque chose à démêler avec eux, on
reconnoît qu'ils sont fourbes, perfides, fripons, ingrats, & sur-tout
très-orgueilleux ; irréconciliables
dans leurs haines opiniâtres, ils ne
pardonnent jamais, & il faut se dé-
fier d'eux lors même qu'une satisfaction complette paroît les avoir
appaisés. Outre les vices de l'esprit,
ils ont ceux de la sensualité la plus
rebutante : ivrognes & luxurieux à
l'excès, ils s'y livrent d'autant plus
ouvertement, que ces habitudes ne
sont pas deshonnêtes en Géorgie :
les femmes n'y sont ni moins méchantes, ni moins vicieuses que les
hommes, pour lesquelles elles ont

Tome III. M

un penchant si fort qu'elles ne le cachent point ; elles s'y abandonnent
avec une vivacité qui est la cause
la plus réelle de la dépravation générale des mœurs de ce pays. On
peut dire qu'elles sont aussi faciles
que belles, & cependant les Géorgiens en sont jaloux à l'excès, quoique tous leurs efforts pour s'en conserver la jouissance exclusive, soient
ordinairement fort inutiles ; ils ne
peuvent supporter sur-tout qu'elles
passent dans des mains étrangeres,
& la Porte Ottomanne n'a pu appaiser leur derniere révolte, qu'en les
déchargeant de l'obligation d'envoyer tous les ans au Sérail du Grand
Seigneur leurs plus belles filles.
Dans les instans où les Géorgiens
sont de sens froid, lorsqu'ils paroif-
sent avoir oublié leurs passions dominantes, ils sont honnêtes & polis
envers les Etrangers ; ils sont gra-
ves, modérés, spirituels, leur commerce n'a rien que de satisfaisant ;
leurs femmes comblées de toutes les
graces de la nature, sont charman-

tes à voir ; mais il ne faut pas se trouver à leurs festins, lorsqu'ils se livrent à tous les excès de l'intempérance : hommes & femmes n'y sont plus reconnoissables qu'aux premiers traits sous lesquels nous les avons représentés : ils sont abrutis & ne paroissent plus être animés d'autres sentimens, que de ceux de la débauche & de la jalousie, qu'ils portent à des excès incompréhensibles.

La Mingrélie, bornée au Sud par la Géorgie dont elle est regardée comme une dépendance, & au Nord par la Circassie, s'étend du Caucase à la mer Noire, sur laquelle elle aboutit au couchant. Le sol y est fort inégal, & s'élève insensiblement des bords de la mer par l'intérieur du pays jusqu'aux montagnes qui le terminent. Le chaud & le froid y sont assez tempérés, on y éprouve rarement des gelées longues & fortes en hiver, & l'été n'y est point sujet aux orages, à la grêle & aux tonnerres : mais l'air y est incommode & mal sain, à cause de son extrême humidité, il y pleut presque continuellement. En été, la terre échauffée par l'ardeur de la saison, envoie dans l'atmosphère une abondance d'exhalaisons humides & putrides, qui causent souvent la peste dans ce pays, & toujours des maladies dangereuses ; son intempérie se fait sur-tout sentir aux Etrangers, qui d'abord deviennent d'une maigreur hideuse, & ensuite jaunes, secs, & d'une foiblesse extrême. Les naturels du pays en sont moins incommodés, quoique elle les mine insensiblement, & que très-peu poussent leur carriere jusqu'à soixante ans. Sans doute que cette disposition de l'air rend l'hydropisie si commune, qu'on peut la regarder comme une maladie endémique aux Mingréliens, quoiqu'ils paroissent avoir pour but de l'éloigner par l'exercice continuel qu'ils font à cheval, étant sans cesse par voie & par chemin, sans s'arrêter plus de quatre jours dans le même endroit. Ils regardent encore l'ufage du fel comme un remede contre cette maladie ; & ils en mangent beaucoup. Pour fe garantir de l'humidité, ils fe tiennent en toute faifon autour du feu ; mais l'habitude où ils font, hommes & femmes, de boire avec excès du vin toujours pur, au point que lorfqu'ils font échauffés, trouvant trop petites leurs coupes ordinaires, qui tiennent cependant une de nos demi-bouteilles, ils boivent dans des plats ou même dans la cruche : une telle habitude n'eft-elle pas bien propre à feconder les mauvais effets de l'air, & à rendre les progrès de l'hydropifie qu'ils veulent éloigner plus prompts & bientôt incurables (*a*) ?

La vigne eft de toutes les productions de la nature celle qui réuffit le mieux dans ce pays : on en voit par-tout fur les hauteurs comme

____

(*a*) Voyages de Chardin, t. 1. 1711.

dans les plaines, elle croît autour
des arbres fur lefquels elle s'élève,
on ne la taille que tous les quatre
ans, & quelques feps font fi gros,
qu'un homme ne peut les embraf-
fer. Elle produit des raifins en abondance dont on feroit du vin excellent, fi on y apportoit les précautions néceffaires ; mais on n'y
fait pas d'autre façon que de fou-
ler les raifins dans des troncs d'arbres creufés pour fervir de cuves.
On en tire enfuite le jus qu'on verfe
dans de grandes urnes de terre enfouies dans la maifon, ou même à
côté dans des terreins découverts.
Ces urnes tiennent chacune deux à
trois cens pintes ; quand elles font
remplies, on les bouche avec des
couvercles de bois, fur lefquels on
met de la terre. On les découvre
quand on veut boire, & il ne faut
pas que l'affemblée foit bien nom-
breufe pour que l'urne foit vuidée
dans un repas.

L'excès de l'humidité qui regne
dans ce pays, produit des effets très-

senfibles sur toutes les opérations de
la nature. Les sels & les sucs de la
terre continuellement détrempés &
noyés dans une trop grande quantité d'eau, ne nourriffent que peu
de grains & de légumes d'une qualité très-médiocre : les fruits, excepté les raifins, font prefque tous
fauvages, & d'un ufage fort mal-
fain : le fol y eft toujours fi humide,
& fi mol, que dans le temps de la
femence du bled & de l'orge, on
ne le laboure point crainte de l'a-
mollir davantage, on fe contente
de jetter le grain à fa furface qui y
germe & prend racine à plus d'un
pied en terre. Dans quelques parties plus élevées & moins humides
où l'on feme d'autres grains, on
laboure avec des focs & des cou-
tres de bois avec lefquels on tire
des fillons auffi profonds qu'on le
feroit ailleurs avec des outils de
fer, tant la terre eft molle par-tout
& facile à divifer.

Ce qui contribue à perpétuer les
pluies, & à entretenir l'humidité,

M iv

c'est la quantité de bois, & la facilité avec laquelle ils croissent & s'étendent. Tout le pays en est couvert, & excepté quelques terres labourées, qui ne sont pas en grande quantité, tout le reste est de forêts épaisses & élevées ; de sorte que si l'on ne coupoit pas soigneusement les racines qui s'étendent dans les champs labourés, dans les grands chemins, le pays deviendroit bientôt une forêt si épaisse qu'il ne seroit pas possible de s'en tirer. Comme le soleil n'est jamais assez actif pour dessécher ces terres, l'évaporation y est continuelle & très-forte, les rosées y répandent une humidité extraordinaire, & mouillent autant que la pluie par-tout ailleurs. Le sol, à quelque hauteur qu'on le considère, est une espèce de tourbe fort semblable au terrein de la plupart des marais de Hollande ; il résonne sous les pieds, parce que formé du débris des végétaux qui s'y accumulent sans cesse, & s'y pourrissent, il n'a pas la soli-

dité des terres plus compactes, plus
anciennes, & dont les parties font
plus unies entr'elles; c'est pour cela
qu'elles font si faciles à labourer &
que les grains de toute espèce, y
prennent si aisément des racines qui
pénétrent à une grande profondeur:
c'est tout ce que l'on peut conclure
du bruit qu'excitent les corps ou
les machines de quelque poids dans
le mouvement qu'elles commui-
quent à ces terres, & non pas qu'elles foient traversées par des cavités
immenses qui servent de communication entre la mer Caspienne & la
mer Noire ; ce qui auroit été observé de maniere à ne plus douter
de ce fait s'il avoit quelque réalité.

Comme cette humidité , quelque
forte qu'elle soit , n'a d'autres effets
que de causer un relâchement marqué dans l'économie animale , elle
n'empêche pas que l'on ne nour-
risse dans les pâturages & dans les
forêts de la Mingrélie , quantité de
beau bétail & des chevaux d'assez
bonne race , qui deviennent en-

M

core meilleurs, quand ils ont paſſé quelque tems dans des pays plus ſecs, où l'air n'eſt pas conſtamment humide : mais elle eſt ſuivie d'une mal-propreté habituelle à ces peuples, qui n'ayant pas de quoi changer ſouvent d'habits, & manquant de linge, ſont preſque tout couverts de vermine, à laquelle ils ne font aucune attention, tant ils y ſont accoutumés. Quand elle eſt multipliée à un certain point, ils ne font qu'ôter leur habillement de deſſous qu'ils ſecouent ſur le feu, où une partie de ces petits inſectes incommodes ſe brûlent : les animaux paroiſſent beaucoup plus ſenſibles à leurs piquures que les hommes. On dit encore que les reptiles vénimeux le ſont beaucoup moins en Mingrélie qu'en tout autre pays ; les ſucs dangereux dont leur poiſon eſt formé, ne peuvent pas ſe ſublimer aſſez dans un air frais & conſtamment humide, pour avoir des effets bien nuiſibles ; il n'en eſt pas de même des plantes de ce pays, c'eſt la Colchide des anciens, si fameuse par les herbes vénimeuses & magiques que les Poëtes feignent qu'elle produisoit. A en juger par ce qui passe dans nos climats, elles doivent y avoir beaucoup de force; jamais la ciguë qui croît dans nos terres n'est aussi forte, aussi abondante, & n'a des sucs aussi actifs que dans les années pluvieuses.

Revenons encore aux peuples de cette région : la température en est si marquée, qu'elle peut servir comme d'un terme fixe d'où l'on partira pour établir ses conjectures sur les effets généraux de l'air, & juger des effets qu'une très-grande humidité peut avoir sur tous les hommes qui y sont habituellement exposés. N'est-ce pas au lieu de la naissance, à l'air dans lequel on a été nourri que l'on doit des habitudes, un tempérament, des mœurs qui décelent l'état de l'origine, & auxquelles il est impossible de se souftraire entierement ? On observe que la plûpart des individus en sont affectés, de maniere qu'ils ne peuvent échapper à l'impreſſion qu'a faite ſur eux l'air qu'ils ont reſpiré en naiſſant, ils en conſervent toujours quelque trace qui décele ſon action quoique dé-guiſée. C'eſt un principe général dont on peut tirer en mille circonſ-tances des inductions aſſez ſûres, mais dans l'application duquel il faut craindre l'eſprit de ſyſtême qui ra-mene tout à un même point, & ſçait rarement ſe plier aux exceptions néceſſaires.

Les Mingréliens ſont peut-être les plus lâches & les plus pareſſeux de tous les Aſiatiques ; la félicité des principaux d'entr'eux eſt d'a-voir un cheval & un bon chien de chaſſe ; ils ne portent pas leurs vues au-delà. Ils trouvent dans leur pays des denrées auxquelles ils ſont habi-tués, du vin en abondance & de belles femmes, ils n'en ambition-nent pas davantage. Ceux que leur état oblige à des travaux plus durs s'excitent & ſe ſoutiennent par la continuité de leurs chants, ou plutôt par des hurlemens si forts, qu'ils s'entr'étourdissent les uns les autres. Dans le tems des ouvrages de la campagne, tout le pays résonne de leurs cris perçans ; les chameaux, les bœufs, les chevaux sont habitués d'être animés & soutenus par ce bruit ; & selon que le travail est pénible, ou la charge pesante, il faut chanter plus fort & plus constamment. N'est-ce pas une indication de la nature qui porte ces peuples à se communiquer par ce moyen un mouvement plus vif & plus constant, par les efforts continuels qu'exige ce chant ? Ne rend-il pas l'air plus fluide par les vibrations qu'il lui donne ? La chaleur qu'il lui imprime, ne diminue-t-elle pas l'action fâcheuse de son humidité ? On peut conjecturer que ces chants continuels & forcés ont un effet physique, puisqu'ils excitent & soutiennent les animaux dans leurs marches & leurs travaux les plus pénibles. Ne voyons-nous pas les habitans de nos Provinces, dont la température tient de celle de la Mingrélie, fideles à la même habitude, animer au travail par leurs chants & leurs cris, le bœuf pareffeux & lent ?

On a prétendu que ces chants étoient plutôt un effet de la pareffe de l'efprit & de l'averfion pour toute efpece de peine ; on dit que par-tout un bon ouvrier occupé de fon travail ne fe fatigue pas mal-à-propos par un chant continuel qui diminue l'application qu'il doit y donner ; qu'il n'y a que la répugnance à l'ouvrage qui rende cette efpece de diffipation néceffaire ; que les Negres libres ne s'occupent qu'autant que durent les chanfons qu'ils fçavent ; que c'eft une habitude prefque univerfelle en Orient de s'animer au travail par le chant, ce qui vient autant de pareffe d'efprit que de molleffe de corps : mais ces deux effets ne font-ils pas corrélatifs ? & en général le relâchement de la machine, le jeu lent des nerfs & des fibres, n'influe-t-il pas fur la foi-

bleſſe des idées, ſur le méchaniſme
de l'imagination ? Des peuples dont
le deſir dominant eſt de ne rien faire, n'imaginent rien; il n'y a qu'une
néceſſité forcée qui puiſſe les tirer
de cet état d'inertie où ils placent
le ſouverain bien. Ils faut qu'ils s'é-
tourdiſſent pour ne pas s'affliger
outre meſure d'être forcés à quelques travaux. On ne doit donc pas
être étonné de trouver la plûpart
des Aſiatiques dans cette habitude,
qui devient plus forte & plus remarquable à meſure qu'on s'approche du midi, parce que le climat
plus chaud contribuant à diminuer
les forces, augmente en proportion l'éloignement pour le travail,
c'eſt ce qui fait que les Matelots Indiens ne peuvent pas même remuer
une corde s'ils ne chantent.

Ces habitudes, ces défauts, l'humidité de l'air & ſon intempérie
n'empêchent pas que le ſang ne ſoit
très-beau en Mingrélie; les hommes
y ſont bien faits & les femmes auſſi
belles qu'en Géorgie, d'une taille

admirable, bien proportionnées, & vêtues de façon, que l'on peut juger affez sûrement de la beauté de leur fein & de leurs jambes : elles ont, dit Chardin, des yeux féduifans, qui careffent tous ceux qu'elles regardent, & femblent leur demander de l'amour ; mais du refte, ce font les plus méchantes femmes de la terre, orgueilleufes, perfides, impudiques, cruelles & pareffeufes, elles ne refpirent que la volupté & les moyens de la fatisfaire ; quoiqu'elles ne connoiffent pas le prix de la liberté, & qu'accoutumées d'être vendues pour être enfermées dans les ferrails des Princes & des grands Seigneurs de l'Orient, elles fe déterminent fans répugnance à un état où il s'en faut beaucoup qu'elles trouvent toute la fatisfaction qu'elles s'y promettent : elles s'en dédommagent en fe livrant à d'autres paffions, à l'intrigue, à la jaloufie, à une fourde méchanceté qui les anime continuellement les unes contre les autres : ces dif-

positions naturelles concentrées d'a-
bord par une multitude d'obstacles
qui les empêchent de se développer, éclatent avec toute la fureur
des tempêtes les plus violentes,
si quelque cause étrangere vient bri-
ser les bornes où elles étoient retenues.

Ce qui tend encore à persuader
que les qualités propres à l'air de
certains climats, influent sur les
mœurs & la figure de ceux qui le
respirent ; c'est que de tout tems
les peuples les plus beaux du monde
ont habité les bords de la mer Noire
& les régions voisines ; les hommes
y ont toujours été paresseux, fourbes & voleurs, & les femmes belles, artificieuses & cruelles. Médée
étoit de ce pays, Jason lui plut,
elle sacrifia tout pour lui prouver
sa passion ; mais quoique expatriée,
elle ne fut pas moins furieuse pour
se venger des infidélités d'un amant
volage, qu'elle avoit été perfide à
l'égard de ses propres parens lorsqu'elle les abandonna. La Toison

d'or que les Argonautes alloient chercher dans la Colchide, n'étoit sans doute que de belles femmes; car le Phase ne roula jamais de l'or dans ses sables. Dans des siecles bien postérieurs, un bon Prince a donné beaucoup de solemnité à cette idée. (*a*)

Ce n'est pas tout-à-fait à l'intempérie dominante, & à la trop grande humidité, que l'on doit attribuer la dépopulation qui se fait sentir en Mingrélie & dans les Provinces voisines; on n'y trouve, dit-on, que deux villages un peu nombreux, le reste des habitans demeure dans des maisons isolées que l'on rencontre d'espace en espace au bord des bois. L'habitude où sont les Nobles de la nation d'enlever les hommes du peuple, pour les vendre aux Corsaires Turcs, est cause que le pays est presque désert. Il leur est d'autant plus difficile de se soustraire à ces

____

(*a*) V. l'Histoire de l'Ordre de la Toison d'or & les causes de son établissement.

vexations, que ces prétendus Nobles n'ayant d'autre occupation que
la chasse, connoissent toutes les retraites, toutes les fuites qui pourroient dérober un malheureux habitant à leurs entreprises odieuses.
Ainsi une fille jeune & jolie, un
garçon robuste & bien fait ne restent pas long-tems au pouvoir de
leurs parens. Les Nobles du pays
qui n'ont d'autre moyen de se procurer quelque aisance que par le
commerce des esclaves, les enlevent & les conduisent au port le
plus voisin où ils les vendent. S'ils
ont quelque passion à satisfaire,
une femme à acquérir, dont l'amour
les presse violemment, alors ils sa-
crifient tout, & se portent à des
excès qui font horreur ; comme la
plûpart des femmes mêmes légiti-
mes s'achetent de leurs parens, on
a vu des Nobles Mingréliens vendre leur premiere femme, leurs
enfans, leur pere même, quand ils
n'avoient pas assez d'autres esclaves
pour en tirer le prix qu'ils devoient

donner pour la nouvelle femme qu'ils vouloient acquérir. La paſſion ou plutôt la fureur des femmes donne à ces hommes, d'ailleurs lâches, indolents & aſſez doux, une activité féroce qui ne leur laiſſe échapper aucun des moyens poſſibles de ſe ſatisfaire.

Le reſte des régions ſituées entre le Caucaſe, la mer Noire & la mer Caſpienne, & à l'occident de cette mer juſqu'à la Tartarie Moſcovite, ſont dans une température plus ou moins humide, qui à raiſon de l'élévation du ſol tient de celles de la Géorgie ou de la Mingrélie. Ces pays plus connus ſous le nom général de Circaſſie ou de Tartarie Circaſſienne, que ſous ceux de Cabardah, Dagheſtan, Chaitaky, Legiſtan, & Tabriſtan, ſont habités par des peuples errans comme les Tartares, & qui ont à-peu-près les mêmes mœurs. Quoiqu'ils reconnoiſſent la domination d'un des Souverains qui les avoiſine de plus près, Turc, Perſan ou Ruſſe, ils jouiſſent

cependant d'une liberté presque entiere sous les ordres de quelque
Chef ou Prince, que chaque canton se choisit & révoque quand il
lui plaît, ne suivant d'autre loi que
celle de l'intérêt du moment, étant
toujours prêts à prendre les armes
en faveur du Souverain le plus foible; politique très-propre à conferver la liberté dont ils sont si jaloux.

Dans les parties les plus riches
de ces vastes contrées, connues
sous le nom de Mazanderan ou de
Tabristan, presque tout le long de
la mer Caspienne à l'occident, l'afpect du pays est admirable depuis
le mois d'Octobre jusqu'en Mai; il
ressemble à un jardin fertile & bien
cultivé: les chemins sont autant d'al-
lées plantées d'orangers & d'autres
beaux arbres qui bordent des campagnes délicieuses. On y trouve des
fruits de toute espece, d'excellens
vins, du bétail, du gibier de bon
goût & fort délicat; mais au teint
jaune & livide, à la langueur & à
toute l'habitude des peuples, on

reconnoît d'abord que l'air y est
très-mal sain, & nuisible au-moins
à l'espece humaine, ce qui est occasionné par la grande humidité & la
chaleur qui s'y fait sentir presque
toute l'année. Avant Abas le Grand,
Roi de Perse, qui mourut en 1629,
après un regne de quarante-quatre
ans, ce pays étoit presque desert ;
il y transporta trente mille familles
de Chrétiens Grecs qu'il tira de la
Géorgie & des pays voisins ; mais
la malignité de l'air y est telle, il y
regne toujours une intempérie si
forte, qu'avant la fin du dernier
siècle, il n'y restoit pas la trentieme
partie de ces Arméniens. Il seroit
même tout-à-fait abandonné, si l'a-
bondance des pâturages, & la fertilité du sol n'y attiroient quelques
habitans des Provinces voisines, qui
se joignent de tems en tems à ceux
qui ont le courage d'y demeurer ;
encore sont-ils obligés pour la plûpart, de quitter le pays à la fin d'A-
vril, & de se retirer à trente lieues
dans les montagnes : pendant l'été

les chaleurs font infupportables dans
les terres baffes, elles deffechent
jufqu'aux rivieres, de forte qu'on
ne peut y avoir qu'une eau croupie,
mal faine & d'un très-mauvais goût.

Tel eft en général l'état de l'air
dans ce pays, quelques obfervations particulieres le feront mieux
connoître encore. Le Cabardah,
quoique dans un fol fertile, avec
des plaines étendues, coupées de
bois, de prairies, & de plufieurs
rivieres dont les unes fe jettent dans
la mer Cafpienne, les autres dans la
mer Noire, & les autres fe perdent
dans les fables, où elles forment
des marais, n'eft prefque pas peuplé; on y voit quantité de ruines
de Villages & de Villes entierement
abandonnées, le peu d'hommes que
l'on y trouve n'y defcendent qu'en
hiver, pour faire paître leur bétail,
& recueillir les fruits & les grains
qu'ils ont femés avant que de fe
retirer. Le refte de l'année ils fe
tiennent dans des rochers de difficile accès, d'où ils fortent de tems

en tems pour faire des incursions
sur les terres voisines & les piller.
Ils ne respectent que quelques endroits où se tiennent les marchés,
& où ils viennent échanger leur bétail contre du riz, du froment &
quelques autres denrées dont ils
manquent. Les sommets qui environnent leurs retraites, couverts de
de neige en tout tems, conservent
dans l'atmosphere une fraîcheur
agréable, même dans le plus fort
de l'été.

Les montagnes du Daghestan,
moins élevées que les autres &
d'un accès plus facile, font que leurs
habitans sont plus exposés à perdre
leur indépendance ; mais ils vivent
dans un air sain, & dans une grande
abondance de toutes les denrées
nécessaires, leur pays est le plus
riche de tous ceux qui actuellement sont habités dans le voisinage de la mer Caspienne.

Tous ces peuples différens font
un mélange de diverses nations er-
rantes, qui ont adopté les mœurs

&

& les usages des Tartares. On y trouve des Turcs, des Persans, des Juifs,
des Arabes, des Arméniens ; ceux-ci
devroient y être en plus grand nombre que les autres, mais ils n'ont
pu résister à l'intempérie des climats
fertiles où ils avoient formé des établissemens: les ruines dont ce pays
est semé , sont les restes des habitations qu'ils y ont eues. Les Juifs y
sont fort anciennement établis , &
ils y vivent dans la plus grande oppression. Les Arabes y forment une
peuplade remarquable & fort ancienne; ils se regardent comme les
vrais descendans des premiers Ismaë-
lites établis de tems immémorial
dans ces montagnes , où ils éle-
voient des troupeaux qu'ils condui-
soient autrefois en Perse. Ils sont
encore réunis sous un Chef ou Magistrat auquel ils obéissent. Ils vont
d'un endroit à un autre avec leurs
troupeaux : en été la chaleur les
oblige à se retirer dans les montagnes, & ils s'arrêtent où ils trouvent de l'eau ; ils payent aux pro-

priétaires de ces endroits une petite
somme : en hiver ils descendent dans
les plaines voisines de la mer, ou
sur le bord des fleuves, & payent
également les places qu'ils occupent. Leurs huttes sont faites de nattes de joncs qu'ils appuyent sur des
piquets & transportent avec eux;
ils ont des armes seulement pour se
défendre, car ce petit peuple est
simple, doux & pacifique, & se
contente du produit de ses troupeaux. Cette maniere de vivre &
d'être toujours en action dans une
température à-peu-près égale, jointe à une sobriété habituelle, & à
des passions fort tranquilles, fait que
ces Arabes jouissent d'une bonne
santé, & parviennent à une grande
vieillesse sans éprouver aucune incommodité.

Le reste des habitans de ces contrées diverses, toujours en guerre
& en mouvement, ne songeant qu'à
se voler réciproquement, sont les
uns pour les autres les voisins les plus
incommodes & les plus dangereux,

On connoît la température & les qualités dominantes de l'air où ils vivent,
mais on n'a point d'obſervations
certaines ſur leur ſanté & la durée
de leur vie. On ſçait qu'en général
ce ſont des hommes durs, groſſiers,
aſſez robuſtes, qui font commerce
avec les Turcs & les Perſans d'eſcla-
ves qu'ils enlevent par-tout où ils ſont
les plus forts, & ſur-tout de leurs filles auxquelles ils apprennent de bonne heure à coudre & à broder, pour
les vendre enſuite plus avantageu-
ſement ; la plûpart ſortent de meres
Géorgiennes & Mingréliennes, qui
ont été enlevées dans les pillages
qui ſe font ſur les frontieres ; ce qui
fait que le ſang de Circaſſie eſt aſſez
beau, & que les hommes ou les fem-
més qui tiennent encore des Tartares, ont les traits fort adoucis. (a)

(a) V. la Deſcription des pays ſitués à
l'occident de la mer Caſpienne, dans le
choix des Mémoires de l'Académie de Ber-
lin, in-12. t. 1. 1761.

N ij

§. IV.

Etat de l'air en Perse.

La température de la Perse est si variée, que l'on éprouve dans ses différentes Provinces tous les changemens dont l'air est susceptible. Ce que l'on doit attribuer à sa grande étendue, qui est du 45ᵉ degré de latitude au 24ᵉ sept cent cinquante lieues du nord au midi, & quatre cent de l'orient à l'occident: au midi, il n'y a point d'hiver, à l'extrémité opposée, l'été n'est que de quelques semaines. C'est la position du Mont Taurus qui décide en quelque sorte de cette température, il partage la Perse en deux parties presque égales; la septentrionale plus ou moins froide, relativement à l'éloignement des terres de l'équateur, a des forêts entières de muriers qui nourrissent cette quantité de vers à soie, qui fournissent la matière du commerce le plus riche de ce Royaume; la méridionale eſt beaucoup plus chaude, même dans les Provinces qui ſont entre le 35e & le 40e degré de latitude ; on trouve dans leurs forêts des haras nombreux de chevaux & de chameaux. Ainſi les qualités de l'air répondent à la ſituation des Provinces ; les ſaiſons ſont réglées juſqu'à Schiras qui eſt au 29e degré 36 minutes de latitude, de-là juſqu'à la pointe du golfe Perſique il fait conſtamment chaud, & l'on n'y connoît, ainſi qu'entre les tropiques, que deux ſaiſons, l'humide & la ſeche. Ailleurs par-tout où l'air eſt ſec, il eſt froid, ce qui le rend en général très ſain, il n'en eſt pas de même où il eſt chaud & humide.

Dans le centre du Royaume l'hiver commence en Novembre, & dure juſqu'au mois de Mars. Il eſt fort rude, les glaces y ſont épaiſſes, & les neiges tombent ſi abondamment dans les montagnes, qu'elles ſe conſervent dans celles qui ſont à l'oueſt d'Iſpahan pendant ſept ou huit mois. Depuis le mois de Mars jusqu'à celui de Mai, il regne des vents impétueux, dont l'arrivée est une marque certaine que l'hiver est tout-à-fait passé. De Mai en Septembre, l'air est serein & rafraîchi par les vents qui soufflent pendant la nuit du soir au matin. De Septembre à Novembre les vents sont à-peu-près les mêmes qu'au printems, ce que l'on ne peut attribuer qu'à l'évaporation qui est alors plus abondante, & dont les effets moins promptement dissipés, épaississent l'air voisin des montagnes qui se répand d'une maniere prompte & sensible dans l'atmosphere des plaines; la fonte des neiges y excite les mêmes mouvemens au retour de la belle saison.

En été les nuits font d'environ dix heures, & les crépuscules fort courts, ce qui joint à leur fraîcheur constante, modere la grande ardeur qui se fait sentir durant le jour; de maniere que les chaleurs sont moins incommodes en Perse que dans la plûpart de nos Provinces, à Ispahan, qu'à Paris. Car si les journées sont constamemnt plus chaudes, on s'y attend & on se précautionne contre la chaleur : au lieu que les variations de l'air étant plus fréquentes dans nos climats, après une matinée fraîche où l'évaporation a été forte, il arrive que tout d'un coup depuis dix ou onze heures du matin jusqu'à trois ou quatre heures après midi, nous avons des chaleurs beaucoup plus vives que dans la Perse, même que dans la Zone torride, & qui peuvent avoir des effets plus nuisibles, parce que les corps sont moins disposés à les souffrir. Ajoûtons encore qu'à la suite de ces journées brûlantes, nous avons quelquefois des nuits d'une chaleur étouffante, au lieu qu'en Perse elles sont toujours fraîches sans être humides, ce qui fait que les Voyageurs choisissent de préférence ce tems pour marcher. Leur usage est de partir une heure ou deux avant le soleil couché, plus ou moins

ſelon les traites qu'ils ont à faire,
Elles ſont d'ordinaire de cinq ou ſix
lieues, & s'achevent à minuit ou
environ, les grandes de huit à neuf
lieues tiennent preſque toute la nuit.
On voyage généralement ainſi dans
tout l'Orient, durant la belle ſaiſon,
pour être à couvert de l'ardeur du
ſoleil qui accableroit dans des plaines ſeches & arides, les hommes &
les animaux. La nuit on marche plus
vîte, on eſt plus diſpos, les valets
vont à pied de tems en tems & ſans
peine ; les maîtres ſont bien aiſes
d'en faire autant, pour diſſiper le
ſommeil & de petits ſaiſiſſemens de
froid, que la fraîcheur de l'air
cauſe. (*a*)

Il n'y a point de pays au monde
où il y ait plus de montagnes &
moins de fleuves qu'en Perſe: il n'y
en a aucun dans l'intérieur aſſez conſidérable pour porter bateaux & ſervir à tranſporter les denrées d'une
Province à l'autre. L'Euphrate, l'A-

______

(*a*) Voyages de Chardin, t. 4.

raxe, le Tigre, le Phase, l'Oxe &
l'Indus lui servent de frontieres ;
ainsi l'évaporation étant peu abondante, le pays est en général fort
sec & stérile ; ce qu'elle peut répandre d'humidité à la surface de la
terre, se rassemble en grande partie dans les cavités des montagnes,
où l'on trouve des réservoirs immenses d'eau, qui ont sans doute
quelque écoulement inconnu, mais
qui ne sont presque d'aucune utilité
à la Perse, à moins que l'art ne
force les obstacles que la nature a
mis à leur cours. A peine la douzieme partie de ce vaste Empire est-
elle habitée & cultivée : à deux lieues
des grandes villes, on ne voit
pas plus d'hommes & d'habitations
qu'à vingt. C'est au midi sur-tout,
que la Perse manque de peuple &
de culture, & que l'on trouve de
grands deserts ; la cause générale
de cette stérilité est la disette de
l'eau. L'on est contraint ou de ra-
masser celle qui tombe du ciel, ou
d'ouvrir le sein de la terre pour

N v

en trouver; & dès que l'on a réussi,
& qu'on a assez d'eau pour fournir aux arrosemens, le sol devient
fertile, & la végétation est belle :
ce qui porte à croire que s'il y avoit
assez d'hommes pour fournir aux
travaux publics & à ceux de l'agriculture, la Perse seroit encore telle
que les anciens auteurs nous la dé-
peignent, un pays aussi riche, &
aussi peuplé qu'il est étendu ; tel
qu'il étoit, lorsqu'il étoit gouverné
par ces Princes laborieux & sages,
dont l'un d'eux juroit par le grand
Dieu Mithras, que quand il se por-
toit bien, jamais il ne prenoit de
nourriture qu'après s'être couvert
de sueur, ou en faisant des évolu-
tions militaires, ou en cultivant ses
jardins & ses terres, dont il avoit
lui-même tracé les desseins, & plan-
té une partie des arbres. Aujour-
d'hui il ressemble à toutes les régions occupées par les Mahométans, quoique par elles-mêmes,
elles soient les meilleures & les
plus belles du monde, elles sont en

grande partie arides comme des landes stériles & inhabitées. De tous côtés encore la Perse a pour confins un espace désert d'environ trente lieues, quoique le sol en soit excellent, sur-tout à l'orient & à l'occident : mais on regarde comme une marque de grandeur, de laisser ces terrains abandonnés. Cela empêche, disent les politiques Musulmans, les contestations pour les limites, & ces deserts servent comme de murs de séparation aux Royaumes.

Les Provinces au couchant & au nord de la Perse, sont moins seches que celles qui se trouvent au centre, & dès-lors elles sont plus fertiles ; nous avons déja parlé de l'Aderbijan & du Mazanderan, dont les noms modernes répondent à celui de l'ancienne Médie. La température en est humide, souvent l'air y est nébuleux, les pluies y sont fréquentes & précédées de vents impétueux. Il y a même du côté de l'Arménie des lacs d'une grande

étendue ; on dit que celui de Mar-
raga dans l'Aderbijan a soixante
lieues de tour ; c'est de ces grandes
eaux agitées par les vents, & échauffées par l'action du soleil que s'élevent les vapeurs dont les nuages
sont formés, qui répandant ensuite
les pluies dans les campagnes, assurent la fertilité des terres qu'elles
arrosent : telles sont les plaines riches & bien cultivées par lesquelles on arrive à Tauris, en suivant
la route des caravanes qui passent
de Smirne en Perse par l'Arménie.
L'air que l'on respire dans cette
ville, la seconde du Royaume,
grande & bien peuplée, passe pour
être bon & sain ; les habitans du
pays & les étrangers, ne s'apperçoivent pas qu'il cause aucune indis-
position. Le froid y dure long-tems,
parce que la ville est tournée au
nord, & que les sommets des montagnes qui l'environnent sont chargés de neige pendant neuf mois.
L'atmosphere y est tous les jours
rafraîchie par les vents qui soufflent

le soir & le matin, les pluies y sont fréquentes en toutes saisons, hors l'été, encore la chaleur y est-elle alors modérée par des nuages assez épais qu'amenent les vents de nord ou d'ouest, & qui interceptent les rayons du soleil; toutes ces circonstances réunies, & les eaux que l'on peut tirer de deux rivieres assez considérables qui baignent les murs de cette ville, rendent son territoire aussi riant & aussi fertile que les plus riches contrées de la Perse. Les eaux de l'Agi, l'une des deux rivieres de Tauris, sont salées pendant six mois de l'année, & douces le reste du tems; cette particularité leur vient des torrens qui s'y jettent dans le tems des pluies & de la fonte des neiges, après avoir traversé des plaines couvertes de sel, semblables à celles de l'Arménie; ce qui contribue sans doute à la durée du froid de l'hiver, & à la fraîcheur qui se conserve même en été, dans l'air de ce canton. La Ville de Tauris a souvent été exposée à des tremblemens de terre affreux, qui presque toujours se font sentir au printems. Celui du mois d'Avril 1721, fit périr sous ses ruines près de 80000 personnes, & changea tellement les qualités de l'air par les exhalaisons hétérogenes qu'il y répandit, qu'il fut suivi d'une peste qui y causa de très-grands ravages. Ce malheur arrive presque toujours à la suite des tremblemens de terre, dans ces pays où le peu de soin qu'on a d'enlever les cadavres accablés sous les ruines des bâtimens, de rendre le cours aux eaux, d'enlever les matières qui se corrompent, est nécessairement suivi d'une infection générale, & d'une intempérie mortelle.

L'Irak Agemi, ou la Perse proprement dite, dont Ispahan est la capitale, a 200 lieues de longueur, sur plus de 150 de largeur; c'est l'ancien pays des Parthes, où l'air est sec au dernier degré & le plus sain du monde; dans toute cette étendue, le ciel reste serein pendant toute la belle saison, & il est très-rare d'y voir des nuages ou qu'il y tombe de la pluie. Le terrain en est montueux & aride; la nature n'y produit rien d'elle-même que des chardons & des bruyeres, & le sol n'est cultivé qu'aux endroits où il y a de l'eau dans le voisinage des lieux habités.

En suivant le Journal de Chardin pendant qu'il traversoit cette Province, on ne remarque que des terres incultes & desséchées, des butes & des collines d'un sable aride, autour desquelles le chemin serpente, & de tems en tems des petits cantons agréables & fertiles, parce qu'ils sont arrosés & cultivés, où l'air est frais & sain en été. Les dehors des Villes & des Villages occupés par des jardins & des plantations d'arbres verds & couverts de fruits, présentent par-tout des vues agréables & fraîches, sur lesquelles les yeux des Voyageurs fatigués par l'aridité brûlante des longues plaines incultes, vont se reposer avec satisfaction. C'est ce que l'on remarque sur-tout aux environs de Sultanie, à cause des sources abondantes d'eau vive qui coulent des montagnes voisines. Cette Ville située au 36e degré 18 minutes, que l'on croit bâtie sur les ruines de l'ancienne Tigranocerte, abonde en toutes sortes de denrées, l'air y est sain, quoique changeant. Le soir, la nuit & le matin il est froid, pendant le jour il est chaud, & on passe sans cesse d'une extrémité de température à l'autre : la quantité des eaux répandues dans un terrain léger, produit une évaporation abondante, qui change alternativement l'état de l'atmosphere.

La Ville de Casbin, située à-peu-près à la même latitude que Sultanie, est dans une plaine basse, à trois lieues du mont Alouvent, une des branches les plus élevées du Taurus ; les sources y manquent, & il n'y a pas d'autre eau, que celle que l'on fait venir de la montagne dans les citernes par des canaux souterrains : elle est fraîche, mais pesante & fade. Cette disette d'eau fait que l'air y est grossier & mal sain, sur-tout en été, parce qu'il est continuellement chargé des particules infectes des corps qui sont en putréfaction dans les égoûts, & que les courans d'eaux qui manquent ne peuvent entraîner. Toutes ces matières atténuées par la fermentation, restent concentrées dans l'atmosphere inférieure, pendant les chaleurs de l'été, qui sont très-vives dans cette Ville, parce qu'elle est couverte au nord par une haute montagne, qui empêche les vents de la rafraîchir. Cette quantité d'exhalaisons & de vapeurs dispersées dans l'air pendant l'ardeur du jour, venant à se condenser dès que le soleil a disparu, font succéder à une chaleur brûlante, un froid sensible & si dangereux, que si l'on ne se couvre pas avec soin, on évite difficilement les maladies qu'il occasionne, & qui sont un des effets les plus marqués d'un serein sec & pénétrant. L'importance de la

Ville qui étoit dans les siècles pré
cédens la résidence de la Cour de
Perse, avoit engagé d'en cultiver
les environs & d'y amener de l'eau
à grands frais, une partie des anciens canaux subsistent encore & en
fournissent assez pour arroser quelques terres qui sont très-fertiles.

Cachan, qui n'est qu'à vingt-deux
lieues d'Ispahan, jouit pendant la
plus grande partie de l'année d'une
température saine & fort agréable.
La chaleur y est excessive pendant
les mois de Juillet & d'Août, sa situation au pied d'une montagne aride, tournée au Midi, y cause une ré-
verbération si forte que l'on y brûle;
il n'y a point d'autre eau que celle
que l'on tire des montagnes voisines, & que l'on conserve dans des
citernes & des grands réservoirs. La
proximité de la Capitale y fait fleurir l'agriculture & le commerce,
c'est-là sur-tout, qu'il croît une
abondance étonnante de melons,
qui pesent jusqu'à quarante & cinquante livres, si bons & si sains,

que l'on peut en manger jusqu'à douze livres sans en être incommodé, il n'y a point d'endroit au monde où l'on en fasse une si grande consommation qu'à Ispahan. Cachan est une des villes de la Perse où il reste le plus de Guebres, qui sont les anciens habitans du pays, dont l'inclination dominante est la culture des terres qu'ils entendent très-bien ; leurs travaux utiles rendent les abords de cette ville très-riants, & ne peuvent que contribuer à la salubrité de l'air que l'on y respire.

Ispahan, Capitale de la Perse, située au 32ᵉ degré & demi de latitude, est la plus célèbre & la plus belle ville de l'Orient, & l'une des plus grandes & des mieux peuplées de l'Univers. On y compte, dit-on, plus d'un million d'habitans. Le commerce y est immense, & toutes les Nations y ont des Négocians accrédités. Les denrées de toute espèce y abondent, mais son plus grand avantage est d'être dans le climat le plus sain & le plus

beau du monde. On dit en proverbe commun, fondé fur l'expérience que, *quiconque arrive fain à Ifpa-*
han n'y fçauroit tomber malade ; mais
que ceux qui y viennent malades, n'y
recouvrent la fanté qu'avec peine ; ce
que l'on doit rapporter à l'état ordinaire de l'air qui eft fec & fubtil
au dernier degré, la nuit auffi bien
que le jour, au point que fi le foir
on étend une feuille de papier en
plein air, elle ne contracte aucune
humidité pendant toute la nuit. Un
effet plus remarquable encore de la
féchereffe & de la fubtilité de l'air,
c'eft ce qui arrive aux corps des animaux après leur mort. L'air qui les
pénètre les fait prodigieufement en-
fler en moins d'une heure, les def-
féche à l'intérieur en repouffant
toute l'humidité qui fe refferre entre cuir & chair, d'où elle s'exhale
enfin, mais fans qu'il en réfulte jamais aucune intempérie qui altère
la pureté de l'air, ou qui change fes
qualités habituelles ; toutes ces vapeurs s'atténuent au point qu'elles

changent absolument de nature. La
même chose à-peu-près arrive aux
malades ; presque toutes les maladies se terminent à Ispahan par une
enflure aux jambes, qui ne se dissipe qu'au bout de quelques semaines. La nature semble indiquer cette voie uniforme aux humeurs vicieuses pour s'échapper des corps,
le reste de la machine se rétablit
promptement, cette partie seule
reste affectée, sans être pour cela
exposée à des douleurs incommodes, ni à aucun accident qui ait des
suites. Cet air est si absorbant qu'il
est rare aux Persans de suer quelle
que soit la chaleur. Les corps y sont
aussi secs que les arbres & les plantes sur lesquelles on ne remarque
jamais la moindre moiteur. A Ama-
dan, jolie ville de la Perse au Nord-
Oüest d'Ispahan, la sueur est sup-
primée entièrement par la sécheresse générale, sans que ce défaut
apparent de transpiration cause la
moindre incommodité, tandis que
dans les provinces voisines du Tygre

& de l'Euphrate, à Candahar, à
Bafra, & généralement dans tout le
Midi, la fueur fort des pores du
corps comme l'eau d'un crible, &
jette ceux qui l'éprouvent dans un
abattement extrême.

Le froid & la chaleur font vifs à
Ifpahan dans leur faifon : le froid n'y
dure pas plus de trois mois, & l'hiver
y eft plus fec qu'humide ; les pluies
les plus abondantes y font communément en Mars & en Avril, lorfque les neiges des montagnes fe fondent : c'eft la température ordinaire,
qui, comme par-tout ailleurs, eft fu-
jette à des variations fenfibles, mais
peu durables. Chardin a vu pleu-
voir au mois de Décembre à Ifpahan pendant quatre jours de fuite fi
fort & fi continuellement, que la
terre en étoit pénétrée à plus de
trois pieds. Le 23 du même mois,
il y tomba une pluie d'orage qui
dura vingt-quatre heures, & fi prodigieufe, que les rues, les maifons
& les jardins furent remplis d'eau.
Le fleuve en fe débordant, ruina la

plupart des édifices bâtis sur les quais; les canaux ne causèrent pas moins de dommage, les maisons de plaisance & les murs de la ville furent écroulés & tombèrent en partie; ce qui ne doit pas surprendre, car tous les édifices étant construits de briques de terre, pétries avec de la paille hachée, & séchées au soleil, si l'eau reste seulement vingt-quatre heures au pied d'un mur, il faut qu'il soit bien épais pour résister à l'inondation qui le détrempe, & le fait tomber. Mais ces pluies extraordinaires ont un grand avantage, comme elles humectent la terre fort profondément, elles sont suivies d'une récolte abondante; quoique le fleuve Zenderouth & les eaux du canal, qu'Abas le Grand a tirées des montagnes voisines, fournissent assez d'eau pour arroser toute la campagne aux environs d'Ispahan.

Le printemps commence au mois de Février, l'air y reprend alors sa sérénité, & la terre se pare de ses

premiers ornemens ; dès la fin de ce
mois, tous les arbres font couverts
de fleurs, & les jardins font entiérement renouvellés ; quelques
pluies qui fuccedent, avancent l'ouvrage de la nature, que les premières chaleurs de l'été conduifent à fa
perfection. Un vent d'Oueft fort
doux regne prefque pendant tout
l'été, il n'eft fenfible qu'au coucher
du foleil, & lorfqu'il commence il
eft fi frais que l'on eft dans l'habitude de fe couvrir davantage, &
même de prendre des robes four-
rées. L'automne a des vents plus
forts, & quelques pluies, mais rarement en Perfe on voit des ouragans & des tempêtes. Il y a peu de
tonnerres & d'éclairs, & de ces autres météores dont les exhalaifons
& les vapeurs font la matière : la
rareté des fources, des rivieres &
des lacs dans l'intérieur du pays, ne
pouvant entretenir qu'une évaporation très-modique, dont les effets
font promptement abforbés & en
quelque forte anéantis par la féchereffe

reſſe de l'air. Les provinces à l'Oueſt & au Nord, & les terres qui ſe trouvent à la proximité des hautes montagnes, ſont quelquefois expoſées, immédiatement après la fonte des neiges, à des grêles qui y cauſent des dégâts conſidérables, parce que dès-lors les moiſſons ſont fort avancées dans la plaine. Les pays qui ont été ravagés, envoient des députés à la Cour pour obtenir des diminutions d'impôts, ils exagèrent leurs pertes, auxquelles il ſemble qu'on ait égard, mais d'ordinaire il n'y a que le Tréſor Royal qui en ſouffre ; le ſoulagement que l'on accorde aux malheureux, leur eſt vendu auſſi cher qu'ils peuvent le payer. Les tremblemens de terre ne ſe font ſentir que dans le Trabiſtan, où ils ſont aſſez fréquens au printemps. Par-tout l'air eſt ſi pur & ſi ſec en Perſe, que l'on n'y voit que rarement des arcs-en-ciel ; les ſeuls phénomènes qui y ſoient communs pendant l'été, ce ſont ces verges ou petites fuſées qui s'enflamment,

& parcourent l'atmosphère en diverses directions, ainsi qu'il arrive dans
nos Provinces pendant les nuits
d'été, lorsque la saison est seche,
& qu'elle n'est pas excessivement
chaude : la sérénité est si grande
alors, que la lumière seule des étoiles donne assez de clarté pour reconnoître les objets & se conduire.

Enfin les relations les plus exactes
nous parlent de l'air de la Perse, comme d'une des beautés les plus frappantes de la nature ; il est rare qu'il
soit obscurci de nuages, on diroit
que l'atmosphère y est plus élevée,
& le ciel d'une couleur plus nette
& plus vive, que dans nos climats
de l'Europe, sur-tout dans les plaines où l'air paroît presque toujours
si épais ; cette beauté se répand
sur toutes les productions de la nature, & même sur les ouvrages de
l'art qui en tirent un éclat, une solidité, une durée, qu'ils n'ont pas ailleurs. La constitution des corps &
la disposition des esprits participent à
ce bénéfice général. Les Persans sans

être de grande taille, sont bien faits, vifs, robustes, extrêmement agiles : on en trouve même quelques-uns de fort beaux, sur-tout parmi ceux qui descendent de meres Géorgiennes ou Circassiennes ; leur sang est pur, & ils jouissent d'une santé constante : ils sont plutôt maigres que chargés d'un embonpoint incommode. Ils ont l'esprit pénétrant, vif, propre aux arts & aux sciences. La Langue des Persans est la plus douce, la plus harmonieuse & la plus agréable de l'Orient. Son étude entre dans l'éducation des enfans que le Grand Seigneur fait élever pour remplir les charges de l'Etat : sa douceur tempère la dureté & la sécheresse du Turc original, & donne des idées agréables & fleuries que l'on trouve dans les Livres Persans où on l'étudie : il régne dans leurs familles une assez grande union ; mais la vivacité de l'air qu'ils respirent en met prodigieusement dans leurs passions. Quoiqu'ils puissent avoir dans leurs sérails les plus belles créatures de l'Orient, ils font exceſſifs dans leurs débauches, leurs divertiſſe-mens & leurs dépenſes pour les fem-mes publiques, pour leſquelles ils ſe ruïnent, qui d'ordinaire les tra-hiſſent, & toujours les abandon-nent lâchement lorſqu'ils ſont épuiſés, & qu'ils ne peuvent plus four-nir à leurs caprices de toute eſpèce. Ces paſſions ſont pour eux la ſource de quantité de déſordres, & même de malheurs que la vengeance & le déſeſpoir produiſent : mais elles n'influent que ſur un certain nombre de particuliers, ſur la jeuneſſe opu-lente & diſtinguée : le gros de la Nation eſt regardé comme le peu-ple le plus honnête & le plus trai-table de l'Aſie, juſte & franc dans ſes procédés, fidele à ſes amis, & auſſi civil avec les Etrangers, que les peuples de l'Europe les plus po-lis (a). Si cette Nation eſt telle en-

---

(a) Il regne dans la Perſe une politeſſe réglée entre les différentes nations de ce vaſte Empire, qui tient beaucoup des rites

core, si malgré le despotisme auquel elle est soumise, & la superstition Mahométane, on reconnoît en elle quelques-unes des vertus, des usages, si l'on y retrouve la bravoure des anciens Persans, on ne peut pas douter que le pays qu'elle habite, & l'air qu'elle respire, n'influe beaucoup sur les mœurs, & que si elle vivoit sous des loix qui répondissent à la beauté de son climat

de la Chine, & qui est une preuve de la docilité des Orientaux, & de leur constance à suivre leurs usages. Sept nations différentes habitent la Perse ; les rangs sont si bien réglés entre elles, qu'un particulier d'une nation ne peut se dispenser de faire honneur au particulier d'une nation supérieure, quand il le rencontre. La cérémonie consiste en ce que l'inférieur doit s'arrêter les bras croisés sur la poitrine, comme attendant les ordres de celui qui lui est supérieur, & qui en lui disant *Selam Eleik*, semble lui donner permission de continuer son chemin. Tout particulier qui manqueroit à cet usage ou à quelque autre formalité de déférence pour un Persan d'un grade supérieur, seroit punissable selon les loix.

O iij

& à son heureuse température, elle ne se montrât encore digne de ses ancêtres les plus reculés.

Ce n'est que dans les Provinces les plus élevées de la Perse, où la température est moyenne entre le chaud & le froid, où l'air est constamment sec & serein, que l'on jouit de ces avantages. Nous avons déja parlé de l'état de l'air dans les régions qui bordent la mer Caspienne, & du génie de ses peuples, il ne nous reste plus qu'à jetter un coup d'œil sur les contrées méridionales de ce grand Empire.

Les campagnes que l'on traverse pour aller d'Ispahan au Golfe Persique, conservent dans un assez long espace une partie des avantages dont nous avons parlé : l'air y est bon, le terroir fertile par-tout où il est bien cultivé ; & jusqu'à Schiras, Capitale du Farsistan, l'une des villes les plus riches de la Perse, on voyage aisément & sans autre incommodité que celles qui viennent de la longueur des traites, & des usa-

ges du pays. Les montagnes dont
cette ville est environnée, produisent du vin excellent, la riviere de
Bendemir y fournit de l'eau en abondance & souvent avec excès. Au
mois de Décembre 1668, plus du
tiers des édifices de la ville fut
renversé par une de ses inondations; on sent encore quelque fraîcheur dans ces contrées en toute
saison, & même du froid en hiver.
L'air de Schiras passe pour être
épais, humide & pesant, à cause
des brouillards qui couvrent toujours les montagnes qui l'environnent, quoique cette ville ne soit
qu'au 29ᵉ degré 36 minutes de latitude : mais bientôt on passe dans
une température tout-à-fait opposée, dans un air chaud & sec à l'excès ; delà jusqu'à la province de
Kirman, on traverse de vastes déserts, où l'on ne marche que sur un
sable mouvant, qui à la moindre
agitation de l'air se disperse de côté
& d'autre, & couvre le chemin.
On y trouve à peine quelques ci-

ternes creusées pour les caravannes; quelques caravenférails abandon-nés; l'air y est fec & brûlant, les vents y font mortels.

La ville de Laar au 27ᵉ degré 30 minutes, quoique Capitale de province, n'a que deux ou trois cens maifons, à caufe de la quantité de jardins & de plantations d'oran-gers, de citroniers, de dattiers & de grenadiers qu'elle renferme, & qui en font tout l'agrément: car le fol par-tout ailleurs est un fable léger que les chaleurs du climat rendent aride & prefque tout-à-fait infructueux, de forte que les habitans auroient peine à y vivre, s'ils ne trouvoient pas dans les fruits de leurs jardins, & fur-tout dans les dattes, une nourriture affez abondante pour ne confommer que fort peu d'autres denrées. Les cha-leurs de l'été font fi violentes dans ce pays, & le terrein même des maifons est fi brûlant, qu'on ne pourroit pas y rester, fi on ne l'ar-rofoit continuellement; de forte

que les habitans & les Officiers
principaux qui font forcés d'y réfi-
der, fe tiennent fur de grandes chaifes de cannes, les jambes croifées;
quant à ceux qui font libres, & fur-
tout aux Etrangers, ils fe retirent
dans les montagnes voifines, où ils
trouvent de l'eau & quelque fraîcheur pendant les quatre mois de la
plus grande chaleur.

On ne peut voyager & fortir que
pendant la nuit, & alors même le
vent eft fi chaud, qu'on eft obligé
de détourner le vifage de fa direction, pour n'être pas fuffoqué par
fa vapeur embrafée, & de fe tenir
toujours le vifage couvert d'un
mouchoir. Si on defcend de cheval
pour refpirer un air plus frais là la
furface de la terre, on y trouve des
exhalaifons plus ardentes encore
que celles auxquelles on vouloit fe
fouftraire. Quand on marche en
été dans ces chemins, il faut conduire avec foi de l'eau & des vivres
fur des chameaux. On fait quelquefois plus de quarante-huit lieues

O v

fans rencontrer perfonne dans les villages qui font déferts. Leurs habitans font tous dans des bois de dattiers, où ils vivent du fruit de ces arbres, qui eft nourriffant & chaud, & leur fait trouver excellente l'eau qu'ils boivent en abondance. On rencontre le long des routes quelques caravenférails, la plupart à demi enfoncés dans les fables où l'on fe retire pendant le jour. On y eft à l'abri de l'action immédiate du foleil, mais on en reffent toute la la chaleur. Chardin nous dit que dans cette faifon, il fe tenoit nud, affis ou étendu fur un cuir, depuis neuf heures du matin jufqu'à quatre du foir, non-feulement à caufe de la chaleur qui eft exceffive, mais parce que l'eau lui découloit du corps de maniere qu'il ne pouvoit lire ni écrire, tout ce qu'il tenoit étant auffi-tôt mouillé (*a*).

On peut juger de l'air de ces cli-

____

(*a*) Voyages de Chardin, t. 9. éd. de 1711. *in-12.*

mats, par ce qu'éprouva ce même voyageur en allant d'Ispahan à Bander-Abassi. Il s'égara un jour dans la province de Kirman, & fut obligé de passer seul la nuit au pied d'un arbre où il souffrit excessivement de la chaleur & de la fatigue, qui ne pouvoit qu'être fort augmentée par l'inquiétude où il étoit de sçavoir s'il rejoindroit ses domestiques & ses guides. C'étoit le 8 de Mars, saison où la chaleur ne doit pas être extrême. Alors la rosée du matin paroît apporter quelque fraîcheur, mais la chaleur renaît bientôt avec le soleil, & consume cette humidité passagere ; on se sent brûlé jusqu'au fond des entrailles, on ne peut tenir ni la bouche, ni les yeux ouverts, à cause des exhalaisons qui sortent de la terre, & montent au visage comme une bouffée de flamme qui s'exhaleroit d'un fourneau allumé. Cette chaleur accélere la maturité des fruits & des autres productions de la terre, on y fait la récolte des bleds dès la fin de Mars.

O vj

Dans cette saison l'air est souvent obscurci par des nuages de grosses sauterelles rouges si grasses & si pesantes qu'elles ont peine à se relever quand elles sont à terre ; les paysans les amassent, les salent, & les font sécher, en mangent, & en portent aux marchés, où ils les vendent.

Plus on approche de l'été, plus les effets de la chaleur sont incommodes, les champs sont brûlés comme si le feu y avoit passé : il s'en élève, sur-tout le soir & le matin, des vapeurs excitées par la grande fermentation où est la terre, brûlantes, & si épaisses qu'on ne découvre pas les objets à cinquante pas de soi, c'est un brouillard sec qui ressemble à une mer calme.

Quand on trouve des eaux courantes dans ces plaines sabloneuses, il faut se garder d'en boire, elles sont blanches & claires, mais salées presque autant que celles de la mer, ce qui vient des terres par où elles passent, que l'on voit toutes

blanches de fel en été. On trouve
une reſſource dans la précaution que
prennent les gens de la campagne,
de conſerver de l'eau de pluie dans
des pots qu'ils cachent en terre autour de leurs maiſons. Ils la ramaſ-
ſent à la fin de l'hiver, lorſque les
grandes pluies ont bien deſſalé la
terre. Outre l'incommodité de ne
trouver que des eaux dont on ne
peut boire, il y a un mal plus grand
encore, c'eſt que l'air que l'on reſpire eſt imprégné d'une telle quantité de particules ſalines, que plus
on tâche de ſe rafraîchir en ouvrant
la bouche, & en reſpirant un air
nouveau, plus on ſent la chaleur interne & l'altération augmenter ; les
voyageurs pour ſe parer de cet inconvénient, n'ont d'autre moyen
que de ſe couvrir la bouche d'un
mouchoir, & de tirer le moins qu'ils
peuvent de cet air dévorant. Cependant il ne paroît pas nuiſible à la
ſanté, le peu d'habitans qu'on trouve dans ces contrées, paroiſſent s'y
bien porter. Tout brûlant qu'il eſt,

souvent il eſt renouvellé par des vents ſecs & chauds, & qui n'établiſſent aucune cauſe de corruption dans l'atmoſphère.

Mais il n'y a peut-être point de ville au monde où l'air ſoit plus dangereux & plus mal ſain qu'à Bander-Abaſſi, ſituée au 27ᵉ degré de latitude, ſur le Golfe Perſique, vis-à-vis de l'iſle d'Ormus ; cependant elle eſt célèbre par ſon commerce, quoiqu'elle n'ait point de port, & ſeulement une rade bonne & ſûre où les vaiſſeaux ſont à l'abri des coups de vents, mais où ils ſont attaqués par les vers qui les percent, s'ils y paſſent l'été, parce que les bois d'Europe ſont moins durs & plus doux que ceux des Indes.

La cauſe de l'intempérie mortelle qui regne dans la ville & dans le port, depuis la fin d'Avril juſqu'à la fin de Septembre, vient de ce que les montagnes empêchent l'air de ſe renouveller & de ſe rafraîchir : des exhalaiſons de ſel & de ſouffre dont les iſles voiſines ſont couvertes, &

que les vents de Sud ne ceſſent d'y
apporter pendant tout l'été ; des vapeurs fétides de la mer durant les
chaleurs, qui font bondir le cœur
la premiere fois qu'on les ſent ; de
la nature du climat qui eſt chaud &
humide au dernier degré. Les naturels du pays portent ſur leur teint &
dans leur conſtitution des marques
de cet air peſtilentiel, étant jaunes
& haves dès l'âge de vingt ans, &
conſervant à peine leurs forces juſqu'à trente. Il eſt bien plus funeſte
aux Etrangers, bien qu'ils s'en éloignent dans le temps de l'intempérie, ils y meurent tous en peu d'années, les plus robuſtes ont peine à
y réſiſter juſqu'à dix ans.

Dès le mois de Mai, les Etrangers & les naturels du pays ſe retirent dans les montagnes ; plus on va
loin, plus on trouve l'air ſain &
frais & la chaleur ſupportable. A
vingt-quatre lieues, on a de la glace, de la neige, & pluſieurs bons
rafraîchiſſemens ; mais le grand
nombre des riches Indiens ſe tien-

nent au village d'Iffin, à trois lieues de Bander - Abaffi, où l'on trouve de la bonne eau, de l'ombrage & des fruits en abondance, mais une chaleur encore plus étouffante que dans la ville, & une quantité de mofquites qui incommodent extraordinairement pendant le jour; les Indiens toujours pareffeux, ne trouvent d'autre moyen de fe fouftraire au tourment qu'ils leurs caufent, que de refter dans le bain prefque toute la journée. Pendant ce temps, on ne trouve à Bander que ceux qui gardent les maifons, & qui fe relaient de dix en dix jours; on fait alors peu d'affaires; c'eft la faifon des pluies & des ouragans où les vaiffeaux ne peuvent aborder: il ne faut pas même que les Etrangers s'opiniâtrent mal - à - propos à braver l'intémpérie, & à vouloir finir des affaires commencées dans le courant de Mai, il eft rare qu'ils ne paient la peine de cette activité au prix même de leur vie, tous en font incommodés, & très-peu en gué-

riffent. Les maladies les plus ordinaires font les dyffenteries, les flux
de fang, les fievres malignes, que
les Médecins Perfans guériffent par
des rafraîchiffemens pris à très-
grande dofe, des purgatifs doux &
délayans, & des potions cordia-
les entremêlées. On a beau fe faire
emporter de cette ville, dès qu'on
fe fent attaqué, fi on n'a pas de
prompts fecours, on meurt au bout
de quatre ou cinq jours, & quoique
bien guéri, on en reffent long-temps
les fuites. Il n'y a qu'un air fain &
conftamment chaud, & une tranfpiration abondante fans être exceffive, qui emportent les douleurs &
le mal-être qui fe font fentir après
ces maladies.

Le refte de l'année, l'air n'eft pas
regardé comme contagieux à Bander, mais il eft fujet à tant de variations & fi promptes, qu'il ne peut
être que fort nuifible. Les vents
changent réguliérement quatre fois
le jour, prefque dans toutes les faifons. De minuit à l'aube du jour,

le vent eſt Nord & froid ; depuis le
matin juſqu'à dix ou onze heures,
il eſt à l'Eſt, & encore frais ; il ceſſe
entiérement, & l'air eſt brûlant depuis trois heures juſqu'au coucher
du ſoleil, il eſt Sud & fort chaud ;
delà juſqu'à minuit, il eſt à l'Oueſt,
& également chaud ; ce ſont ces
changemens ſi prompts dans la diſ-
poſition de l'air qui cauſent les maladies, & donnent la mort en peu
de temps. En 1723, un détache-
ment de 400 hommes de troupes
des Aghuans qui pénétrèrent pendant le commencement de l'intempérie juſqu'à Bander-Abaſſi, furent
réduits en peu de jours à quarante. L'année ſuivante, l'uſurpateur
Maghmud allant dans la même ſaiſon, pour ſubjuguer les Arabes du
Kiokkilan avec une armée de vingt
mille hommes, le mauvais air plutôt que la réſiſtance qu'il y trouva,
lui fut ſi funeſte, qu'il ne ramena
pas la ſixieme partie de ſes troupes.
Preſque toutes les terres qui environnent le Golfe Perſique, ſont ex-

posées à ce fâcheux inconvénient, qui se fait d'autant mieux sentir, qu'on n'y trouve même pas de l'eau saine à boire ; il n'y en a d'autres que celle des grands réservoirs, où on la conserve pour l'arrosement des terres, qui pourroit être bonne à la suite des grandes pluies de l'hiver, mais que les chaleurs de l'été ont bientôt corrompue. Celle que l'on trouve dans les puits & dans les citernes, est désagréable, saumâtre & amère, il n'y a que le pauvre peuple qui en boive ; la bonne eau vient du village d'Issin, à trois lieues dans les montagnes, d'où on l'apporte dans de grandes cruches de terre cuite, sur des bouriques, elle est plus fraîche en arrivant, qu'au sortir du puits d'où on la tire, parce que dans ces régions plus le vent est chaud, plus il rafraîchit l'eau qui y est exposée ; & au contraire plus il est froid, & plus il semble l'échauffer, ce que l'on doit attribuer aux dispositions de l'air, & au temps où les particules salines ou sulphureuses font plus ou moins développées.

Mais quelles que soient les quali-tés de l'air que l'on respire, il faut nécessairement le renouveller & le rafraîchir : plus le climat est chaud, plus il y a de précautions à prendre. Presque toutes les maisons de Ban-der-Abassi sont surmontées de ter-rasses & de tours quarrées, que l'on appelle des *tours à vent*; on en voit aussi dans beaucoup de villes méri-dionales de Perse, elles ont dix à quinze pieds de hauteur, & six ou huit de diamètre, suivant le degré de chaleur, les plus hautes don-nent le plus d'air. Elles font divi-fées par dedans en quatre, six ou huit espaces, comme autant de tuyaux de cheminées, afin que l'air qui entre par le haut, se trouvant plus resserré, se fasse mieux sentir. On le reçoit dans une ou plusieurs chambres, comme l'on veut, en fai-fant que tous les tuyaux répondent au milieu d'une chambre, ou qu'ils donnent dans les coins. Ces tours servent principalement aux appar-temens des femmes, à cause qu'elles

ne pourroient pas prendre le frais
sur les terrasses comme les hommes sans les voir ou sans en être
vûes. C'est sur ces terrasses que l'on
couche dans la belle saison sur des
plians garnis d'une simple toile &
d'un coussin ou deux, sans couverture, lorsque l'air est exempt de
vapeurs, que la chaleur est extrême, & que l'on ne sent pendant les
nuits ni rosée, ni aucune autre humidité. La sécheresse de l'air & sa
pureté permettent alors d'observer
les étoiles avec la plus grande facilité, leur scintillation devant être attribuée à une disposition d'air toute
contraire, aux vapeurs qui s'y mêlent
& s'élèvent sans cesse du sol dans l'atmosphère des pays moins secs (*a*).

Si on quitte les bords de la mer
pour s'avancer dans les terres, en
tirant du Sud à l'Est de la province
de Kirman, jusqu'au fleuve Indus,
on trouve constamment un air sec

____

(*a*) V. les Mém. de l'Acad. des Sciences An. 1743 p. 29.

& chaud, d'une activité singuliere, à en juger par l'effet qu'il cause aux moutons. Dès qu'ils ont mangé de l'herbe nouvelle, & qu'ils ont été quelque temps exposés au grand air, leurs toisons tombent naturellement, sans que la laine en soit pour cela d'une moindre qualité, au contraire elle est très-recherchée, & fait un des principaux revenus de ce pays, où l'on trouve quelques cantons fertiles, parce qu'ils sont cultivés, & qu'il y a des réservoirs assez grands pour fournir l'eau nécessaire à l'arrosement des terres: où ils manquent, les campagnes sont abandonnées & couvertes d'un sable tout-à-fait aride. Il ne paroît pas que les intempéries y soient aussi dommageables que sur les bords du Golfe Persique, quoique dans la saison des chaleurs les plaines soient inhabitables à cause de leur sécheresse excessive & de la disette d'eau. En remontant entre le Nord & l'Est, on trouve la province & la ville de Candahar, l'une

des plus riches & des plus fertiles
de la Perſe, où le commerce & l'A-
griculture entretenus par les Guèbres ſont floriſſans, où les denrées
de toute eſpèce abondent & rendent ce pays l'un des plus délicieux
des Indes Orientales.

Tout ce que nous avons dit juſqu'à
préſent de la température de la Perſe,
& de l'état de l'air dans ſes différentes provinces, nous apprend que les
qualités du ſol répondent à celles
de l'air, c'eſt-à-dire, qu'en général
il eſt fort ſec; la dixieme partie n'en
eſt pas cultivée; c'eſt le pays du
monde le plus rempli de montagnes
arides & hériſſées de rochers, où
l'on ne voit ni bois ni pâturages.
Entre les montagnes on trouve des
vallons & des plaines dont la fertilité & les agrémens dépendent de
leur ſituation, du climat & de l'a-
bondance des eaux. Le terroir eſt
en quelques endroits ſabloneux ou
pierreux, dans d'autres il eſt argil-
leux, peſant & compact comme de
la pierre, & preſque par-tout il eſt

si sec que si on ne l'arrosoit pas, il ne produiroit rien, pas même de l'herbe. Ce n'est pas que les pluies manquent absolument dans cette étendue, c'est qu'elles n'y sont pas assez communes & assez abondantes. Il ne pleut que très-rarement en été, & en hiver même le soleil y est si ardent, il répand une telle sécheresse dans l'air pendant les cinq ou six heures qu'il est le plus élevé sur l'horison, qu'on est contraint dans cette saison d'arroser quelquefois les terres : mais par-tout on peut répandre de l'eau, elles produisent abondamment toutes sortes d'excellentes denrées ; ainsi leur stérilité ne peut être attribuée qu'à la sécheresse du pays, & au peu de rivieres que l'on y trouve. Le petit nombre des habitans y contribue encore : la Perse n'en a pas la vingtieme partie de ce qu'elle pourroit en nourrir, & en tout infiniment moins qu'elle n'en a eu autrefois : car elle a été la région la plus riche, la plus fertile & la mieux peuplée de l'Asie. Une

autre

autre religion & un gouvernement nouveau ont tout changé. La religion des Guebres ou anciens Perses qui adoroient le feu, les engageoit à cultiver la terre ; & suivant leurs maximes de politique & de morale, non-seulement l'Agriculture étoit une profession belle & innocente, mais noble dans la société, & méritoire devant Dieu. Planter un arbre, défricher un champ, faire porter quelques fruits à une terre stérile, engendrer des enfans, & en nourrir le plus qu'il étoit possible, étoient, selon eux, les actions les plus utiles & les plus louables. Ils estimoient beaucoup les animaux domestiques, & en avoient grand soin : ils se faisoient un devoir religieux de détruire les insectes & tous les animaux mal-faisans : c'est par l'exercice de ce dernier précepte, qu'ils croyoient expier leurs péchés, espèce de satisfaction singulière, mais avantageuse à la société. Ajoutons encore que sous des Souverains qui avoient les mêmes

mœurs, les mêmes occupations, &
les mêmes usages que les peuples,
il régnoit une liberté bien capable
de faire fleurir la culture des terres:
leur gouvernement étoit juste &
égal pour tous, le droit de la propriété des terres & des autres biens,
étoit sûr & sacré. Contens des productions de leur pays, les Persans
n'avoient presque aucun commerce
avec les Etrangers, & ils n'en
étoient pas moins heureux & moins
riches; la navigation y étoit même
défendue & regardée comme une
occupation criminelle: c'étoit l'idée
de quantité d'autres peuples aussi
anciens. On avoit établi en Perse
des charges publiques pour veiller
aux travaux de la campagne: les
Satrapes dont les gouvernemens
étoient les mieux cultivés, avoient
la meilleure part aux graces accor-
dées par l'Etat. En se rappellant
l'histoire de ces anciens Monarques,
on se rappelle avec la satisfaction la
plus sensible, que les Princes & les
Héros n'ont pas dédaigné les tra-

vaux de l'Agriculture, & les détails de l'économie rustique, qu'ils se sont rapprochés de la simplicité touchante de la nature, de ses institutions primitives si sages & si douces.

Cette religion, ces mœurs, & ce genre de vie, avoient fait autrefois de la Perse un pays florissant ; le despotisme oriental n'y avoit presque aucun mauvais effet. Les choses restèrent à-peu-près dans cet état jusques dans le septieme siecle, que les Kalifes Arabes, armés pour la propagation du mahométisme, achevèrent d'accabler les Guebres, dont la religion n'étoit plus dominante dans l'Etat ; l'idolâtrie & la superstition Indienne y avoient pénétré depuis long-temps, & par une fatalité inconcevable, l'avoient emporté sur des sentimens & des usages infiniment plus raisonnables & plus utiles ; cependant ils étoient encore tolérés & assez libres, eu égard aux grands avantages qu'ils procuroient à l'Etat. Mais enfin accablés par la religion la plus intolérante, une partie embrassèrent la secte nouvelle, une partie se retirèrent aux extré-mités de la Perse, un grand nombre allèrent se cacher dans les Indes. Il en reste encore beaucoup à Cachan, à Casbin, dans le Kirman & dans la province de Candahar. On reconnoît de loin les régions qu'ils habitent à leur fertilité, & au soin qu'ils ont d'y conduire l'eau. Quoique sans Souverains qui les avouent, sans patrie, sans nom, méprisés & hais des autres nations, ils sont invinciblement attachés à leurs usages. Pauvres & simples dans leurs habits, doux & humbles dans leurs maniè-res, tolérans, charitables & laborieux, ils n'ont point de mendians parmi eux ; tous ceux qui peuvent travailler sont agriculteurs ou arti-sans, les autres sont entretenus aux dépens du public, & ils vivent dans les lieux où ils sont soufferts, sous la conduite d'un de leurs anciens qui leur sert de magistrat ; ils ne sont nulle part plus nombreux que dans le voisinage de l'Inde,

Comme ils font continuellement occupés à des travaux pénibles, & exposés à l'action d'un air chaud & très-sec, il n'est pas étonnant qu'en général ils soient mal-faits, pesans, qu'ils aient la peau rude, & le teint plus basanné que le reste des Persans: d'ailleurs ne se mariant qu'entre eux, l'espèce ne peut que rester la même, elle ne reçoit aucun agrément, aucune variation d'un sang plus pur & plus beau. La même chose n'arrive-t-elle pas à nos peuples élevés aux travaux de la campagne? Il y a des familles, des villages entiers, où les hommes & les femmes sont fort laids, à-peu-près par les mêmes raisons que les Guebres; & ces familles subsistent depuis un temps immémorial dans les mêmes villages: s'il arrivoit que l'Etat politique changeât, que de nouveaux peuples vinssent donner des loix à nos climats, seroit-ce par les restes d'un peuple grossier, auxquels l'utilité des conquérans pourroit laisser ses occupations & ses travaux, que l'on pourroit juger de la beauté ou de la laideur des anciens François ?

On vante avec une sorte d'intérêt la soumission des Guebres au Gouvernement de Perse, & leur résignation à la Providence sur laquelle ils se reposent du soin de les venger de l'oppression où on les tient. Quelquefois ils s'écartent de ces sages maximes ; on pourroit leur passer l'horreur qu'ils conservent pour les noms d'Alexandre & de Mahomet, ce n'est qu'entre eux qu'ils en parlent ; mais les révoltes formelles, sous l'appât d'une plus grande liberté, sont un crime. En 1724, au commencement de la grande révolution qui conduisit enfin Thamas Kouli-Kan sur le trône de Perse, ils écoutèrent les offres que leur fit l'usurpateur Maghmud, & promirent de lui livrer la ville d'Yesd, dans l'Irak Persienne, où ils étoient très-nombreux, & que leur industrie rendoit l'une des plus florissantes de tout le pays : leurs in-

trigues furent découvertes ; & ils
furent tous maſſacrés ſur-le-champ :
ſort cruel, mais auquel ils devoient
s'attendre dans la fureur des révolutions excitées par des Princes auſſi
barbares ! Cette aventure n'a ſervi
qu'à rendre leurs freres encore plus
miſérables, de ſorte que leur nombre diminue tous les jours, & la dépopulation de la Perſe n'en eſt que
plus ſenſible, ſans que ſes Souverains, dont le Gouvernement eſt arbitraire, paroiſſent s'en inquiéter
beaucoup (a).

———————————————

(a) Parmi les Guebres qui ſont la vraie
poſtérité des anciens Parthes & Medes, le
culte primitif du feu s'eſt un peu altéré.
Les hommes adorent ordinairement le ſoleil, les femmes la lune, & quelques autres l'étoile polaire. Ils regardent les élémens comme la ſemence de tous les êtres ;
ils s'attachent en conſéquence à les préſer-
ver de toute ſouillure. Leur attention a principalement pour objet le feu & l'eau ; dans
le premier ils réverent la Divinité, l'autre
ſert à leurs purifications, & à féconder leurs
terres. La pureté du corps eſt l'emblême de
celle de l'ame. Les maladies qu'engendroit

La philosophie des Mahométans,
même des plus sages d'entre eux,

la mal - propreté, firent sentir de bonne
heure aux peuples qui vivoient dans des
climats chauds, la nécessité des ablutions
fréquentes; comme les irrigations seules
pouvoient assurer les succès de leurs travaux
dans des climats où il ne pleut que très-
rarement. Ces peuples ne furent jamais
austeres observateurs des cérémonies de
leur loi; ils se contenterent de vivre mora-
lement bien, & de se conduire sagement.
Ceux qui subsistent encore, ne se fâchent
jamais des injures qu'on leur fait, ni des
méchantes actions des hommes; ils les regardent comme des effets naturels de l'influence des astres, & ne croient pas devoir
s'en fâcher davantage que d'une grosse
pluie qui mouille fort, ou de la chaleur trop
ardente du soleil au solstice d'été. On a prétendu qu'ils avoient de la peine à croire
que l'ame fût immortelle, & que la vertu
ou le vice fussent punis & récompensés
dans l'autre monde : mais la priere qu'ils
faisoient sur les mourans est la preuve du
contraire. . . . Etre éternel & tout-puissant,
disoient-ils, créateur & conservateur, tu
nous commande de ne point t'offenser, &
cet homme t'a offensé. Tu as voulu qu'il fût
bon, & il a fait du mal; tu as exigé qu'il
t'honorât du culte qui t'est dû, & il a négligé

est de jouir des choses du monde,
pendant qu'ils y sont, sans en faire
plus de cas que d'un grand chemin,
par où il faut qu'ils passent & qu'ils
ne reverront jamais; c'est le sentiment général, celui qui regle tout.
Les peuples peuvent-ils en attendre quelque chose de favorable? On
n'a que trop d'exemples dans tout le
monde que la fertilité du sol, ainsi
que la richesse d'un pays, dépendent
du bon ordre qu'y met un Gouvernement juste, modéré, assujetti à des
loix fixes: si les choses changent,
on voit dans les premieres années
l'industrie & l'émulation se soutenir
encore, & le peuple tâcher à force
de travaux, de se mettre au-dessus
de la misere dont le Gouvernement
cherche à les accabler; mais quand
sa dureté ne fait qu'augmenter, &

ton culte: maintenant, ô Dieu, dont la
clémence égale le pouvoir, pardonne-lui
ses fautes, ses négligences, & daigne le
recevoir dans ton sein! (Voyez l'Histoire
de l'Empire Ottoman par Ricaut ; & l'Essai
sur le feu sacré. Paris. 1768.)

P v

que les entreprises les plus laborieuses donnent lieu à de nouvelles exactions, le découragement suit de près, & l'on préfère une misere volontaire à des peines que l'on prendroit inutilement pour se procurer une aisance à laquelle il n'est plus permis de prétendre.

Le Roi de Perse, Abas le Grand, Prince équitable, dont toutes les vûes étoient tournées à rendre son royaume florissant, & ses peuples heureux, donna pendant son regne la preuve la plus forte de ce que peut un sage Gouvernement, pour la prospérité d'un Etat : les richesses, la fertilité, la population y augmenterent considérablement: les Etrangers, qu'il y avoit attirés, & sur-tout les Arméniens, s'enrichirent en y rétablissant l'industrie: mais les Princes ses successeurs, étant retombés dans la nonchalance, la barbarie, & les caprices d'un despotisme féroce, en moins de quarante ans tout changea de face; les richesses diminuèrent, la monnoie fut altérée ; les Grands appauvris par les vexations du Monarque , accablèrent les peuples à leur tour ; une chaîne de concuffions publiques s'étendit du centre aux extrémités , fous le fceau de l'autorité royale : le peuple , pour fe garantir de l'oppreffion des Grands , devint fourbe , trompeur ; une partie paffa fous une domination étrangere ; & ceux que des liens trop forts attachoient à leur patrie , pour la quitter , y vécurent miférables , malgré l'activité qui leur eft naturelle , & qui n'a trouvé que de nouveaux obftacles dans les révolutions , dont pendant ce fiecle , cet Empire a été ébranlé jufques dans fes fondemens.

C'eft donc uniquement le caractère naturel des Perfans, ce feu que l'air qu'ils refpirent fait circuler dans leur fang, qui confervent encore quelque fplendeur à ce royaume, car s'il étoit habité par les Turcs qui font beaucoup plus lâches, plus détachés des biens de la vie, plus fubjugués par le dogme abfurde de la fatalité, plus durs & plus arbitraires dans leur Gouvernement, la Perse seroit encore plus stérile & moins peuplée qu'elle ne l'est : comme elle reprendroit peu-à-peu son ancienne splendeur, si les Persans unis aux Arméniens & aux Guebres avoient la liberté d'y faire des établissemens solides, & sur lesquels ils pussent compter pour leur postérité.

Malgré les qualités distinctives qui paroissent tenir à l'heureuse position de leur climat, on peut dire que les Persans, ainsi que le reste des Orientaux & la plus grande partie des Indiens, à l'exception du petit nombre d'hommes qui suivent dans l'obscurité & la contrainte la plus gênante, l'ancienne religion des Guebres dont ils descendent, qui détermine avec tant d'énergie ses sectateurs aux travaux les plus utiles à la société ; tous les autres Orientaux sont livrés à une philosophie spéculative qui les jette dans une indifférence presque absolue,

Accablés par le Gouvernement, amollis par le serrail, ils placent le terme de la sagesse dans un parfait repos: Toutes les sentences gravées dans leurs appartemens, ne combattent autre chose que la folie de bâtir de nouvelles maisons, d'acheter des terres, de former des projets pour l'avenir : ils se bornent à la jouissance de l'instant. C'est dans ces sentimens d'habitude que l'on trouve l'origine de cette jalousie extrême avec laquelle ils conservent pour eux seuls la beauté qui en fait l'objet. Ce n'est qu'à une multitude d'esclaves mutilés d'une maniere horrible, qu'ils osent confier sans inquiétude la garde du sexe fragile dont ils ne font qu'irriter les desirs, sans pouvoir jamais compter sur sa constance ou sa fidélité. C'est à la contrainte seule qu'ils doivent cette possession exclusive dont ils sont si jaloux, qui devient en eux une passion dont ils sont profondément affectés, qui dure d'autant plus long-temps que rien ne

les en diſtrait. Naturellement pareſſeux , regardant l'inaction comme
un bonheur ; voyageant peu , mé-
ditant beaucoup , évitant toute oc-
caſion de prendre du mouvement ,
à plus forte raiſon de ſe fatiguer ;
l'habitude , le défaut de courage ,
les beautés & la douceur du climat,
un manquement général d'émulation , les tiennent fixés à un ſeul
objet , & preſque tous aux mêmes
paſſions , différemment modifiées ,
mais relatives à la température ordinaire de l'air dans lequel ils vivent , & à leur maniere d'exiſter.

Les Orientaux ſont cruels de deſ-
ſein formé , par une ſuite de leurs
méditations habituelles , & de la
profondeur de leurs ſenſations ; ce
ſont eux qui ont inventé les ſuppli-
ces les plus rafinés & les plus cruels:
ils s'irritent & s'appaiſent difficilement , en quoi beaucoup de ſau-
vages de l'Amérique leur reſſemblent ; ce qui doit entrer dans le
nombre des preuves que l'on apporte pour établir qu'ils ſont origi-

naires d'Asie. (*Voyez le Tome II. de cette Hist. Disc. 3*, §. *12*). Ils conservent encore leurs premieres institutions, car Polibe comparant les différens peuples de la terre, dit que les Orientaux & les Méridionaux sont cruels, perfides, intolérans, jaloux ; parce que la cruauté procede de la réflexion qui a long-temps savouré son objet. Les Septentrionaux au contraire sont cruels par un mouvement de barbarie qui fait éruption au moment de sa naissance : peu capables de réflexion, ils ne sçauroient réprimer l'impétuosité de la colere, & se portent à la vengeance par fougue, par vivacité, plutôt que par cruauté, aussi s'appaisent-ils aisément. Telles étoient autrefois les mœurs de tous les peuples septentrionaux situés du 45e degré de latitude jusqu'au cercle polaire. A présent il semble que les passions des Orientaux aient passé les bornes que la nature leur avoit prescrites. En adoptant leur luxe, les Européens se laissent aller à leurs

goûts ; & il eſt à craindre que la
franchiſe des caractères ſeptentrio-
naux ne cede, à la longue, à la fi-
neſſe , aux réflexions profondes &
rafinées , à la diſſimulation des
Orientaux : les ſociétés ſe préſen-
teront par-tout ſous un même aſ-
pect , les climats ſeuls & les précautions qu'ils exigent relativement à
leur température , y mettront quelque différence apparente.

Quant à la grandeur & à la beauté des villes de l'Orient , dès que la
ſurpriſe du premier coup d'œil a
fait place à la réflexion , on juge de
ce qui en eſt. Les terreins couverts
d'édifices ne paroiſſent ſi vaſtes ,
qu'au préjudice de la hauteur des
maiſons , qui n'ont toutes que le rez-
de-chauſſée & un étage au plus. La
jalouſie d'Etat a défendu aux particuliers d'élever leurs maiſons , &
la jalouſie domeſtique renferme
chaque famille dans une maiſon. La
plupart ſont accompagnées de jardins & de parcs , dont les maîtres
paſſent leur vie dans l'oiſiveté & la

mollesse du serrail qui fait leur occupation principale. Un goût mo-
notone d'Architecture regne dans
tous les bâtimens, si peu solidement
construits, que la moindre secousse,
les vents & les pluies les altèrent
promptement, sans que les possesseurs s'embarrassent beaucoup de
les conserver, ne pouvant désigner
de successeurs dans leurs biens &
leurs desseins. Les révolutions du
Gouvernement & des fortunes, les
caprices du despotisme, leur ont
inspiré une telle indifférence, qu'à
peine songent-ils à réparer les monumens publics, tels que les mos-
quées, dont la plupart ont cependant
dant été bâties avec la plus grande
magnificence.

§. V.

*Observations sur les Arabies, la
Syrie & quelques autres régions
de l'Asie.*

La grande presqu'isle qui s'étend
au Sud-Ouest du Golfe Persique,

située en partie dans la Zone torride & dans le commencement de la
Zone tempérée, est toute occupée
par les Arabies. La température de
l'Arabie septentrionale, quoique
hors du Tropique, est en été d'une
chaleur excessive, il n'y pleut point,
le soleil y brille de tout son éclat,
le ciel n'est presque jamais obscurci
par les nuages, le sol y est sec &
stérile, embarrassé par des rochers
formidables qui servent de retraites
aux voleurs, ou couvert de vastes
montagnes d'un sable aride. Au
contraire l'Arabie méridionale,
quoiqu'en dedans du Tropique,
jouit d'une température beaucoup
plus douce, l'air y est rafraîchi par
des rosées qui y tombent en abondance presque toutes les nuits, le
terrein y est bon & fertile en beaucoup d'endroits. Les environs de
Zibeth dans l'Arabie heureuse, qui
est l'ancien pays des Sabéens, est
encore célèbre par son encens, le
meilleur qu'il y ait au monde &
que l'on y recueille en abondance,

de même que la mirrhe, la caffe, la manne & plufieurs autres parfums, drogues & épiceries : c'eft l'un des plus beaux pays de la terre, couvert d'une verdure perpétuelle, & où l'on refpire un air fort fain : c'eft fans doute pour cette raifon, qu'on lui a donné le nom d'Arabie heureufe. Ses habitans foumis au Grand Seigneur, font d'une taille médiocre, fort bafannés, doux & tranquilles, & dont les procédés paffent pour être honnêtes & francs avec tous les hommes, ce que l'on doit attribuer à la bonté du pays qu'ils habitent, dans lequel une culture affidue leur fait trouver une fource d'aifance & même de richeffes, qu'ils trouvent plus commode de fe procurer par ce moyen, que par la force & le brigandage, comme font la plupart des habitans de l'Arabie déferte & de l'Arabie pétrée.

Ces peuples, la plupart indépendans, qui fe regardent comme la poftérité des Arabes qui cultivèrent

autrefois les Sciences avec tant de
succès, sont à présent une nation
ignorante, traîtresse, barbare, vivant sans regle, sans police, &
presque sans société, se faisant honneur de ses vices, n'ayant aucun
égard pour la vertu & toutes les
conventions humaines; ne respec-
tant ses chefs, qu'autant qu'ils au-
torisent le larcin, le rapt, le meur-
tre même, qui sont ses occupations
ordinaires, au point que presque
tous les grands chemins de la Turquie Asiatique en sont infestés, &
que peu de caravannes échappe-
roient à sa cruelle avidité, si elle
n'étoit aussi lâche qu'elle est brutale.
Ces hommes sont d'autant plus dangereux qu'ils sont robustes & en-
durcis à la fatigue: leurs chevaux
même sont habitués à leur manière
de vivre, & fournissent à des courses longues & promptes. Malgré un
genre de vie si dur, la race de ces
hommes est encore grande & belle:
la chaleur du climat qu'ils habitent
& son aridité extrême, est cause

qu'ils ont le visage brûlé par l'ardeur du soleil. La plupart sont nuds ou ne portent qu'une mauvaise chemise, & leurs femmes ne sont guères mieux habillées, menant, comme leurs maris, une vie errante ; exposées à l'action d'un air aussi dévorant : dès qu'elles ont perdu les agrémens de la premiere jeunesse, elles deviennent d'une laideur rebutante ; leurs traits sont grossiers, & leur teint brûlé, d'un brun obscur, les fait paroître encore plus laides. Tous en général jouissent d'une santé à l'épreuve des courses pénibles qu'ils font sans cesse ; il semble qu'ils ne laissent à aucune espece de maladie, le temps de s'établir parmi eux ; ce qui est la preuve la plus convaincante de la salubrité de l'air des différentes contrées qu'ils parcourent.

Quelques familles de ces Arabes, sans doute les plus considérables du pays, celles qui se prétendent descendues en ligne directe d'Ismaël, ainsi que presque tous les Bédouins, connoiffent une nobleffe héréditaire. On les dit braves & intrépides dans un état de guerre & de mouvement qui paroît durer depuis une longue fuite de fiecles, vivant fous des tentes ou à cheval ; ils ne reffemblent prefque en rien aux autres Orientaux, & préferent une vie errante & toujours agitée, à l'inaction & à la molleffe, dont prefque tout le refte des Afiatiques fait fon bonheur. Ils nourriffent des troupeaux confidérables de moutons, de chevres, d'ânes & de chameaux, qui trouvent une pâture abondante dans les déferts de l'Arabie pétrée, où ils errent de cantons en cantons fans avoir jamais de demeure fixe. On peut, dit-on, traiter fûrement avec eux, pourvu qu'ils fuppofent que c'eft la curiofité ou quelque égard pour leurs perfonnes, qui portent les Etrangers à les voir : car, s'ils y foupçonnent quelques motifs d'intérêt, on n'y eft guères plus en fûreté qu'avec ceux qui font voleurs décidés ; ils fe re-

gardent tous comme étant les Princes de la Nation, substitués aux
droits des anciens Kalifes, dont ils
n'ont plus d'autre exercice que de
recevoir une portion de butin que
les Arabes vagabonds enlèvent par-
tout où ils sont les plus forts. La vie
tranquille que mènent ces espèces
de Princes, leur a permis de conserver les agrémens de la taille &
de la figure, ils sont assez beaux
hommes, grands & bien faits ; leurs
femmes sont belles, bien taillées &
fort blanches : ils les tiennent dans
des tentes toujours à l'abri du soleil,
& ne leur permettent pas d'en sortir aisément, ni même de se laisser
voir aux Etrangers : ils en sont aussi
jaloux que les autres Orientaux,
quoiqu'ils les traitent avec une politesse & des égards qui rendent leur
sort bien préférable à celui des femmes enfermées dans les serrails. C'est
des Arabes qu'ont passé aux Espagnols, & de-là dans le reste de l'Europe, sur-tout en France, cette ga-

lanterie recherchée, ce goût pour les fêtes deftinées à célébrer la beauté & fon empire. Plufieurs de ces femmes, nées en Circaffie & dans la Géorgie où le fang eft fi beau, entretiennent dans les races de ces Princes Arabes, des traits de beauté qui fe renouvellent continuellement, & qui empêchent qu'elles ne s'abâtardiffent. L'ufage de tranfporter leurs tentes, & de conduire leurs troupeaux d'un lieu à un autre en différentes faifons, leur rend moins fenfible la dureté du climat où ils vivent. Ils font habitués à choifir les fituations les plus avantageufes, celles où l'air eft le plus fain, où ils trouvent de bonnes eaux ou des pâturages ; cette manière de vivre toujours égale, ne peut que contribuer à la fanté dont ils jouiffent. Le foin de leurs troupeaux les oblige néceffairement à être chaffeurs, pour éloigner d'eux & détruire, autant qu'il eft poffible, les tigres & les lions, répandus dans

ces

ces déserts; c'est leur occupation la plus noble & la plus utile (*a*).

La Syrie qui s'étend du Nord de l'Arabie déserte au Midi de l'Arménie, est dans un air pur & serein, que l'on a toujours regardé comme salutaire à la santé, quoiqu'il soit très-chaud dans les mois de Juin, de Juillet & d'Août, & même dangereux quand les vents soufflent du désert; ils dominèrent en 639, la peste ravagea toute cette région, & fit périr tant de monde, que cette année, dans les fastes des Kalifes Arabes, est appellée l'année de la mortalité; mais d'ordinaire les vents frais de la Méditerranée, rafraîchissent l'atmosphère dans cette saison, & en éloignent toute cause d'intempérie. On y voit quelques montagnes arides, hérissées de rochers, mais desquelles sortent plusieurs sources d'eau pure, qui contribuent

---

(*a*) V. les Voyages de Thevenot, de Villamont, de la Boullaie le Gouz, l'Afrique de Marmol, &c.

Tome III.   Q

à l'agrément & à la fertilité du
pays, où l'on rencontre de belles
& vastes plaines, dont le sol est
si gras & si facile à cultiver,
qu'en beaucoup d'endroits on ne laboure qu'avec un coutre de bois
& deux bœufs ou un cheval. Ces
provinces si riches & si fertiles,
avant que les Arabes les eussent
subjuguées, ne fournissent pas à
beaucoup près à leurs possesseurs actuels toutes les ressources qu'ils en
pourroient tirer. Les terres sont incultes en grande partie ; tant de
belles villes que l'on y trouvoit autrefois sont abandonnées, & leurs
ruines ne servent plus que de retraites aux animaux les plus féroces. La
seule ville de Damas conserve encore quelque célébrité ; on vante
ses belles eaux qu'elle reçoit de la
rivière de Baradi qui vient de l'An-
tiliban, se divise en trois branches
considérables, & après avoir fourni de l'eau en abondance à la ville,
aux jardins, & aux campagnes des
environs, se perd dans les sables à

quatre ou cinq lieues au midi de Damas, en tirant vers l'Orient.

Les effets du despotisme, joints à la superstition Mahométane, ont anéanti dans ces régions l'amour du travail, l'émulation & l'industrie; leur température qui étoit autrefois si bonne, s'altère tous les jours par la négligence de ses habitans actuels, qui ne facilitant pas l'écoulement des eaux, ont laissé former des marais dangereux dans plusieurs plaines autrefois bien cultivées & très-fertiles ; c'est ce qui occasionne les intempéries qui regnent souvent à Alexandrette (Scanderom) située sur la Méditerranée au 36ᵉ degré de latitude, où se fait le principal commerce d'Alep. Pendant les chaleurs de l'été, les habitans de cette ville sont forcés de l'abandonner, & de se retirer dans les montagnes de Bilan, où ils trouvent des sources abondantes d'eaux fraîches & saines, & d'excellens fruits. On prétend que l'on voit dans les rochers de ces montagnes, de l'eau que la chaleur extrême du soleil y durcit très-promptement. Ce fait rapporté par plusieurs Géographes, tient moins sans doute à la chaleur du climat qu'à la qualité de ces eaux, qui charient à leur source des matieres salines & terreuses qu'elles déposent dans les trous des rochers : séparées par une prompte évaporation des parties aqueuses qui entretenoient leur fluidité, elles se durcissent en se réunissant, & deviennent d'autant plus solides, qu'il est probable qu'elles sont mêlées de quelque substance bitumineuse.

La Palestine ou Judée, autrefois si fertile, si peuplée & si riche, aujourd'hui le plus pauvre pays du monde, inculte & presque déserte, ne conserve de tous ses anciens avantages, qu'un air pur & sain. Le peu d'habitans qui y restent, y vivent très-long-temps sans être exposés à aucune maladie, quoiqu'ils y trouvent à peine de quoi subsister. Le Lac Asphaltite situé dans la partie méridionale, répand dans l'atmosphère des vapeurs sulphureuses & fétides en telle abondance que ses bords sont inhabitables : ils sont couverts d'arbres qui portent des fruits semblables aux pommes, beaux à la vûe, mais d'un goût très-mauvais, & d'autant plus dangereux qu'ils provoquent le vomissement dès qu'on en a mangé. Le terrein qui est entre Gaza & l'Egypte, est aujourd'hui tout-à-fait inhabité : ce sont des sables mouvans & une terre salée, où l'on ne voit croître aucune espece de plantes. Ces sables s'étendent dans la longueur de quinze à vingt lieues, sur une largeur inégale de sept à huit lieues au plus, au-dessus de la mer (*a*).

Ce n'est qu'un soin continuel qui puisse conserver aux terres de toutes ces régions quelque fertilité, & même la salubrité de l'air aux contrées où l'on trouve des

____

(*a*) V. la Géographie de Gordon, le Voyage d'Alep à Jérusalem par Maundrel.

eaux & quelques bois ; mais pour cela, il faut des hommes intelligens & laborieux, ils manquent tout-à-fait dans ces climats : le peu d'habitans qu'il y a, font ou fi pauvres que le poids de la mifere détruit en eux le defir même de l'aifance, ou ce font des vagabonds qui vivent de pillage. Il ne faut donc pas s'étonner, fi dans toute cette partie de l'Afie on trouve tant de déferts, fi les mêmes lieux qui ont été autrefois occupés par des villes floriffantes, des terres fertiles & riches, ne font plus reconnoiffables qu'à leurs ruines en partie recouvertes de fables. C'eft un effet naurel de l'abandon où on les a laiffées, de l'aridité naturelle du fol, de la chaleur du climat, de la force des vents, qui infenfiblement répandent les fables d'une contrée à une autre, & établiffent par-tout les caufes d'une ftérilité entiere.

A l'orient de la haute Syrie, environ au 34ᵉ degré 28 minutes de latitude, au centre de cette mer de

fable, qui occupe l'extrémité feptentrionale de l'Arabie déferte, étoit
autrefois la célebre ville de Palmire
& fon riche territoire. Pline le Na-
turalifte, en parle comme d'une
ville auffi remarquable par la fingu-
larité de fa fituation, l'abondance
& la pureté de fes eaux, la fertilité
du fol, que par un vafte circuit de
terres arides & fablonneufes qui
l'environnoient, defquelles elle s'é-
levoit comme une ifle au milieu de
la mer; féparée de toute communication avec le refte du monde, &
renfermant dans fon enceinte toutes les chofes néceffaires aux commodités de la vie, fans qu'elle eût
befoin de recourir aux étrangers.
On prétend que cette pofition heureufe donna l'idée à Salomon d'en
faire un des plus beaux lieux de
l'Univers, & qu'il y bâtit une ville
ornée de tous les monumens publics qui rendoient alors les villes
fortes & belles. Après la mort de
ce Prince, elle fecoua le joug de
fes fucceffeurs, & dans la fuite elle

Q iv

fut affujettie aux Rois de Babylone,
de Perfe, & aux Macédoniens fous
Alexandre & les Séleucides. Mais
après que les Romains eurent détruit ces Puiffances, la fituation de
Palmire au milieu d'un vafte défert,
où nulle armée ne pouvoit fubfifter,
& qui fembloit la mettre à couvert
de toute attaque étrangere, l'enga-
gea à s'ériger en peuple libre, &
pendant plus de deux fiècles elle
jouit d'une parfaite indépendance.

Comme de tous les lieux d'alen-
tour., & même à plus de 40 ou 50
milles de diftance, Palmire étoit le
feul où il y eût des fontaines & des
puits, elle devint extrêmement peuplée : ceux qui étoient contraints
de traverfer les déferts, ne trouvant
des vivres & des rafraîchiffemens
en aucun autre endroit, étoient
tous obligés d'y féjourner. Ses grandes correfpondances & fa neutralité,
la rendant comme le magafin des
deux Empires de Rome & des Parthes, dont elle étoit également frontiere, les deux peuples y venoient

en foule, & y entretenoient le commerce le plus riche,

Antoine pour satisfaire à son luxe énorme, essaya envain de la faire piller par sa cavalerie, & de transporter ses trésors en Egypte, elle fut repoussée avec perte, & Palmire resta République indépendante, jusqu'à ce que Trajan ayant vaincu les Parthes, elle fut contrainte de se soumettre à l'Empire Romain, dont elle fut déclarée colonie. Ce fut alors qu'elle fut décorée de ces monumens superbes, dont il reste tant de ruines; on en tiroit les matériaux des montagnes voisines, ce qui doit diminuer de l'étonnement où on est d'y voir encore une prodigieuse quantité de colonnes éparses dans les sables. On peut lire ailleurs l'histoire de la défaite de l'illustre & infortunée Zénobie, Reine de Palmire, cette femme digne par ses grandes qualités & même par sa valeur d'être mise au premier rang parmi les héros de son siècle. Aurélien, après sa victoire, avoit confervé à Palmire les droits & les privileges de colonie Romaine ; mais ayant ofé fe révolter contre lui, il revint l'affiéger, la prit & fit paffer au fil de l'épée le plus grand nombre de fes habitans, & abattit fes murs, ne fongeant d'abord qu'à l'anéantir. Sans doute que ce Prince eut regret de détruire ce chef-d'œuvre de l'induftrie des hommes, ce prodige le plus riche de la nature, au milieu d'un pays défert & horrible : il ordonna que l'or trouvé dans les coffres de Zénobie, & l'argent du Tréfor des Palmiréniens, fuffent employés à réparer la ville, à y établir de nouveaux habitans, & à rebâtir le Temple du Soleil. Ses ordres furent exécutés, car plus de trente ans après, fous l'Empire de Dioclétien, Palmire étoit le quartier principal de la premiere légion d'Illyrie, ce qui prouve qu'elle étoit habitée, que les terres étoient en culture, & que les fontaines étoient confervées. Probablement elle refta

dans le même état jufqu'au feptie-
me fiecle ou environ, lorfque les
Arabes connus fous le nom de Sarrafins, (*a*) commencerent à fe répandre dans toutes les parties du
monde, où ils commirent pendant
une longue fuite d'années des défordres affreux : leur férocité fuperfti-
tieufe les rendoit ennemis de tous
les excellens ouvrages de l'art : la
ville de Palmire expofée à la fureur
de leurs premiers coups, fut impi-
toyablement faccagée & réduite au
point où elle eft à préfent ; fes édifices publics furent renverfés, fes

---

(*a*) Les Sarrafins n'ont commencé à faire
parler d'eux qu'au cinquieme fiecle, leur
nom vient du mot Arabe, *Saric* ou *Sarac*,
qui fignifie *voleur* ou *défert*. Ils habitoient
l'Arabie & furent les premiers fectateurs
de Mahomet. Ils porterent enfuite leurs ravages dans toutes les parties du monde
connu, où ils formerent de grands établif-
femens qui ne fubfiftent plus, en Perfe,
dans les Indes, dans la plus grande partie
de l'Afrique, en Efpagne, en Sicile, &
même dans l'Italie méridionale....

Q vj

canaux rompus, ſes habitans maſſacrés ; & cette ville, dont l'établiſ-
ſement & les richeſſes faiſoient le
plus grand honneur à l'induſtrie
des hommes, fut changée par ces
barbares en un déſert horrible. On
peut croire que dans les premiers
tems qui ſuccéderent à ſa ruine, on
y trouvoit encore quelques ſources, que l'on remarquoit quelque
apparence de fertilité dans ſon territoire ; mais les Arabes voiſins,
dans leurs courſes fréquentes, eurent bientôt anéanti tout ce qui
pouvoit rappeller le ſouvenir des
beaux tems de cette contrée, il n'y
reſta plus d'habitans ; & un ſol autrefois ſi fertile, abandonné à l'ardeur du climat, à l'action des vents,
& à l'irruption des ſables, devint
auſſi ſec & auſſi ſtérile que le reſte
du déſert : c'eſt l'état où il eſt encore, & les ſables s'y ſont accumulés
au point que l'on ne voit plus aucun veſtige des murs de la ville, on
ne trouve plus que des ruines répandues dans un grand eſpace, des colon-

nes, & des marbres taillés en toutes
sortes de formes, & quelques familles d'Arabes grossiers & sauvages,
qui se retirent dans des huttes placées parmi les restes de quelques
Temples antiques. (*a*)

§. VI.

Différence des terres anciennes &
des terres nouvelles , relative-
ment aux qualités de l'air.

De toutes les observations que
j'ai rassemblées jusqu'ici, ne pourroit-on pas conclure que parmi les
régions connues & habitées, celles
dont l'air est le plus sain, sont les
terres anciennes dont la températures tient plus du froid que du
chaud, soit à raison de leur éléva-

(*a*) V. Plin. Hist. Nat. l. 5. cap. 25.
Vospisc. in Aurel. Histoire de Zénobie,
Paris 1758. Mémoires de Littérature &
d'Hist. t. 9. part. 1. Paris. 1730 , & les
ruines de Palmire, fol.

tion, soit par quelque autre cause locale ; ainsi nous voyons que l'Arménie, les Provinces de la Perse au nord du Mont Taurus, la Tartarie, la Chine, le Japon, en un mot la plus grande partie de l'Asie, jouissent d'un air fort sain : elles ne sont point désolées par ces épidémies fréquentes, dont le principe se répandant dans l'atmosphère, en étend les ravages au loin : les maladies ordinaires n'y sont pas communes, ou elles durent peu. Il en est de même des Provinces de l'Europe ouvertes à l'action des vents ; des plaines en montagnes, & de toutes les terres plutôt seches qu'humides. Le froid en général y surpasse la chaleur, le sol y est moins fertile & demande plus de soin & de travaux ; mais le cultivateur y est plus robuste, plus actif, plus industrieux, il force en quelque sorte la nature à favoriser le succès de ses entreprises. C'est l'avantage dont jouissent les habitans de presque toute la Zone tempérée, qui eſt dû en partie aux qualités de l'air dans lequel ils vivent. Telles ſont les terres que je déſigne ſous le nom d'anciennes, parce qu'elles ſont cultivées depuis long-tems, qu'elles ont été habitées les premieres, & qu'elles ſont dans une atmoſphère dont les qualités, à-peu-près égales, répondent à celles du ſol, aux exhalaiſons & aux vapeurs qui s'en élevent.

Il n'en eſt pas de même des terres nouvelles & baſſes, dont l'évaporation abondante & les exhalaiſons ſouvent corrompues & putrides, portent dans l'air les qualités les plus nuiſibles, s'il n'eſt fréquemment & fortement agité par l'action des vents. Ainſi j'appelle terres nouvelles, ou celles qui ſorties les dernieres du ſein des eaux, ne ſont habitées & cultivées que depuis peu de tems ; ou celles dont la ſurface eſt annuellement renouvellée & couverté d'un limon gras par le débordement des fleuves, ou par quelque crue d'eau extraordi-

naire ; ou les terres aquatiques &
marécageuses, dont les eaux n'ayant
point d'écoulement , diſſolvent les
corps qui croiſſent dans leur ſein,
s'échauffent tant par l'action du ſoleil , que par celle du fluide ignée
terreſtre , & chargent enſuite l'atmoſphère qui les environne d'une
multitude de miaſmes putrides ,
dont l'odeur infectée ſe porte ſouvent au loin , ou répand au-moins
dans l'air un principe de corruption
qui s'y maintient long-tems , avant
que le cours des vents l'ait entièrement diſſipé.

Combien y a-t-il dans l'air d'é-
manations différentes dont on ne ſe
doute pas , que l'étude la plus aſſi-
due ne peut que ſoupçonner ; mais
que leurs effets manifeſtent enfin,
ſoit d'une maniere , ſoit d'une autre ? On auroit de la peine à ſe per-
ſuader qu'elles fuſſent auſſi actives,
quoiqu'elles ne tombent pas ſous
les ſens ; qu'elles ſe conſervaſſent
même aſſez long-tems dans l'air,
malgré l'agitation continuelle de ce

fluide, si la nature ne nous en four-
nissoit des preuves continuelles, &
dont quelques-unes peuvent être re-
gardées comme domestiques. C'est
à ces émanations que le chien de
chasse reconnoît l'espece de gibier
qu'il poursuit, qu'il s'attache à ses
traces sans prendre le change, quoiqu'il se soit écoulé quelque tems
depuis que la bête a passé dans l'endroit où le chien retrouve ces indices : ce n'est point l'art, c'est la
nature qui donne cette qualité aux
chiens ; ce que l'industrie des hommes a fait, c'est de l'employer à
son profit. Les bêtes fauves ont ce
même instinct : frappées de l'odeur
que répandent dans l'air certaines
plantes qui leur sont utiles, soit
pour les nourrir, soit pour la guérison des blessures qu'elles ont reçues, elles y courent rapidement.

Ce sont ces diverses effluences
qui constituent les qualités physiques de l'air que nous avons le plus
d'intérêt de connoître ; elles décident du rapport qui se trouve entre

ce fluide, & la santé ou la maladie, l'abondance ou la disette. Les Astronomes & les Géographes qui ont pris tant de soin à expliquer les hypothèses mathématiques du monde, ne se sont pas occupés de cet objet, qu'ils ont laissé discuter à l'Histoire Naturelle; c'est à elle à nous instruire de ces qualités physiques de l'air, de leurs causes & de leurs variations, qu'il est aussi important de connoître, que la grandeur, la situation, le mouvement des grands globes, des planétes ou des étoiles fixes. (*a*)

§. VII.

Effet des inondations sur les qualités du sol & de l'air.

On peut regarder comme des terres nouvelles, toutes les régions que les grands fleuves couvrent chaque année régulierement

______

(*a*) Rob. Boyle. Dissert. *de Cosmicis rerum qualitatibus. in-*4°. 1667.

de leurs eaux ; telle est la partie de l'Egypte sur laquelle le Nil se répand. Le Niger , autre riviere d'Afrique , dont le cours n'est pas moins long que celui du Nil , quoi-qu'il soit moins célebre , parce qu'il n'est pas si connu , inonde les terres de la Nigritie dans le même tems que le Nil se déborde en Egypte , & les couvre dans un espace de quatre à cinq cens lieues ; il se perd en partie dans de grands lacs , & porte le reste de ses eaux dans l'O-céan par plusieurs embouchures , dans la plus méridionale desquelles est l'Isle de Sénégal. La riviere de Gambie ne doit être regardée que comme une des branches du Niger. La Zaïre , autre riviere d'Afrique , moins connue encore que le Niger , se déborde tous les ans sur les terres du Royaume de Congo : elle prend sa source dans le lac de Zambre , dans la partie intérieure de l'Afrique la moins connue , & après avoir couru de l'est à l'ouest , elle se jette dans l'Océan occidental par les cinq degrés de latitude méridionale. Le Sus, dans le Royaume de Maroc, a ses débordemens périodiques en hiver, & inonde les plaines basses qui s'étendent du nord à l'ouest des montagnes où il prend sa source jusqu'à la mer : les pays qu'il couvre de ses eaux sont gras & fertiles. Ce sont les fleuves & les rivieres d'Afrique , dont les débordemens sont réglés & les plus connus ; il peut y en avoir d'autres encore dont les crues causent des inondations générales.

Tous les grands fleuves des Indes orientales ont des débordemens périodiques, sous lesquels ils couvrent une grande étendue de terres qu'ils fertilisent , & qu'ils renouvellent tous les ans. L'Inde qui prend sa source au mont Imaüs , inonde toutes les plaines qui environnent le golfe auquel il donne son nom , dans les mois de Juin , Juillet & Août , tems de la saison pluvieuse de ce climat. Le Gange qui se déborde dans le même tems , & qui

couvre une bien plus grande étendue de pays, se jette dans le golfe de Bengale ; il prend sa source
dans les montagnes du petit Tibet,
par les trente-cinq degrés de latitude nord ; son cours est d'environ trois cens cinquante lieues :
dans le tems de la crue des eaux,
les habitans des pays qu'il parcourt,
en conservent une partie dans de
grands réservoirs, pour les répan-
à propos dans les terres pendant la
saison seche ; car il y pleut très-
rarement hors les quatre mois que
dure l'hiver ou la saison des pluies.
Entre l'Inde & le Gange, il y a
quelques autres petites rivieres le
long de la côte de Coromandel,
qui coulent des montagnes des Gat-
tes, & ont leurs débordemens
annuels à-peu-près dans le même
tems.

La grande riviere de Camboye,
qui sort du lac de Kaamay, dans
les montagnes de Laos, entre la
Tartarie & les Indes, se divise en
plusieurs branches qui arrosent le

Pégu , Siam & le Royaume de
Camboye ; elles se débordent toutes en Septembre , Octobre & Novembre : les campagnes & les villes même sont alors couvertes d'eau
au point que l'on ne peut aller
qu'en bateaux d'une maison à l'autre. L'Euphrate a aussi des crues réglées qui submergent les terres basses du Diarbeckir dans la presqu'île
qu'il forme avec le Tigre. Le grand
fleuve de la Plata en Amérique,
qui prend sa source au Pérou &
se jette dans la mer du Nord,
après avoir traversé le Paraguay a
des débordemens réguliers comme
le Nil, dans lesquels il couvre soixante lieues de pays, ce qui fait
que les Navigateurs qui l'ont vû
dans ce tems, lui ont donné cette
largeur à son embouchure.

En général tous ces fleuves descendent de montagnes très-élevées,
& prennent d'ordinaire leur source
dans des lacs qui leur fournissent
beaucoup d'eau , ou reçoivent d'autres rivieres assez abondantes pour

les groffir confidérablement ; auffi
font-ils prefque tous fort gros dans
les autres faifons de l'année , ainfi
que nous l'avons déja remarqué en
parlant du Miffipipi. Mais lors de la
fonte des neiges ou des pluies réglées qui tombent fur les montagnes
ou dans les terres par lefquelles coulent ces fleuves , il n'eft pas étonnant que recevant beaucoup plus
d'eau que leurs lits n'en peuvent con-
tenir , ils débordent dans toutes
les terres baffes qu'ils inondent &
qu'ils fertilifent en les renouvellant ;
ce que l'on peut attribuer à différentes caufes. Ces eaux venant ou de
neiges fondues ou de pluies abondantes , elles font légeres , fpiritueufes ,
remplies de quantité de particules
fulfureufes qui s'y font mêlées dans
l'air , & qui les rendent plus propres à féconder les terres : enfuite
coulant avec rapidité , elles détachent du fommet & du penchant
des montagnes , les terres , les fables les plus fins , les végétaux
même qu'elles arrachent par leur

poids, & qu'elles entraînent dans
les fleuves qui s'en chargent, les
mêlent & les diſſolvent en partie
dans leurs eaux, & les diſperſent ſur
les terres baſſes dans leſquelles elles
ſe débordent, où toutes ces matières différentes forment une couche
aſſez épaiſſe pour rendre certains
les ſuccès de la végétation la plus
forte & la plus abondante. Ces
eaux ſéjournent aſſez long-tems à la
ſurface de la terre pour la pénétrer
à une grande profondeur, la deſſer-
rer en quelque façon, & donner
plus de liberté au fluide ignée
qu'elle renferme, pour ſe développer & faciliter par une prompte fermentation la diſſolution des
corps différens dont le ſol eſt couvert à l'extérieur. Leurs parties
les plus atténuées ſe répandent
alors dans l'atmoſphère, & la chargent d'une quantité de vapeurs &
d'exhalaiſons qui ne ſont nulle part
auſſi nuiſibles que dans les plaines
expoſées aux inondations, après
que les eaux s'en ſont retirées. Les
chaleurs

chaleurs qui fuccedent aux débordemens, ouvrent la terre de toute
part; & c'eft alors que ces exhalaifons fubtilifées produifent les effets dangereux dont nous avons
déja parlé en traitant de la température de l'Egypte : accidens qui
rendent l'air des pays fujets aux
inondations, plus mal fain que celui de toute autre contrée fituée
fous la même latitude, & à la même
expofition, mais hors de portée de
l'invafion des eaux, dont le fol eft
plus fec, & qui n'eft arrofé que
par les pluies ordinaires & les fources répandues dans le pays : dans
les premiers les chaleurs font nuifibles aux naturels même, & toujours
funeftes aux étrangers.

Les terres qui ne font pas fujet-
tes à ces inondations périodiques,
& qui cependant s'y trouvent expofées, par l'effet extraordinaire de
quelques-unes de ces caufes générales que nous avons indiquées
plus haut, participent alors à la
fertilité que caufent d'ordinaire les

débordemens, sur-tout si les eaux
du fleuve qui les inonde sont chargées d'un limon gras. Le Hoam-Ho
ou riviere Jaune de la Chine, prend
sa source près de celle du Gange
dans les montagnes de la Tartarie
à l'occident, dans les lacs de Cin-
hal, de Cokmor & de Sorama;
après avoir couru plus de six cens
lieues, elle va se jetter dans la mer
du nord au 35ᵉ degré environ de
latitude ; elle tire son nom du limon jaune qu'elle dépose, qui après
les grandes pluies est le tiers de sa
quantité; en tout autre tems son eau
est si épaisse, qu'on est obligé pour
en user, de l'éclaircir avec de l'a-
lun. Les Chinois prétendent qu'elle
ne devient claire qu'au bout de
mille ans , & c'est de-là qu'est
venu le proverbe dont ils se servent,
pour dire qu'une chose n'arrivera
jamais : « lorsque la riviere Jaune
» deviendra claire ». Elle a dans
certains endroits plus d'une demi-
lieue de largeur, & elle est si rapide, qu'elle feroit des ravages

affreux, fi on n'avoit foin de la retenir par de fortes digues. Elle n'a point de débordemens réglés ; cependant ils ne font pas rares, & il arrive alors que toutes les Provinces méridionales de ce vafte Empire fe trouvent fous l'eau. (*a*) Il y a quelques années, qu'une de fes inondations fut fi confidérable, que l'on craignit que plufieurs des villes les plus belles ne fuffent fubmergées. Ce fleuve, comme le Nil ou la rivière de Siam, couvre le fol de la Chine d'un limon épais & gras qui le fertilife extraordinairement; mais en même tems, il répand dans l'atmofphère des exhalaifons putrides, que les chaleurs de l'été rendent très-actives, & qui occafionnent des maladies contagieufes, que l'on redoute toujours à la Chine quand l'inondation a été forte & longue.

Les mêmes caufes font fuivies des mêmes effets dans notre Zone

---

(*a*) *V. Martinii Atlas finicus.*

tempérée : les fleuves & les rivieres qui se débordent, & qui séjour-
nent assez long-tems sur les terres
pour les détremper, après y avoir
déposé un limon nourrissant, occasionnent presque toujours des altérations dangereuses dans les qualités de l'air, souvent suivies d'épidémies locales. Celles qui arrivent
en été ont des effets plus marqués
que celles qui se font en hiver,
parce que la chaleur développe plus
promptement les corpuscules corrompus dispersés à la surface de la
terre, & que les eaux croupies y
laissent à mesure qu'elles s'évaporent : ainsi plus le débordement
d'un fleuve répandra de principes
de fertilité sur le sol, plus il rendra
nuisibles les dispositions de l'atmosphère. Le Tibre & presque toutes les
rivieres qui descendent de l'Apen-
nin, chargées d'un limon bourbeux,
ne peuvent sortir de leurs lits, &
inonder les terres, sans occasionner des intempéries; on peut dire la
même chose de toutes les campa-

gnes où l'on cultive le riz , que l'on est obligé de tenir fous l'eau depuis qu'il eſt femé juſqu'à ſa maturité : il ne faut qu'y paſſer peu après la ré-colte, pour juger par l'odeur forte qui s'en exhale, combien les va-peurs qui s'en élevent ſont capa-bles de corrompre l'air. Si les cha-leurs de l'automne ſont un peu vi-ves, elles cauſent preſque toujours dans une partie du Piémont des fievres épidémiques fort opiniâ-tres, que l'on n'attribue qu'à l'in-tempérie de l'air , occaſionnée par les exhalaiſons mal ſaines que les terres à riz répandent dans l'atmoſ-phère.

Il n'en eſt pas ainſi de l'Adige & de pluſieurs autres rivieres qui ſor-tent des Alpes, dont les eaux lim-pides & pures coulent ſur le ſable ; leurs débordemens appauvriſſent la plûpart des terres, & les rendent ſtériles ; mais elles ne communi-quent à l'air aucune qualité dan-gereuſe : c'eſt encore ce qui arrive à la Loire, lorſqu'elle entraîne dans

son cours une quantité de sables qui
dévastent des plaines naturellement
très-fertiles ; dès que ses eaux se sont
retirées, l'air n'en paroît que plus
sec, plus léger & plus sain : la fraîcheur de ces sables & leur épaisseur
arrêtent en partie les émanations
du fluide ignée terrestre, dont le
peu d'action jointe à l'aridité du
sol, doit être regardée comme une
cause certaine de stérilité. En général, même dans nos Provinces,
toutes les grandes rivieres, toutes
celles qui coulent de terreins élevés, de montagnes couvertes de
neige, sont sujettes à se déborder,
lors de la fonte précipitée de ces
neiges, ou dans le tems des pluies
extraordinaires : elles causent dans
l'air des changemens relatifs à la
qualité de leurs eaux & des limons dont elles sont chargées ;
mais comme d'ordinaire elles sé-
journent peu, que l'on en facilite
l'écoulement, parce que l'abondance des récoltes & les succès de
la végétation ne dépendent point

de ces débordemens , que l'on redoute plus qu'on ne les souhai-
te : les viciffitudes qu'elles peuvent occafionner font moins dan-
gereufes & peu durables ; les vents
qui fuccedent raréfient l'air , en
diffipant les vapeurs & les exhalaifons trop abondantes dont ils le
trouvent chargé , & ils le rétablif-
fent dans fon état ordinaire de falubrité.

En Egypte au contraire , au
Royaume de Siam , & dans une
grande partie des contrées baffes
des Indes orientales , où les inondations font defirées & même néceffaires, où on s'attache à retenir
les eaux & à les conferver au-
moins le tems qu'elles ont coutume de féjourner fur les terres : on
conçoit aifément quel doit être leur
effet fur l'air de ces climats, fur-
tout lorfque après s'être écoulées ,
l'atmofphère n'eft prefque plus com-
pofée que des exhalaifons qui fortent en abondance de ces terrains
pourris par le long féjour des eaux,

R iv

& mises en mouvement par l'action du soleil le plus ardent. C'est dans ces régions que l'on peut fixer le fiege des maladies les plus funestes à l'humanité ; c'est de-là que la peste tire son origine ; elle ne naît point dans nos climats tempérés : elle nous est apportée des pays Orientaux, & sur-tout de l'Egypte où elle se forme, & d'où elle est transportée dans d'autres régions, où elle trouve une température qui facilite le développement des miasmes contagieux qui la répandent loin du lieu de son origine.

Il n'est pas probable, comme on l'a écrit nouvellement, que les Turcs aillent chercher la peste à la Mecque avec leurs caravanes & dans leurs pélerinages. L'Arabie est un pays sec & montueux, dont la température est chaude eu égard à sa latitude & à l'aridité du sol, mais en général fort saine : c'est là que l'on recueille les parfums les plus précieux, qui sont bien plus certainement l'antidote de la peste, qu'ils n'en font la cause ou l'occasion. Il est plus vraisemblable de dire, qu'au retour d'un voyage long & pénible, se retrouvant dans l'air corrompu de l'Egypte, affoiblis, & souvent excédés de fatigues, ils ne peuvent résister à son impression. Ils trouvent dans une nourriture plus agréable & plus abondante, mais mal saine, un soulagement passager qui porte dans leurs entrailles une corruption certaine, & les causes d'une mort plus ou moins prompte, suivant la facilité qu'elles trouvent à se développer. Ils l'apportent aussi souvent de l'Egypte avec les bleds corrompus qu'ils en tirent, & c'est ce qui la rend si fréquente à Constantinople, où elle regne toujours sourdement, & ne fait sensation que lorsque ses ravages sont excessifs. Tout contribue à la conserver dans ce pays. La malpropreté générale de la ville, ses rues étroites où l'on respire un air étouffant & corrompu pendant l'été, & peut-être plus encore que tout cela, la bizarre façon de penser des

Turcs ſur la prédeſtination. Perſuadés qu'ils ne peuvent échapper à l'ordre du Très-Haut ſur leur ſort, ils ne prennent aucune précaution pour arrêter les progrès de la peſte & s'en garantir ; il n'eſt donc pas étonnant qu'ils la communiquent ſi aiſément aux peuples avec leſquels ils ont quelques relations d'affaires ou de commerce. Ce ſont les peſtiférés d'Egypte, de Turquie, ou d'autres contrées du Levant, ou les ballots empeſtés, débarqués dans nos ports, qui y amènent la peſte. Celle de Marſeille fut occaſionnée par un vaiſſeau pris ſur les Turcs, que l'on amena dans ce port, où les ballots dont il étoit chargé furent ouverts. Quelquefois elle s'eſt répandue par la Hongrie & l'Allemagne dans le reſte de l'Europe ; les Allemands l'avoient rapportée chez eux au retour des campagnes qu'ils avoient faites en Hongrie avec les Turcs.

Il y a une autre peſte que l'on appelle *le mal de Siam*, elle vient des Indes Orientales, de ces terres, qui, comme l'Egypte, restant sous l'eau une partie de l'année, produisent les mêmes maladies : elle n'a cependant pas des effets si marqués en grand, & souvent on en porte long-temps le germe avant qu'elle se développe. Ce mal est d'autant plus dangereux, qu'il se communique comme toute autre espèce de peste : il passe d'un hémisphère à l'autre, de l'Inde en Amérique, & même dans les ports de France, sur-tout celui de la Rochelle : ses symptomes sont variés. Il commence par un grand mal de tête & de reins, suivi d'une fievre violente, ou d'une fievre interne, qui ne se manifeste point au dehors. Dans les uns, le sang se dissout au point de se perdre entiérement par la transpiration & les pores de la peau ; dans les autres, il croît aux aisselles & aux aînes des bubons, pleins de sang caillé noir & pourri ; quelques-uns rendent des tas de vers de grandeur & de couleur différentes ; la mort arrive le sixieme ou le septieme jour. Le

P. Labat dit qu'il n'a connu que deux personnes aux Antilles, qui euffent porté cette maladie pendant quinze jours. Il en fut attaqué lui-même deux fois, & en guérit. » Quelque-
» fois, dit-il, fans autre preffentiment
» qu'un léger mal de tête, on tom-
» boit mort dans les rues, où l'on
» étoit à fe promener pour prendre
» l'air ; & ceux qui étoient fi cruel-
» lement furpris, avoient la chair
» noire & corrompue un quart-
» d'heure après ». Cette maladie, comme toute autre de cette efpece, a des temps plus favorables les uns que les autres à fes développemens. Le P. Labat dit encore qu'elle fembloit fort diminuée en 1705. Cependant plus de trente ans après, M. de la Condamine en fut attaqué à la fin de Juin à la côte de la Martinique ; il fut malade, purgé, faigné, guéri & rembarqué en vingt-quatre heures. Un homme du même vaiffeau en étoit mort en moins d'un jour. Il paroît que cette pefte demande un traitement très-prompt, & que la

guérison dépend de la disposition du sujet qu'elle attaque. L'isle de Milo dans l'Archipel, est exposée à une maladie endémique & contagieuse, dont les symptomes ressemblent davantage à ceux de la peste d'Egypte, & ont dans le sol & les exhalaisons de cette isle, des causes fort semblables.

Ce que l'on sçait, c'est que depuis deux mille ans, toutes les maladies contagieuses qui ont désolé l'Europe, y ont été transmises par la communication qu'elle a eu avec les peuples de l'Orient. On les a attribuées quelquefois à des tremblemens de terre, parce qu'on a vu des maladies fâcheuses & malignes leur succéder; mais leur cause a dû plutôt se rapporter au développement des exhalaisons corrompues que renfermoit le sol de certains climats, qu'aux mouvemens qui l'avoient agité, & qui n'ont pas cet effet dans les pays où ils sont très-fréquens. La vraie cause de la peste des régions tempérées, est dans les miasmes pu-

trides qui viennent des pays chauds
& humides, & qui ayant été long-
temps renfermés dans des ballots de
soie, de coton ou d'autres matieres
propres à les conserver, & à faciliter leur fermentation, se répandent
avec une promptitude étonnante
dans l'air. Malheur à ceux qui se
trouvent exposés à leur premiere
éruption : on a vu des personnes
frappées & périr subitement à l'ouverture des ballots empestés venus
de l'Orient ; leurs effets ne sont pas
d'ordinaire aussi violens. Ces exhalaisons funestes répandues dans
l'atmosphère, n'agissent qu'autant
qu'elles sont aidées & fomentées
par la disposition des corps ; elles
ne sont jamais plus dangereuses,
que lorsqu'un vent chaud & humide souffle, ou quand elles se mêlent avec d'autres vapeurs déja in-
fectées. C'est ainsi que la peste se
renouvelle en Egypte à la suite des
inondations du Nil : alors les eaux
stagnantes & les matieres qu'elles
contiennent, ne peuvent rendre

que des exhalaisons pestilentielles; il
en est ainsi de toute terre également
humectée & exposée aux mêmes
chaleurs, à moins que leur atmosphère ne soit vivement agitée,
& souvent rafraîchie par l'action
des vents, qui dissipent promptement les vapeurs dont elle est chargée. On regarde encore comme une
cause de peste les cadavres abandon-
nés & corrompus dans les grandes
villes pendant les sieges, ou dans
les campagnes à la suite des batail-
les. Les exhalaisons fétides & vo-
latiles qui en sortent, produisent à
la vérité des maladies malignes &
épidémiques dans ces lieux, mais
rarement elles dégénerent en peste
proprement dite, à moins que l'air
ne soit infecté d'un venin particulier venant des pays chauds, qui,
mêlé avec ces exhalaisons, leur
donne un caractère pestilentiel. Les
cimetieres des grandes villes, ces
vastes caveaux, qu'une piété ignorante & funeste à l'humanité, une
vanité ridicule, ou un intérêt mal

entendu , font conftruire à côté
des églifes les plus fréquentées , où
l'on entaffe cadavres fur cadavres ,
& que l'on ne peut ouvrir fans qu'il
en forte des torrens de matieres corrompues & exaltées , dont l'odeur
fétide infecte les quartiers voifins ,
ne doivent-ils pas être regardés
comme des magafins toujours fub-
fiftans de contagion ? cependant on
les tolere ; on ne croit pas qu'ils
puiffent engendrer la pefte ; mais
combien de maladies contagieufes
n'occafionnent-ils pas ? Y a-t-il un
moyen plus fûr de prolonger les
épidémies ? Il eft donc de toute néceffité de fupprimer ces établiffe-
mens fi funeftes à la fociété.

L'air eft donc le milieu qui fert
de véhicule à la pefte , ce terrible
fléau de l'humanité : mais il ne faut
pas fe perfuader , que dans les endroits mêmes où elle eft établie ,
toute la maffe de l'atmofphère en
foit également infectée : il eft plus
probable que les molécules peftilentielles fe difperfent & fe jettent de

côté & d'autre à-peu-près comme
la fumée, fuivant qu'elles trouvent
plus ou moins de matieres homogènes dans celles dont l'air eft alors
compofé. Ainfi même en Turquie,
où l'on ne prend aucune précaution pour l'éviter, la pefte ne faifit
pas tous ceux qui font dans le même
air, il faut qu'elle trouve encore
dans les corps des difpofitions qui
font fa caufe déterminante & déci-
five, relativement à chaque individu : nous l'avons dit ailleurs, &
nous le répétons encore, il y a des
moyens que les anciens ont mis en
ufage, & que les modernes ont renouvellé avec fuccès, pour arrêter
les effets de la contagion, ou les
éloigner au moins ; il n'eft pas
même impoffible de changer les
qualités de l'air, en y répandant des
corpufcules falutaires, qui empêchent la propagation des exhalaifons peftilentielles, qui même en
changent la nature en les divifant,
ou en les enveloppant de façon à
rendre leurs effets infenfibles.

Quelquefois la nature fait tout d'un coup ce que l'art ne peut opérer que lentement & d'une maniere fort incertaine : ainsi on voit des maladies durer un certain temps & disparoître subitement, après avoir infesté certaines régions où elles s'étoient attachées. Boile demande à ce sujet, si l'on ne pourroit pas conjecturer que des changemens souterrains, ou quelque communication, quelque rapport inconnu entre la terre & les autres globes répandus dans l'immensité de l'Univers, occasionnent des changemens imprévus dans les saisons, dans l'état de l'air, qui semblent troubler l'ordre auquel on étoit accoutumé (a).

(a) Rob. Boyle *de Cosmicis rerum qualitatibus.*

§. VIII.

Intempéries occasionnées par les marais.

Je comprends encore sous le nom de terres nouvelles, tous les marais répandus en différens endroits sur la surface du globe, c'est-à-dire, les eaux dormantes raffemblées au milieu des terres dont le fonds paroît à découvert çà & là ; enfin toute terre mêlée d'eau & de limon, & qui occupe un affez grand efpace pour décider des qualités de l'atmofphère : foit que les eaux qui détrempent le fol & y entretiennent une humidité perpétuelle, viennent des pluies ou de fources peu confidérables qui n'ont point d'écoulement, à caufe que le terrein eft trop bas ; foit que cette difpofition du fol foit l'effet de quelque phénomène extraordinaire, fuivi de révolutions dans lefquelles les eaux, de courantes qu'elles étoient, font devenues ftagnantes, & ont formé à la longue des marais entrecoupés de petits lacs souvent très-profonds. Il y a encore des lacs qui se trouvent dans des terreins bas & extrêmement plats : ils font entretenus par des eaux qui fortent de terre à une très-grande profondeur, & forment à leur fource des puits ou abîmes étroits, dont on a fouvent peine à trouver le fonds. Ces fources étant plus abondantes en certains temps que dans d'autres, elles fe répandent fur les terres qui les environnent, les dénaturent, & les rendent impraticables, fi on ne trouve pas quelque moyen de leur donner un cours réglé. La nature du fol changée, celle des vapeurs & des exhalaifons n'eft plus la même, & il s'enfuit une différence notable dans les qualités de l'air.

Les marais de la premiere efpece, qui ne reçoivent ni n'entretiennent aucune riviere, font proprement des bourbiers ou des marécages; on en trouve plufieurs en Hollande, on en voit un très-étendu dans le Bra-

bant, que l'on appelle *Péel-Marsh.*
La province de Weſtphalie en a
beaucoup (*a*). Tels ſont encore
tous ces terreins détrempés & aquatiques, que l'on trouve dans les
bois & dans les déſerts de bruyeres,
formés par les eaux de pluie,
amaſſées dans des parties du ſol plus
enfoncées que les autres, qui humectent & imbibent la terre, & que
les rayons du ſoleil ne peuvent pas
deſſécher, à cauſe de l'ombrage des
arbres, des petites branches & des
feuilles qui font une couverture
épaiſſe à la ſurface de ces eaux. Il y
en a beaucoup de cette eſpece en
Allemagne, en Moſcovie, en Po-
logne, dans quelques provinces de
France ſituées en plaine, telles que
la Breſſe ; en Italie dans les terreins
abandonnés, où il s'eſt élevé des tail-
lis depuis peu de temps ; en Afrique,
dans les forêts qui ſont à l'eſt du
Cap-Verd, dans l'iſle de Madagaſ-

____

(*a*) Géographie générale de Varénius,
L. 2, c. 15.

car, & dans plusieurs contrées de
l'Amérique. On connoit encore des
marais d'une autre espece, mais
toujours dans des terreins plats &
unis, dont le fonds est une glaise
qui retient l'eau & l'empêche de
pénétrer dans la terre à une grande
profondeur : telles doivent être les
eaux stagnantes desquelles le Tanaïs
tire sa source en Moscovie, celles
que traverse l'Eufrate dans les plaines de Chaldée : il y en a de semblables qui couvrent un grand espace
dans la province de Savolax en Fin-
lande, celles que l'on appelle *Enarc-
Tresk* dans le Lapland. Les marais
de Chelours en Afrique, ceux de la
Guyanne en Amérique ; les marais
Pontins en Italie, ceux qui se forment dans le Boulonois, le Ferra-
rois, & la légation de Ravenne, par
les eaux du Pô qui y refluent & y
restent stagnantes à la suite des inondations ; après avoir fait un long séjour sur ces terres, elles les affais-
sent, & les changent insensiblement
en marais, dont les chaleurs de l'été

deſſechent encore une partie, mais qui à la longue reſteront dans le même état, ſi l'art ne trouve pas le moyen de faire écouler ces eaux.

Tous ces terreins marécageux, formés de la maniere que nous venons d'indiquer, n'ont d'abord été qu'une boue liquide, qui dans certaines de ſes parties, a pris quelque conſiſtance par les racines des plantes, des buiſſons & des arbres qui s'y ſont élevés ; qui conſerve encore ſa fluidité dans les endroits les plus proches des ſources qui l'arroſent, & dans ceux où l'eau eſt trop abondante pour que les graines puiſſent s'y arrêter & germer. Cette boue, à meſure qu'elle acquiert de la ſolidité, devient une terre graſſe, ſulfureuſe & bitumineuſe, ainſi que l'annonce la couleur noire du terreau qui en provient, & qui s'enflamme aiſément dès qu'il eſt déchargé des particules aqueuſes dont il étoit pénétré. La matiere ſulfureuſe entraînée de l'atmoſphère à la ſurface de la terre

dans la chute de la pluie, secondée
par l'action du soleil & par le fluide
ignée terrestre, se répand malgré
les eaux qui retardent son action,
dans toutes les matieres dont l'u-
nion forme les terreins marécageux, & les rend inflammables.

Le fond de ces marais est ordinairement composé d'une substance
connue sous le nom de *tourbe*, &
qui n'est autre chose qu'un amas de
plantes & de végétaux pourris. On
en connoît de deux especes; l'une
compacte, noire & pesante, est peu
différente de ce terreau dont nous
venons de parler. Les plantes &
les racines, dont elle est composée,
recouvertes, pendant une longue suite d'années par les eaux, par de nouvelles couches de limon & d'autres
plantes, sont presque entiérement
détruites & changées en terre : aussi
cette tourbe ne se trouve qu'à une
certaine profondeur, elle s'enflamme plus difficilement, & on ne la
tire que lorsque l'autre manque. La
seconde espece de tourbe, brune,
légere,

légere, spongieuse, se trouve à la surface de la terre & au-dessus de la premiere : elle ne paroît que comme un amas de racines à demi-pourries, qui ont déja souffert quelque altération, mais qui ne sont pas encore décomposées, elles sont seulement plus compactes & plus rapprochées que dans leur état naturel. Cette tourbe s'enflamme plus promptement que la premiere, on en trouve en France, en Angleterre, en Allemagne, & sur-tout en Hollande ; il n'est pas étonnant qu'un pays, que les habitans ont tiré des eaux, qui en éprouve des révolutions continuelles, renferme dans son sein une substance qui ne doit sa formation qu'à l'abondance des eaux qui y sont répandues. Comme les terreins d'où on la tire, perdent nécessairement de leur surface & de leur niveau, on les regarde comme tout-à-fait inutiles, & bientôt il s'y forme des marais impraticables : c'est cependant où l'on trouvera après un certain temps de la nouvelle tourbe,

Tome III.   S

à la formation de laquelle les inondations & les pluies contribueront,
en y entraînant de nouvelles matieres qui feront accrues par les
pouffieres & les graines que les
vents y porteront, & qui donneront
plus de facilité aux plantes pour s'y
élever. C'eft ainfi que la tourbe fe
forme de nouveau, non en fe régé-
nérant elle-même, comme quelques
Obfervateurs l'ont écrit, mais par
la réunion des matieres propres à la
compofer, qui fe raffemblent par
les mêmes caufes, & qui font fuivies du même effet.

Quoique cette production ait une
utilité réelle dans les pays qui manquent de bois, & où elle le rem-
place ; les exhalaifons qui en fortent ne peuvent que contribuer à
l'intempérie de l'air, foit lorfque
les matieres dont elle eft formée fe
pourriffent, foit dans le temps qu'on
la brûle. On fe fert en Zélande d'une
efpece de tourbe qui renferme des
vapeurs fi nuifibles, que les perfonnes qui fe trouvent dans une

chambre où l'on en brûle , deviennent pâles ; & après quelque temps
tombent en foiblesse. L'effet de ces
vapeurs concentrées dans un petit
espace, n'est pas aussi sensible lorsqu'elles sont répandues au grand
air, mais il prouve combien elles
sont mal-saines.

Il est vrai que cette sorte de terre
ne fait pas le fond de tous les marais,
mais leurs exhalaisons ne sont guères moins nuisibles. On en trouve
rarement dans les terreins durs &
pierreux ; & dans le peu qu'il y en
a , il s'y forme à la longue une terre
spongieuse , molle & sulfureuse ,
composée des débris des corps
que les vents y apportent , des végétaux , des poussieres , des parties
calcinées des pierres & des rochers,
du dépôt même des eaux ; ajoûtons
encore que toutes eaux douces stagnantes se corrompent nécessairement & promptement , quand elles
ne sont pas renouvellées par un courant qui les rafraîchisse continuellement. Malgré ce secours , quand

les eaux nouvelles ne font pas en proportion avec la maffe qu'elles doivent entretenir, & qu'elles ne fourniffent pas autant au liquide que l'évaporation en enleve, on s'apperçoit aifément fur le bord des étangs, placés dans des terreins bas, ou dans des bois où les vents fecs n'ont pas un accès libre, à la fuite des chaleurs de l'été, que les vapeurs de l'eau & les exhalaifons des bords rendent une odeur fétide, occafionnée par la corruption qui commence à s'y établir. Les eaux mêmes de la mer font préfervées de la corruption, par l'agitation des vents, par le mouvement du flux & du reflux, & celui des courans qui les divifent en tout fens, bien plus que par le fel qu'elles contiennent. Si on en met dans un tonneau, elles fe corrompent au bout de quelques jours; & M. Boyle rapporte qu'un navigateur pris par un calme qui dura treize jours, trouva la mer fi infectée au bout de ce temps, que fi le calme n'eût cessé la plus grande partie de son équipage auroit péri.

On conçoit aisément que des ter-reins toujours humides , qu'une boue délayée qui ne nourrit quel-ques animaux & quelques végé-taux, que pour qu'ils y périssent la plupart & s'y corrompent en-suite, qu'une surface de cette natu-re, qui est tous les jours renouvel-lée par des matieres corrompues, ne renvoie dans l'atmosphère qui la couvre immédiatement, que des exhalaisons & des vapeurs épaisses, infectes & putrides, qui ont d'au-tant plus d'action qu'elles sont en plus grande quantité, & qu'elles peuvent se seconder les unes les au-tres avec plus de succès , jusqu'à ce qu'elles aient réduit les corps qu'el-les attaquent en force, à leur état de corruption naturelle. C'est ce qui fait qu'en général les marais sont inhabitables, que tous les lieux voi-sins de l'atmosphère empestée qui les couvre, sont exposés aux mêmes accidens, & que l'on ne parvient à changer l'état de cet air corrompu, qu'en détruisant le principe de son infection : en desséchant les marais par des canaux profonds par lesquels s'écoulent les eaux dont ils sont inondés : en allumant des feux assez considérables pour changer la surface du sol, développer les sels qu'il renferme, & le délivrer du principe de corruption qui y dominoit : en tenant les terreins nouveaux dans le même degré de sécheresse : enfin en les cultivant avec soin, & faisant servir à une végétation utile cette trop grande quantité de particules organiques qu'il renfermoit, & qui ne servoient qu'à entretenir une intempérie continuelle.

L'Auteur de la nature a pourvu sagement à ce qu'il se trouvât peu de ces eaux stagnantes dans les régions situées entre les Tropiques : leurs exhalaisons seches & pénétrantes sont bien moins dangereuses que les vapeurs pestilentielles qui s'éleveroient de leurs marais. On en peut juger par le peu qui existent : ceux qui sont dans les forêts à l'Est du Cap-Verd entre les rivieres de Gambie & de Sénégal, répandent au loin une intempérie funeste aux naturels même du pays, quoiqu'ils dûssent être habitués à leurs effets qui se renouvellent tous les ans. Dans les bois de l'isle de Madagascar, il se trouve quantité de fosses, où l'amas des feuilles & des branchages se corrompant avec l'eau des pluies qui s'y rassemble, engendre une pourriture qui infecte l'air, & rend les habitations voisines fort mal-saines. Les Etrangers séduits par la beauté de la végétation, en préféroient le séjour à celui des terres plus séches & en apparence moins fertiles, mais où l'air est plus sain, où l'on peut vivre sans être exposé à l'action inévitable d'une contagion toujours renaissante ; & bientôt ils éprouvoient que les marais sont d'autant plus dangereux dans ces régions abondantes, & dans une heureuse exposition, que la nature semble se plaire à déployer toutes ses richesses sur leurs bords.

S iv

En général dans les terres incultes & dépeuplées, les plantes sauvages naissent confusément, les
buissons s'élevent & forment avec
le temps des bois épais & impénétrables, les eaux s'assemblent dans
les fonds, les arbres qui les couvrent en empêchent l'évaporation:
insensiblement les terres un peu plus
élevées se détrempent, s'écroulent
& se mettent au niveau de celles
qui sont inondées, & il se forme des
marais d'une étendue immense. Tels
sont ceux qui couvrent un si grand
espace entre la riviere des Amazo-
nes & l'Orenoque, dans la partie de
l'Amérique qui s'étend du Sud au
Nord, entre la ligne & le Tropique
du Cancer, dans lesquels l'industrie courageuse des Hollandois n'a
pas craint d'établir une colonie assez
florissante à Surinam, mais où l'intempérie continuelle en fait périr
beaucoup, sur-tout de ceux qui sont
obligés de mener une vie sédentaire, tels que les Officiers & les
Soldats de la garnison, qu'il faut re-

nouveller très-souvent. On conçoit
aisément que dans des terres abandonnées à la seule action de ces eaux
stagnantes, toutes les productions
de la nature languissent, se corrompent, & ne forment à la longue
qu'une masse froide également in-
sensible aux rayons du soleil le plus
vif, & à l'impulsion du fluide ignée,
dont le mouvement ne sert qu'à accélérer sa corruption ; les hommes
ne peuvent plus vivre dans l'atmosphère qui les environne, elle est
continuellement chargée de vapeurs
infectes qui deviennent bientôt mortelles ; & ces parties de la terre,
tout-à-fait abandonnées, ne servent plus de retraites qu'à quelques
animaux féroces, à des insectes sans
nombre, à des reptiles encore plus
dangereux qui y prennent un accroissement énorme, s'il est vrai
que les serpens des marais de Surinam aient jusqu'à trente pieds de
longueur.

Cependant, lorsque l'avidité des
Européens les détermina à pénétrer

dans ces terres inondées, à travers
les lacs & les marais, ils y trouverent quelques Indiens établis dans
des maisons d'une construction singuliere & relative à l'état habituel
du pays. Elles étoient bâties sur les
plus gros arbres qui les envelop-
poient de leurs branches, & les couvroient de leurs feuillages : on y
trouvoit des chambres & des ca-
binets d'une charpente aussi forte
que dans les maisons ordinaires ;
les familles étoient ainsi logées sépa-
rément. Chaque maison avoit deux
échelles, l'une qui conduisoit jusqu'à la moitié de l'arbre, & l'autre jusqu'à la porte de la premiere
chambre. Ces échelles étoient de
cannes, & dès-lors si légeres, que
se levant sans peine le soir, les habitans étoient en sûreté pendant la
nuit, du-moins contre les attaques
des tigres & autres animaux féroces
qui sont en très-grand nombre dans
ce pays. Ils avoient leurs magasins
de vivres dans ces maisons aërien-
nes, & leurs liqueurs étoient en-

fouies au pied de l'arbre dans des vaisseaux de terre. (*a*)

La Guyane ou France équino-xiale, n'est qu'une île ou terrain nouveau fort bas, qui s'est élevé insensiblement sur les sables qu'ont entraîné à leur embouchure dans la mer, les fleuves de l'Amazone & de l'Orenoque, & le canal de Rionégro qui joint les deux autres : aussi le sol en est très-marécageux, & si humide, que les sauvages de l'inté-rieur du pays qui sont en assez grand nombre, sont obligés, ainsi que ceux du Darien, de construire la plûpart de leurs huttes sur des arbres com-me des nids. Quoique ce pays soit très-fertile, il y regne une intem-périe continuelle, à laquelle les naturels eux - mêmes ont peine à résister : c'est par cette raison que tous les établissemens que l'on a tenté jusqu'à présent de faire à l'île de Cayenne, située au centre de la

---

(*a*) Histoire générale des Voyages, t° 12. in-4°.

S vj

Guyane Françoife, n'ont pas eu le
fuccès que l'on devoit efpérer des
précautions que l'on avoit prifes.
Cette île eft formée par la riviere
de Cayenne à l'eft; celle d'Oüia à
l'oueft, au fud par un canal où les
rivieres d'Oüia & d'Orapu fe réu-
niffent , & au nord par la mer.
Elle a environ feize lieues de circuit. Le fol eft par-tout mêlé d'un
fable noir, fin & léger qui en rend
la culture facile ; & d'efpaces en
efpaces , il eft relevé de collines
cultivées jufqu'au fommet. Le fu-
cre, le caffé, le cacao, le coton, le
maïs, le manioc, ainfi que plufieurs
autres racines, y croiffent heureufement; mais tout le terrein du refte de
l'île eft fi bas & fi marécageux, que
l'on ne peut aller par terre d'un bout
à l'autre; ce qui oblige les Colons qui
ont des terres éloignées de leurs
habitations, à faire le tour de l'île
pour retourner chez eux. On trouve à deux pieds au-deffous du fol
une terre propre à faire des tuiles,
de la brique, & même de la belle

poterie ; & en quelques endroits
des minéraux. Ces marais font cause
qu'il n'y a encore qu'une partie de
l'île qui soit défrichée ; & c'est de
leur sein que sortent ces vapeurs &
ces exhalaisons nuisibles qui corrompent la masse de l'air, & y produisent des intempéries fréquentes,
qui étoient beaucoup plus dangereuses avant qu'on eût donné quelque écoulement aux eaux, & qui
reparoîtront jusqu'à ce qu'on leur
ait établi un cours réglé par des
canaux assez profonds pour dessécher les marais, & assurer la facilité de cultiver les terres qu'on est
forcé d'abandonner. Alors toutes
ces eaux ayant un écoulement libre
& continuel, l'humidité ne sera
plus si fâcheuse, les intempéries
cesseront, & les Colons que l'on y
établira jouiront sans risque des
douceurs du printems perpétuel
qui regne dans cette île, de même
que dans le reste de la Guyane.

On peut prendre une idée des
qualités de l'atmosphère des pays

marécageux, par l'état & les effets
de l'air des marais Pontins en Italie. Tout le terrain qu'ils occupent
est dans la plus heureuse position
de la Zone tempérée : couverts des
vents du nord par une chaîne de
montagnes, ils s'étendent de l'est
à l'ouest par le sud, le long de la
mer, de Terracine à Nettuno, &
occupent quarante à cinquante milles de côtes sur une largeur inégale de quatre à douze milles. Ils répandent en été, en automne & dans
les autres saisons lorsque les vents
de sud & d'ouest dominent, des exhalaisons d'une odeur fétide, dont
les effets sont funestes seulement à
toute l'espece animale des environs :
car la végétation y est aussi belle &
peut-être plus forte que dans aucun
autre endroit de l'Italie : mais les
hommes & les animaux qui sont
contraints de vivre dans cet air em-
pesté, n'y résistent pas long tems ;
les hommes sont pâles, foibles, &
languissans & sont tous mal fains :
les chevaux dont la race est natu-

rellement bonne, quoique vifs &
plein de courage, manquent de
force : ils commencent par perdre
presque tout leur poil, la peau tombe
ensuite, & ils périssent de putréfaction qui commence par l'extérieur. On peut juger par-là combien
les effets de l'air y sont terribles, ce
que l'on doit attribuer non-seulement
aux principes de corruption, propres à tous les marais en général,
mais encore à la qualité des eaux
qui ont formé ceux - ci, & qui les
entretiennent. J'ai examiné les eaux
de l'Ufens ou Portatore à leur source, à côté de la maison de la Poste
de Case Nuove, à douze milles environs de Velletri à l'est. En sor-
tant des rochers d'où elles tombent,
avant que d'être mêlées avec celles
des marais, elles rendent déja une
odeur âcre & fétide ; elles sont
blanchâtres, troubles & épaisses,
se chargent d'une écume jaunâtre,
qui a le goût & l'odeur du poisson
pourri. On peut aisément imaginer
l'effet que doivent avoir de telles

eaux répandues dans les terres, lorsqu'après y avoir séjourné long-tems, & s'être chargées de principes nouveaux de fétidité & de corruption, qu'elles tirent des végétaux pourris, des dépouilles des animaux, des reptiles & des insectes, elles viennent à être échauffées par l'ardeur du soleil, elles ne peuvent que répandre dans l'air qui les environne, les vapeurs les plus nuisibles.

On sçait à-peu-près en quel tems tout ce terrein a été submergé, & on peut en fixer l'époque au cinquieme & au sixieme siècles de la République Romaine. Avant ce tems, cette contrée étoit d'une grande fertilité: elle étoit peuplée de plus de trente tant Villes que Bourgades, dont il ne reste aucun vestige. On croit que ce bouleversement fut occasionné par un grand tremblement de terre; l'histoire nous apprend que l'an de Rome 322, on envoya dans une crainte de famine chercher des grains dans

les campagnes Pontines. En 367 &
368, il fut question de distribuer au
peuple Romain les champs Pontins.
En 397, on créa une nouvelle Tribu, sous le nom de Tribu Pontine;
& en 592, le Consul Cornelius
Cethegus, fit travailler au desse-
chement de ces marais qui devoient
avoir été formés dans l'intervalle
de ces deux dernieres dates; (*a*)
entreprise qui fut sans doute peu
solide, puisque de ce tems jusqu'à
nos jours, on n'a cessé de faire de
nouvelles tentatives pour dessecher
ces marais. On voit encore des vestiges des travaux commencés à diverses reprises, & des canaux creu-
sés pour l'écoulement des eaux,
quelques terres plus élevées où on
seme des grains qui croissent promptement, & beaucoup de bois tail-
lis très-étendus, remplis de sangliers
& de troupeaux de busles, que l'intérêt public fait conserver, & qui

______

(*a*) V. Tite-Live, liv. 4. c. 25. liv. 6. c.
56. liv. 7. & liv. 46. épit.

contribuent beaucoup à rendre les
eaux stagnantes , & à entretenir
l'intempérie de l'air si forte, que
cette campagne ne pourroit être habitable & jouir d'une température
plus saine , que long-tems après que
le terrein auroit été mis à sec , &
qu'il auroit en quelque sorte changé
de nature par une culture soute-
nue , qui faciliteroit la dissipation
des matières sulfureuses & grasses
qui y sont trop abondantes. Elles
donnent une force étonnante à la
végétation , & la rendent très-pré-
coce ; mais en général les terres
dont la fertilité est si grande, ne
sont pas les plus saines à habiter.
C'est une qualité propre à toutes
les terres nouvelles, ou continuellement renouvellées par le sédiment des eaux, par les dépôts qu'y
forment les rosées , en retombant
d'une atmosphère toujours chargée
de vapeurs & d'exhalaisons sulfureuses , grasses & impures , & qui
ne peuvent pas être mises en mouvement & raréfiées par les vents

fecs du nord & de l'eft. La Ville
de Fondi n'eft pas affez près des
marais Pontins, pour fouffrir beaucoup des mauvaifes qualités qu'ils
répandent dans l'air ; cependant elle
eft mal peuplée , fes habitans ne
paroiffent ni fains ni robuftes : ce
que l'on attribue à fa pofition dans
le voifinage d'un lac ou marais
d'environ quatre milles d'étendue ,
entre la Ville & la mer , dont les
eaux font toujours baffes , & qui
rend des exhalaifons très-mal faines.

Il eft donc conftant que les eaux
qui féjournent trop long-tems fur
la terre fans avoir un écoulement
proportionné à leur quantité, changent la qualité primitive du fol, en
le renouvellant par l'abondance des
fédimens qu'elles y laiffent , par
la multitude des végétaux dont
elles précipitent la diffolution , &
dont les différentes molécules organiques mifes en fermentation par
l'action réunie du foleil & du fluide
ignée qui s'échappe de la terre , fe
répandent dans l'air , facilitent les

progrès de la végétation, qui doivent être fuivis d'une corruption
nouvelle & prompte. Ce font ces
caufes qui fe fuccédant fans ceffe,
occafionnent les intempéries de tous
les pays marécageux : les effets en
font plus marqués & plus funeftes
dans les régions heureufement fituées, où la nature étale fes richeffes
avec une magnificence foutenue,
que dans les triftes climats du nord,
où les rigueurs d'un froid prefque
continuel concentrent ces exhalaifons fous les glaces, & ne leur
permettent que rarement de s'en
échapper.

Ce ne font pas les grands marais feuls qui occafionent ces changemens fi marqués dans les qualités
de l'air, & qui les rendent d'autant
plus funeftes qu'elles agiffent dans
un plus grand efpace : il eft fi difficile d'y remedier, qu'on fe contente de fuir ces lieux empeftés.
Mais fouvent moins frappés des
mêmes effets refferrés dans un pe-
fit efpace proportionné au principe

dont ils dérivent, on néglige de s'en garantir, on n'y fait même aucune attention, on s'y habitue, & cependant ils portent des causes continuelles de corruption dans la partie de l'atmosphère où l'on vit. Ainsi les mares qui se forment à la suite des pluies dans un terrain déterminé qu'elles inondent plusieurs fois l'année; ces mêmes eaux retenues par l'inégalité du sol, & qui ne se dissipent que par l'évaporation, & toutes les eaux croupies dont on ne facilite pas l'écoulement, infectent l'air plus ou moins, à proportion de leur quantité, & causent d'ordinaire des maladies certaines à ceux qui habitent dans leur voisinage, reconnoissables aux mêmes symptômes de corruption. Que l'on y fasse attention, plus la végétation deviendra forte dans ces terrains sujets à être inondés, plus ils enverront d'exhalaisons dangereuses dans l'air, dont on n'évitera l'effet qu'en en détruisant la cause, soit en les desséchant, soit en ne souffrant pas que les matières corrompues s'y amassent à une grande épaisseur.

Ces observations peu curieuses en apparence, ont cependant des suites très-intéressantes, dans toutes les régions de la terre, dans nos climats tempérés, comme dans la Zone torride; puisque mille expériences concourent à persuader que les qualités locales du sol décident des dispositions habituelles de l'air dans lequel on vit immédiatement, & dès-lors de la santé, de la force du tempérament, & même de la durée de la vie & de ses agrémens.

Dans tous les tems, les Auteurs qui ont donné les instructions les plus utiles sur les matières économiques, ont reconnu la vérité des principes que nous avons établis, & ont insisté sur la nécessité de les suivre. « Une première vue, dit » Columelle, ne peut faire connoî- » tre ni les défauts, ni les vertus » cachées d'un fond que l'on veut » acquérir, on ne s'en instruit que » par l'usage ; & d'ordinaire, il ne

» faut fe décider ni fur les apparen-
» ces d'une fertilité extrême, à caufe
» de l'intempérie qui l'accompagne,
» ni fur la falubrité de l'air que l'on
» refpire dans prefque tous les ter-
» rains fecs & arides ; » ce font les
avis que donnoit aux Agriculteurs
de fon tems, d'après fa propre expérience, M. Attilius Regulus, ce
général fi célebre dans la premiere
guerre Punique ; il avoit poffedé
des terres dans les marais Papi-
niens, où croupiffent les eaux puan-
tes & fulfureufes de ces lacs qui
font entre Rome & Tivoli, & où les
terres font d'une fécondité prodigieufe ; plus loin il avoit cultivé
des fonds maigres que fes foins
avoient mis en valeur, mais il con-
noiffoit les difficultés de ce travail.
Sans donc s'arrêter aux attraits de
l'abondance, ou aux charmes d'une
fituation dont l'apparence eft fouvent trompeufe, il faut bien plutôt,
avant que de fe décider, connoître
quel eft l'état habituel de l'air ;
quels font les vents qui dominent ;

quel est la température en été &
en hiver ; ce qui convient au climat & à chaque canton en particulier ; quel est le meilleur parti à
tirer du sol. (*a*) Si on fait ensuite un établissement fixe, il faut
que ce soit dans une contrée où l'air
soit constamment salutaire, & même dans l'endroit où il doit être le
plus sain : cette attention n'est point
indifférente, car si l'air dans lequel
on vit immédiatement vient à se
corrompre, il est une source toujours présente de mille incommodités. Il y a des lieux où la chaleur de l'été est très-modérée, mais
où le froid de l'hiver est d'une rigueur insupportable ; telle est la
Béotie, & en particulier la Ville de

(*a*) Ac prius ignotum ferro quam scindimus
    æquor,
Ventos & varium cœli prædiscere mo-
    rem
Cura sit, ac patrios cultusque, habitusque
    locorum ;
Et quid quæque ferat regio, & quid
    quæque recuset, *Virg. Georg. lib. 1.*

Thébes ;

Thèbes : il y en a d'autres où le froid est si tempéré, qu'on passe insensiblement de l'automne au printems, par une température presque égale, mais où l'été est brûlant ; c'est ce que l'on éprouve à Calcis en Eubée (Négrépont, à la même latitude & vis-à-vis Thèbes). Dans des saisons différentes ces situations doivent paroître délicieuses, & dans d'autres elles sont insupportables ; ce n'est donc pas la premiere vue, mais l'expérience, qui doit guider. Il faut, autant qu'il est possible, faire son établissement dans une température également éloignée des excès du chaud & du froid, sur le penchant d'une colline heureusement située, où l'humidité de l'hiver ne croupisse pas long-tems, où l'ardeur de l'été ne brûle pas tout ; éviter le sommet des montagnes où le moindre vent est une tempête, où les nuages versent des pluies continuelles ; & le fond des vallées, où les eaux se rassemblent, où les vapeurs res-

tent stagnantes & se corrompent
(*a*). Ces préceptes donnés par les
anciens, ne sont-ils pas de tous les
tems & de tous les lieux? ne sont-
ils pas pris dans la nature même?

Que l'on compare dans nos climats les habitans des plaines basses
& aquatiques, où l'on ne facilite
l'écoulement des eaux, qu'autant
que l'on y est forcé pour pouvoir
cultiver les terres, où on les laisse
stagnantes dans les bois, où elles
forment des marais qui jamais ne se
dessechent, où les chemins sont
toujours bourbeux & humides ;
qu'on les compare avec les habitans des terres élevées & seches, ou
des montagnes : les premiers d'une
petite taille, foibles, décolorés, ne
travaillent que par habitude & par
nécessité ; ils ne mettent dans leurs
exercices ni force, ni légereté, ni
souplesse ; leurs chants mêmes ont
quelque chose de triste & de lan-

______

(*a*) *Columella, de re rusticâ, l. 1. c. 4. de
salubritate regionum.*

guiffant : tout peint en eux cet état
de relâchement qui leur eft habituel : une vieilleffe prématurée fuit
de près une jeuneffe qui a été pour
eux fans agrémens ; & un homme
de foixante ans, eft un vieillard d'un
âge très-avancé, que l'on confulte
comme celui qu'une très-longue
expérience a mis au fait des ufages
du pays, & qui fçait tout ce qui s'y
eft paffé de tems immémorial pour
la plus grande partie de fes contem-
porains. Tel eft le fort ordinaire de
ceux qui vivent dans une atmofphère
conftamment humide : ajoûtons encore que leurs alimens journaliers
étant des végétaux nourris dans
l'eau, qui s'y font élevés promptement, fans que les fucs dont ils font
formés aient eu le tems de fe mûrir
& de fe perfectionner ; ils ne peuvent qu'en tirer une nourriture qui
les charge beaucoup plus qu'elle ne
les foutient, & qui ne corrige en
rien les caufes de deftruction qu'ils
trouvent dans l'air qu'ils refpirent.
Tandis que l'habitant de la monta-

gne , d'une complexion robuste ,
d'une structure plus haute & mieux
formée , ne laisse voir dans tous ses
travaux, que les effets d'une santé
ferme & vigoureuse ; son maintien,
son langage, ses chansons, ses dan-
ses , tout répond à l'air subtil &
sain dans lequel il vit : sa nourriture
moins abondante que celle de l'habitant des marais & plus grossiere
en apparence, n'est formée que de
la substance la plus active d'une
terre seche , mais fécondée par ses
travaux. La longueur de ses jours
est proportionnée à sa force & à
son activité ; dans les montagnes le
vieillard nonagénaire, est plus vif,
plus gai , plus laborieux , que le
jeune habitant des plaines aquatiques , dont on ne peut que plaindre le triste sort, en le voyant couché avec nonchalance sur une terre
humide , où il laisse l'empreinte de
son corps ; veiller à la garde d'un
troupeau qui se nourrit d'un pâtu-
rage abondant, qui y croît & s'y
multiplie assez promptement, mais

qui dure peu , & ne fournit qu'à
des travaux légers & peu conftans.

Ces fortes de terrains diftingués
des marais dont j'ai parlé plus haut,
ne font pas tout-à-fait exempts de
l'intempérie qu'ils caufent par-tout :
mais comme en général ils font cultivés & habités , on n'y fait d'abord
aucune attention ; il n'y a que la
réflexion fur le peu de force de
leurs habitans , leur conftitution &
la briéveté de leurs jours , comparés avec les qualités oppofées dont
jouiffent les Montagnards , qui éclaire fur le peu de falubrité de l'air dans
lequel ils vivent , & qui faffe pré-
férer un terrain aride , pierreux ,
difficile à cultiver , à un fol plus
doux , où la végétation eft plus
prompte , où la nature docile répond aux premiers efforts du Cultivateur. Ainfi une compenfation
égale des biens & des maux , eft dans
les mains de la nature une balance
exacte où elle pefe le fort des mortels : les terres baffes & humides où
la fertilité eft conftante , & la vé-

gétation excessive & prompte, peuvent être comparées à la vie d'un volupteux, riche & puissant, qui n'a qu'à desirer pour jouir, mais que la satiété des plaisirs trop faciles, plonge bientôt dans l'ennui & les maladies qui en sont la suite, qui sont terminées par une mort prématurée à laquelle il tâche en vain d'échapper : tandis que les travaux constans, la vie frugale, les passions modérées d'un homme laborieux, affermissent sa santé, éloignent les infirmités de la vieillesse, & le conduisent à la fin d'une très-longue carriere, par une suite non interrompue de plaisirs purs & d'occupations utiles & honnêtes.

§. IX.

Matières dont sont formées quelques terres nouvelles.

Rien ne change donc autant la nature des terres, & celles des vapeurs & des exhalaisons répandues dans l'atmosphère qui les environne,

que les alluvions fréquentes. Elles
détrempent le sol, détruisent ses
qualités primitives & lui en communiquent de nouvelles ; elles lui
forment un autre état, & ses émanations ont des effets tout à-fait différens. C'est ce que font les grands
fleuves, les pluies abondantes suivies d'inondations, la fonte des neiges, la course impétueuse des torrens qui entraînent le sol des montagnes dont ils comblent les plaines ; les eaux de la mer, soit qu'elle
inonde des terrains qui jusqu'alors
avoient été inaccessibles à ses flots,
soit qu'elle en laisse d'autres à sec.
Car il y a des terres dans les différentes parties du globe, dont la surface, quoique seche en apparence,
est encore si nouvelle, qu'elle n'a acquis que peu de consistance : la plûpart de ces terres, quoique de la
plus grande fertilité, sont presque
toujours remarquables par l'intempérie qui y domine, & la peine que
ressentent les étrangers à s'accoutu-

T iv

mer à leur air. Elles ne font formées
en grande partie que de matières
végétales & animales, unies ensem-
bles par une vafe légere, les fels &
les bitumes que la mer charrie avec
fes eaux. Les fubftances différentes
s'y font confervées, de maniere
qu'on les reconnoît encore à leur
forme primitive. Les molécules organiques qui ont compofé autrefois des corps vivans qui fe font
corrompus, ne fe font pas encore
affez purifiées du principe de putréfaction qui les a féparées les unes
des autres, pour qu'il ne s'en exhale
pas continuellement dans l'air des
vapeurs malignes dont l'effet eft
dangereux, fur-tout pour ceux qui
commencent à le refpirer, & qui
font obligés à des précautions continuelles s'ils veulent s'en garantir.

On ne peut pas affurer en quel
tems la mer s'eft retirée des terres
baffes de quelques contrées de l'A-
mérique, & de la plûpart des Antilles, où les caufes de l'intempé-

rie qui y regne, font telles que je
viens de les expofer. Mais comme
elles font conftantes, que l'on trouve immédiatement fous la premiere
couche du fol végétal & à peu de
profondeur, les matières encore fraîches que la mer y a dépofées, & fous
leur forme naturelle, il eft à croire
que ces terrains font affez nouveaux.

Le centre de l'Ifle de la Guadeloupe eft un compofé de très-hautes
montagnes, de rochers & de précipices prefque inabordables, fi profonds qu'un homme criant de toute
fa force, ne peut fe faire entendre
de ceux qui prêtent l'oreille fur leurs
bords. Au milieu de ces hauteurs,
en tirant un peu vers le fud, on voit
la montagne ardente que l'on a
nommée la Soufriere, dont le pied
foulant le fommet des autres, s'é-
leve à perte de vue dans la moyenne région de l'air, avec une ouverture d'où il fort continuellement
une épaiffe & noire fumée entre-

mêlée d'étincelles pendant la nuit
(*a*). Il est vraisemblable que c'est
aux éruptions successives de ce volcan, que les montagnes qui l'environnent doivent leur formation &
leur existence : la plûpart de ces
précipices si profonds & si escarpés,
ne sont peut-être qu'autant de bouches par où les matières de diverses éruptions se sont répandues sur
le terrain des environs. Quant au
sommet plus élevé d'où le feu continue à sortir, il peut être nouveau,
& avoir été soulevé du fond des
foyers à la cîme de la montagne,
ainsi que s'est formée de nos jours
& sous nos yeux la pointe qui termine le Vésuve. On peut donc regarder cet amas de hauteurs & de
rochers, comme un point fixe,
autour duquel la mer a insensiblement rassemblé toutes les matières
qui composent les basses terres de

______

(*a*) Histoire Naturelle & Morale des
Antilles, par du Tertre, *in*-4°.

la Guadeloupe : plus on les examine, plus on se persuade qu'elles sont nouvelles.

Tout le fond de ce terrein est un amas de coquilles & de madrépores, auxquelles les habitans ont donné le nom de plantes à chaux, parce qu'ils s'en servent à faire de la chaux ; ils en trouvent les bancs, immédiatement au-dessous de la premiere couche de la terre végétale : cette chaux est la même que celle que l'on pêche à la mer ; & il n'y a sans doute point d'autre raison de cette conformité, sinon que le terrain qui compose cette Isle est un haut fond rempli de plantes à chaux, qui s'étant beaucoup augmentées, n'ont plus laissé de vuides entre elles : le sol s'est exhaussé, l'eau s'est retirée & en a laissé toute la superficie à sec (*a*). Ces plantes ainsi

____

(*a*) Nouveaux Voyages aux Isles de de l'Amérique, cités dans l'Histoire Naturelle du Cabinet du Roi, t. 2. p. 431. édit. in-12.

T vj

comprimées, & fixées dans le même
lieu, exposées dans leur partie supérieure à tout l'effet de la chaleur
du soleil & des vents, se sont desséchées & réduites en poussiere :
ainsi se forma d'abord la premiere
couche légere de terre végétale, qui
a été insensiblement augmentée par
les cendres qui sont sorties du volcan situé au centre de l'Isle, par le
sédiment des pluies & des limons
entraînés par les torrens qui descendent des montagnes ; enfin par les
débris & la dissolution des premiers
végétaux qui auront germé sur cette
terre neuve, & dont l'accroissement aura été d'autant plus prompt,
qu'ils auront trouvé des sucs tout
préparés, un fond gras & humide,
échauffé par une fermentation continuelle, secondée par les rayons
d'un soleil actif & pénétrant : ces
pays nouveaux auront bientôt eu
pris la face la plus riante, tous
les trésors de la nature s'y feront
développés avec une profusion sé-
duisante. Mais on n'en jouit pas im-

punément. La difficulté de s'accoutumer à un air d'une chaleur presque toujours étouffante, chargé de vapeurs & d'exhalaisons impures & grossieres, qui émanent continuellement des substances animales dont la base du sol est formée, fait payer bien cher à la plûpart des Colons, l'agrément d'avoir des plantations dans une terre si propre à la végétation. La cause de sa fécondité est celle de la corruption de l'air, qui sera toujours dangereuse dans tous ces terrains nouveaux.

Ne doit-on pas regarder encore comme une cause de l'intempérie de la Guadeloupe, la quantité de foufre enflammé répandu dans le sein de la terre, & à si peu de profondeur qu'il se montre souvent à sa surface, qu'il infecte les eaux, les teint, & porte au loin les qualités qu'il leur donne à leur source? Voici ce qu'en rapporte le P. Labat, sur ses propres observations. Il étoit à l'Eglise des Goyaves, située sur la rive occidentale de la partie de l'Ifle dite la Cabeſtere : on lui fit remarquer que l'eau de la mer bouillonnoit dans un eſpace de cinq ou ſix pas. Il s'éloigna de quelques toiſes du rivage, & s'arrêta ſur quatre pieds d'eau, dans un endroit où les bouillons ne lui paroiſſoient pas ſi fréquens que vers les bords : il y trouva l'eau ſi chaude, qu'il n'y put tenir la main, il y fit cuire des œufs ſuſpendus dans un mouchoir. A terre, vis-à-vis de l'endroit où la mer bouilloit, la ſuperficie du ſable n'étoit pas plus échauffée que partout ailleurs : mais ayant creuſé avec la main, il fut très-ſurpris de ſentir à la profondeur de cinq ou ſix pouces une augmentation conſidérable de chaleur ; & plus il continua de creuſer, plus elle devint forte, tellement qu'à la profondeur d'un pied, il lui fut impoſſible d'y tenir la main. Il fit faire plus loin un autre trou avec une pelle, le ſable brûlant ſe mit à fumer comme la terre dont les fourneaux de char-

bon font recouverts : cette fumée
rendoit une odeur infupportable de
foufre.

On lui fit voir dans le même canton une efpece de mare de fept ou
huit toifes de diametre, dont l'eau
étoit blanchâtre & trouble ; elle jet-
toit fans ceffe des bouillons vers fes
bords, & on voyoit s'en élever de
tems en tems de plus gros vers le
milieu ; il en paroiffoit fix ou fept de
fuite, & après quelque intervalle
ils fe reformoient de nouveau. Il
prit de cette eau qui étoit bouillante, il en goûta lorfqu'elle fut refroi-
die, elle parut bonne, à l'exception
d'un petit goût de foufre, auquel il
feroit facile de s'accoutumer. Il fort
de cette mare un petit ruiffeau qui
perd quelque chofe de fa chaleur
& de fon goût, à mefure qu'il s'éloigne de fa fource ; mais qui en retient toujours affez pour les faire fentir avant qu'il fe perde dans la mer
à deux cents pas. A côté de ce petit
étang, eft un marécage qui produit
quelques herbes blanchâtres, &

couvertes de pouſſieres de ſoufre:
le ſable qui eſt de même couleur eſt
mêlé en quelques endroits d'un peu
d'eau, en d'autres il eſt comme de la
boue qui commence à ſécher, plus
loin il paroît tout à-fait ſec; cependant il a ſi peu de ſolidité, même où il
ſemble le plus ſec, que les pierres
que l'on y jette s'enfoncent, &
ſont recouvertes preſque à l'inſtant.
Cette lagune eſt très-dangereuſe; il
eſt arrivé à des étrangers trop hardis d'y enfoncer avec un grand
danger de périr, s'ils n'euſſent été
ſecourus promptement (*a*).

La mobilité de ce ſable, ces mares, ces lagunes, ce ſoufre, nous
donnent une idée de l'état où étoient
ces terres baſſes, lorſqu'elles ont
commencé à s'élever au-deſſus du
niveau de la mer. Ces marais ne
ſont que des parties moins élevées
où l'eau eſt reſtée ſtagnante, & où
les ſoufres raſſemblés en plus grand

______

(*a*) Hiſtoire générale des Voyages, t.
15. *in*-4º.

volume, contribuent d'une maniere plus sensible à la dissolution des matières animales, dont le fond du terrein est composé. Ces soufrieres fréquentes dans toutes les terres basses de l'Isle, répandent dans l'atmosphère des fumées souvent invisibles, mais dont l'effet n'est pas pas moins actif pour rendre l'air stagnant & nuisible. Si l'on y joint les exhalaisons abondantes qui doivent s'élever d'un sol formé de matières animales mises en dissolution par une fermentation continuelle, on aura les deux causes les plus réelles de l'intempérie qui regne dans ces terres nouvelles; dans un climat où les chaleurs ne cessent point, & ne sont tempérées dans la saison la plus saine, que par quelques vents frais qui agitent l'atmosphère & lui conservent sa fluidité ; ou par des pluies abondantes qui durent plusieurs mois de suite, détrempent le sol, occasionnent la pourriture des végétaux dont il est chargé, & rendent plus mal saines encore les ex-

halaisons qui se répandent dans l'air
dans la saison humide ; ou lorsqu'immédiatement après , le soleil reparoît & échauffe de nouveau la surface du sol.

Les côteaux élevés qui sont entre Pouzzols & Baïes , dont la situation heureuse & la grande fertilité
présentent de tous les côtés les plus
beaux points de vue ; où la terre
déploie ses richesses avec une abondance admirable ; où les beautés
simples & variées de la nature, sont
bien au-dessus des efforts de l'art ,
sont actuellement presque déserts ;
ce que l'on attribue à l'intempérie qui s'y fait sentir pendant les
chaleurs de l'été. Alors il semble que l'air y perde sa fluidité &
son ressort ; il est infecté par différentes petites soufrieres , dont les
fumées se répandent dans l'atmosphère inférieure , en arrêtent le mouvement , & y concentrent des exhalaisons épaisses & nuisibles qui la
rendent stagnante : c'est la première
cause naturelle de l'intempérie. La

seconde qui n'est qu'accidentelle,
est la quantité de lins & de chan-
vres qu'on fait rouir pendant la
même saison, dans les lacs voisins
de la mer, & qui portent au loin
l'odeur désagréable des eaux stagnantes dont ils accélerent la corruption, & qui est encore augmentée par la puanteur de quantité de
poissons qui périssent alors dans ces
lacs & s'y pourrissent.

L'air étant chargé de tant d'exhalaisons de différentes especes,
dont les unes sont attirées par la
chaleur du soleil, & les autres en
plus grand nombre encore, sont
poussées de bas en haut par un autre agent, & tirées de toutes les matières contenues dans le sein de la
terre, & sur-tout des minéraux
abondans en ces régions, devient
pesant & mal sain. Loin de porter
dans le sang la fraîcheur nécessaire
à l'entretien de la vie & de la santé,
il n'y verse que des exhalaisons &
des vapeurs propres à en rallentir
le cours, à y faire obstacle en trou-

blant l'harmonie qui doit régner entre les solides & les liquides ; & à déranger tout le jeu de l'économie animale.

Ces exhalaisons sont sensibles par l'odeur désagréable qu'elles répandent, lorsque le soufre qui les unit entr'elles est échauffé par la chaleur de la saison. Souvent on ne s'apperçoit pas de leur existence, soit parce que le froid se fait sentir, soit parce que les pluies les ont entraînées en partie sur la terre où elles rentrent pour en sortir bientôt ; mais dans ces circonstances où certainement elles sont moins mal saines que dans les autres, elles ne laissent pas d'avoir leur danger, parce que retenant toujours leur nature déterminée, elles agissent conformément sur les corps auxquels elles s'assimilent, & qui par leur constitution sont disposés à favoriser leur développement. Les exhalaisons sulfureuses que la Chimie tire des liqueurs aqueuses ou froides, sont sans odeur ; elles semblent

y avoir perdu toute leur expanfibi-
lité, qu'elles ne tardent pas à retrouver dans l'air où elles fe difperfent ;
& fi elles étoient affez abondantes
pour y dominer, elles y cauferoient
le même effet que les foufrieres
dont nous venons de parler. Car il
eft généralement reconnu que les
molécules fulfureufes arrêtent &
concentrent toutes les autres exhalaifons : c'eft ce qui a fait croire que
la fumée de foufre étoit capable de
diffiper la contagion de l'air ; elle
peut fufpendre l'action des miafmes
peftilentiels qu'elle enveloppe, mais
elle ne les détruit point, elle ne fait
que les refferrer : & le remede, fi
c'en eft un, ne doit être que mo-
mentané.

Si ces caufes d'intempérie font
funeftes dans le plus beau climat
de l'Europe, où l'air eft naturellement fort fain ; quels doivent en
être les effets fous la Zone torride ?
Un petit lac fulfureux entre Rome
& Tivoli, un ruiffeau qui en fort,
& dont les phénomènes font les

mêmes que de celui du lac de la Guadeloupe, qui coule dans les terres pendant quelques milles, avant que de mêler ses eaux dans le Tibre, rendent une odeur si forte & si incommode dès les premiers jours du printems, que l'on n'est pas étonné que ce côté de la campagne de Rome soit désert : les exhalaisons des mares & des eaux sulfureuses des régions situées entre les tropiques, par-tout où il s'en trouve ainsi qu'à la Guadeloupe, jointes aux effluences d'un sol neuf, naturellement putrides & fort échauffées, doivent causer une intempérie beaucoup plus forte.

La péninsule de Jucatan dans le golfe du Mexique, qui s'étend à plus de cent lieues de longueur dans la mer, depuis l'ancien continent, sur une largeur inégale qui est au plus de 25 lieues, est encore un terrein nouveau dont tout le fond est composé de madrépores & de coquillages. Il est si peu élevé, que quoique dans toute cette éten-

due, il n'y ait ni ruiſſeau ni rivieres,
on trouve l'eau en ouvrant la terre:
l'air y eſt habituellement chaud &
humide ; les roſées ſont abondantes : la température, moins dange-
reuſe que dans quelques-unes des
Antilles & d'autres terres baſſes des
Indes orientales & occidentales,
parce qu'il y a moins de ſoufre répandu dans l'atmoſphère, ne laiſſe
pas d'être mal ſaine. On pourroit multiplier les exemples de ces
ſortes d'intempéries qui regnent
dans les terres nouvelles, ſur-tout
lorſque le fond eſt compoſé de matières animales en diſſolution, &
par-tout on en verroit les mêmes
effets ; plus violens dans les pays
chauds, que dans les Zones tempérées, & qui enfin deviennent inſenſibles dans les régions plus avancées
au nord.

Une partie du bas Languedoc eſt
un terrein très-nouveau, ou que
les eaux de la mer ont abandonné
en ſe retirant, ou qu'elles ont formé
en dépoſant ſur leurs bords une in-

finité de plantes, de coquillages, de vafes & de fables, que le poids des vagues & les vents impétueux du midi & du couchant ont infenfiblement accumulés, au point de former des couches plus élevées que le niveau de la mer, & qui une fois commencées s'augmentent continuellement par les mêmes caufes. La ville d'Aigues - mortes qui eft actuellement à plus d'une lieue & demie de la mer, étoit en 1248 un port où S. Louis s'embarqua pour fa premiere croifade, & d'où il partit encore en 1269 pour l'expédition d'Afrique. Maguelonne, qui n'eft plus qu'un marais inhabitable, conferve le nom de la Ville Epifcopale qui étoit autrefois bâtie fur le bord de la mer. La plus grande partie du vignoble d'Agde étoit encore couverte des eaux de la mer, il y a moins de foixante & dix ans. L'atterriffement qui s'eft formé au au port d'Oftie par les fables que le Tibre charie à fon embouchure, & que les vents de fud & d'oueft ont

ramaffés

ramassés de l'ouest à l'est par le sud,
s'étend actuellement à plus d'une
demi-lieue des ruines de la tour du
fanal de l'ancienne Ostie, & ce terrein continue à s'élagir. On éprouve que l'atmosphère de toutes ces
terres nouvelles se corrompt dans le
tems des chaleurs ; il s'en faut beaucoup que l'air soit aussi sain à Cette
qu'à Montpellier. Le serein ou la
rosée d'été, dont les effets sont si
terribles dans toutes ces contrées,
ne doit ses qualités nuisibles qu'aux
exhalaisons impures qui sortent d'un
sol neuf & humide, qui renferme
dans son sein & à peu de distance de
sa surface, quantité de matières putrides dont les particules exaltées
par la chaleur se dispersent dans l'air
qu'elles infectent.

§. X.

Terres nouvelles formées par les
éruptions des Volcans.

Il n'en est pas de même des nouvelles couches qu'ajoutent à la sur-

face de la terre, les matieres qui fortent des volcans : lors de leur éruption, elles ont été purifiées par l'action d'un feu violent qui les a dé-
pouillées de tout l'humide furabon-
dant & vicieux dont elles pouvoient
être chargées, de toutes les particules putrides & infectes qu'elles
contenoient : les foufres & les fels
mêmes confidérablement atténués,
font féparés par la même action
des parties graffes & arfénicales qui
leur étoient unies. Ainfi loin que
ces matieres, quoiqu'amaffées à une
très grande hauteur fur le fol qu'elles recouvrent, caufent aucune intempérie dans l'atmofphère, elles
paroiffent très-propres à entretenir
fa falubrité, & même à en corriger
les qualités nuifibles. Nulle part l'air
n'eft auffi pur que fur les terres voifines des volcans les plus confidérables, & formées par les matieres
qu'ils y ont répandues au loin. Que
l'on imagine au contraire la même
quantité de matieres amoncelées
par quelque inondation, & avec au-

tant de promptitude, comme elles
seront d'une qualité toute différente, elles répandront dans l'air un
principe de corruption qui subsiste-
ra long-temps, avant que d'avoir entiérement perdu sa force & son activité.

Le Cotopaxi, au Pérou, eut une
éruption considérable en 1744: les
eaux en se précipitant du sommet de
la montagne, firent plusieurs bonds
dans la plaine avant que de s'y répandre uniformément, ce qui sau-
va la vie à plusieurs personnes par
dessus lesquelles le torrent passa sans
les toucher. Le terrein cavé en quelques endroits par la chute des eaux,
s'exhaussa en d'autres par les limons
& les sables qu'elles y déposèrent en
se retirant, & sur-tout par les matieres calcinées & les cendres qu'elles entraînoient dans leur cours. On
peut juger quels changemens la surface de la terre doit recevoir par
des évenemens de cette nature, qui
se renouvellent souvent dans un
pays où presque toutes les monta-

gnes ſont des volcans ou en ont été.
Il n'eſt pas rare d'y voir des ravins
ſe former à vûe d'œil, & des torrens qui ſe ſont creuſé en peu d'années un lit profond, dans un terrein
qu'on ſe ſouvient d'avoir vu tout-à-
fait uni (*a*). Il eſt même vraiſem-
blable que toute la ſuperficie de la
province de Quito juſqu'à une aſſez
grande profondeur, eſt compoſée
de nouvelles terres éboulées, & des
débris des volcans; c'eſt ſans doute
par cette raiſon, que dans les plus
profondes crevaſſes on ne trouve
aucune coquille foſſile. Ce que le
ſçavant Académicien, dont je viens
de citer la relation, ne propoſe que
comme une conjecture, me paroît
une vérité phyſique, & un effet néceſſaire & naturel des éruptions des
volcans.

Quelquefois les terres échauffées
par des fermentations intérieures,
cauſent des fontes de neige ſi fortes

____

(*a*) V. Relation de M. de la Condamine,
dans l'Hiſt. générale des Voyages, *in-4°*.

& si précipitées, qu'elles emportent dans leur chute les terres & les
rochers mêmes qu'elles couvroient.
Les Espagnols, dans les premiers
temps de la conquête du Pérou, en
furent souvent témoins, ils virent
des fontes de neige si abondantes
sur les montagnes de la province de
Quito, d'où il sortoit des torrens
d'eau si impétueux, que les campagnes en étoient remplies & couvertes très-promptement, & les habitations des Indiens submergées : ils
entraînoient des pierres d'une grandeur prodigieuse, aussi aisément que
si c'eût été des pieces de liége (*a*).

Le Vésuve n'est ni plus haut, ni
plus étendu que le sommet des An-
des dont nous venons de parler ;
quoique les matieres qu'il rend dans
ses éruptions soient différentes, &
renferment singulierement beaucoup de parties métalliques qui forment cette pierre si dure, connue

----

(*a*) Histoire de la conquête du Pérou ,
liv. 2. chap. 10.

fous le nom de lave, il n'eſt pas
probable qu'elles ſoient plus abondantes que celles qui ſortent des
volcans du Pérou ; cependant le ſol
s'eſt élevé à douze milles d'étendue
autour du Veſuve à plus de cent
pieds, par les matieres ſeules des
éruptions, reconnues inconteſtable-
ment pour telles, ſans parler des
laves qui ſont ſi aiſées à diſtinguer,
& dont on a trouvé des lits ſolides
& entiers à plus de cent quarante
pieds de profondeur. On voit par-
tout dans les environs des preuves
de l'exhauſſement du ſol, par la différence des cendres, des ſables, des
pierres briſées & brûlées, & d'autres ſubſtances de cette eſpece qui
ſe ſuccedent, forment de nouvelles
couches, & continueront d'élever
le terrein tant que le volcan ſubſiſte-
ra & fournira de nouvelles matieres
par ſes éruptions.

Toutes ces terres ſont inconteſta-
blement nouvelles, on les a vu s'é-
lever ſucceſſivement : or on peut
juger de celles qui environnent

Quito, & de leurs qualités, par les terres voisines du Vésuve. Il n'y a point de pays au monde, où l'on jouisse d'une température plus égale & plus agréable, où l'on respire un air plus sain & plus doux qu'à Quito & dans toute la plaine de ce nom ; on y jouit d'un printemps perpétuel ; sous la ligne on n'a rien à craindre du froid des terres polaires, & par l'effet de la plus heureuse position, on n'y est jamais incommodé des chaleurs de la Zone torride : les maladies y sont rares, toutes les productions de la terre y sont de la meilleure qualité, l'usage en est constamment salutaire, l'excès seul entraîne à sa suite les inconvéniens qui sont par-tout inévitables. Il en est de même, relativement à la situation du royaume de Naples, dans le climat le plus délicieux de la Zone tempérée, de Portici & de tous les endroits situés sur les terreins formés de matieres rejettées par le Vésuve. L'air y est extrêmement pur & sain, les fruits y

font excellens, les hommes en général forts & robustes, la végétation abondante fans être exceffive,
& toute la campagne préfente le
fpectacle de la fertilité la mieux foutenue : à l'exception des laves nouvelles dont la furface aride & brûlante ne peut fournir de fubftance
qu'à l'entretien de quelques plantes
légeres, de quelques buiffons que
les ardeurs du foleil au folftice ont
bientôt defféchés, mais autour defquels il fe ramaffera infenfiblement
affez de terre végétale pour que les
plantes, les graines utiles, & les arbres même y croiffent & réuffiffent.
La fuperficie de ces laves une fois
brifée, atténuée & humectée par
les eaux des pluies, fe change
promptement en un fol de la premiere qualité ; on en peut juger par
les vignes des côteaux qui environnent le fommet du Véfuve, elles
font plantées fur la lave même, re-
couverte d'un terrein peu épais, &
ne laiffent pas de produire en abondance de très-bons vins.

Si l'on quitte les terres baſſes de
la Guadeloupe, pour gagner les hauteurs, du milieu deſquels s'élève le
ſommet du volcan qui eſt à ſon centre, on y trouve une température
beaucoup plus agréable, l'air y eſt
plus vif & plus ſain ; les exhalaiſons humides & contagieuſes que
rendent continuellement les terres
baſſes, ne s'élèvent pas juſqu'à ces
montagnes, & n'en infectent pas
l'atmoſphère. Il en eſt de même à
S. Domingue ; les François fatigués
de l'action de l'air de la plaine, vont
ſe rétablir dans les habitations ſituées dans les montagnes.

Ainſi par-tout on reſpire un air
ſalubre dans les terreins élevés &
ſecs, anciens ou nouveaux, tels
que ſont en général toute l'Europe ;
l'Aſie, à l'exception des terres baſſes
des Indes Orientales ; une partie de
l'Afrique en tirant du Cap de Bonne-
Eſpérance au Nord, la Barbarie, &
ſans doute quantité de terres élevées dans l'intérieur de cette partie
du monde qui nous ſont inconnues ;

toutes les hautes plaines de l'Amérique ; les Isles telles que la Jamaïque,
les Bermudes, les Açores, Madère,
quelques autres isles de la grande
Mer du Sud. La plupart sont encore
inhabitées, & elles annoncent par
la qualité de leurs fruits, la beauté
du ciel, la force de la végétation,
la bonté de leurs eaux, & tous les
secours qu'y trouvent les navigateurs fatigués d'une longue route,
un air pur & une terre imprégnée
de sels salutaires. L'isle de Juan Fernandés, sur la côte occidentale de
l'Amérique, vis-à-vis le Chili, par
les 36 degrés de latitude méridionale, est dans un climat fort doux, &
réunit tous ces avantages. Le terrein plus sec qu'humide, y produit
des végétaux excellens : l'hiver n'y
est jamais rigoureux, il ne dure
que les mois de Juin & de Juillet,
on n'y éprouve alors que de légeres
gelées, suivies de grêles & souvent
de pluies abondantes. Les chaleurs
de l'été y sont très-modérées, les
arbres y sont toujours verds, & la

végétation n'y est jamais interrompue. Quelques Anglois, & un Ecossois nommé *Alexandre Selkirk*, y ont passé assez de temps, pour juger des dispositions habituelles de son atmosphère. Les navigateurs qui s'y sont arrêtés depuis, tels que l'Amiral Anson, & tout nouvellement le chef d'escadre Biron, ont fait l'éloge de son heureuse température.

Ils n'ont pas parlé moins avantageusement de l'isle de Tinian qui est dans la même mer, mais à plus de huit cens lieues de distance de Juan Fernandés, Tinian étant au 16e degré de latitude septentrionale & au 114e de longitude méridionale. L'air, disent-ils, y est très-sain, le terrein est sec ; & comme il est un peu sablonneux, on juge qu'il n'est pas propre à une végétation excessive, quoiqu'il soit couvert de beaux arbres, de forêts assez épaisses, & sur-tout de mirthes qui y viennent plus hauts & plus forts que dans aucun autre lieu du monde. M. Biron l'a découverte le 8 Juillet 1765, tems de la plus grande chaleur, qui fut cause que d'abord il eut peine à se pourvoir de viandes fraîches, parce que les chasseurs ne purent pas transporter à bord assez promptement ce qu'ils en avoient tué, avant qu'elles ne fussent corrompues : ce qui est occasionné autant par la quantité de mouches qui se montrent pendant le jour, & de moustiques ou gros cousins qui volent pendant la nuit, que par la violence de la chaleur ; car ayant pris quelques précautions, son équipage en fut bientôt abondamment pourvu, de même que de bons oiseaux, & de toutes les choses nécessaires à la vie, & même superflues, qui toutes étoient excellentes dans leur genre. Cette isle se distingue sur-tout par la bonté de ses fruits & de ses plantes, qui semblent destinées à guérir le scorbut de mer, & qui rétablirent dans peu de temps tous les malades de l'escadre qu'on avoit mis à terre. Outre la qualité

de ses fruits, la quantité d'oiseaux
& de gibier de toute sorte, de bœufs
sauvages, de chevres, de cochons
noirs ou marons, cette isle, vraiment délicieuse pour les navigateurs
par la bonté & l'abondance de ses
eaux, & la beauté de ses plantations
dans lesquelles la nature a établi
l'harmonie la plus élégante, présente encore à la vûe un spectacle char-
mant, & que l'on trouveroit difficilement ailleurs. On en peut voir les
détails dans le voyage de l'Amiral
Anson ; il en donne une idée si favorable, qu'il est étonnant qu'elle ne
soit pas encore habitée, renfermant
tout ce qui est nécessaire à la vie, &
même beaucoup de choses d'agrément. Mais comme tous les bienfaits de la nature ne sont pas réunis
dans le même lieu, il faut se con-
tenter des richesses de la terre,
& ne pas vouloir y joindre celles
de la mer ; le poisson pêché sur
les côtes est mal sain. L'auteur
du voyage du chef d'escadre Biron
rapporte que le 17 de Septembre,
les Officiers après avoir mangé un

plat de ce poisson, se sentirent incommodés, & furent purgés violemment, & forcés de vomir au
point d'en faire craindre les suites.
Les mêmes accidens étoient arrivés
en pareil cas aux gens de l'escadre
de l'Amiral Anson. Cet inconvénient auquel on pourroit peut-être
remédier sans se priver des avantages de la pêche, n'ôte rien à la salubrité de l'air & à la bonté des fruits.
Ce que l'on connoît de cette isle
& de sa température, est une preuve que par-tout, au milieu des mers
les plus grandes, comme dans toutes les terres connues, soit qu'elles
soient voisines des mers, ou qu'elles en soient éloignées, un terrein
léger, plus sec qu'humide, arrosé
d'eaux pures en quantité suffisante
pour y entretenir une fraîcheur salutaire & favoriser les progrès d'une
végétation fertile sans être trop forte, jouit communément d'un air
sain, & d'une température agréable, relativement à la latitude dans
laquelle il est situé.

On peut dire la même chose de

l'isle de Sainte-Hélène dans l'Océan
méridional, au 16ᵉ degré de latitude
Sud, & au 10ᵉ environ de longitude,
entre la côte d'Angola & le Brésil ;
l'air qu'on y respire est si bon, que
dès qu'un matelot malade y est mis
à terre, sa santé est rétablie en peu
de jours. Lorsque les Portugais la
découvrirent en 1502, ils la trouvèrent inculte, sans habitans & sans
animaux. La bonté de ses eaux, &
la beauté des forêts dont ses montagnes sont couvertes, déterminèrent
un marchand, fatigué des courses
de la mer & de leurs dangers, à s'y
établir. Il y fit descendre des vaches, des brebis, des liévres, des
poulets & des pigeons, qui s'y sont
tellement multipliés qu'il s'y en
trouve une quantité prodigieuse. Il
y sema des légumes qui y crûrent
très-promptement, de même que
les orangers & les autres arbres
fruitiers qu'il y planta ; de sorte
qu'aujourd'hui les Anglois qui la
possedent, y ont un établissement
presqu'aussi utile que celui des Hol-

landois au Cap de Bonne-Espéran-
ce, où ils sont sûrs de trouver toutes sortes de rafraîchissemens & une
température admirable, toujours
égale & fort saine ; sans même avoir
à y redouter les animaux féroces,
& les reptiles vénimeux dont la plupart des terres situées sous ces latitudes sont souvent infestées.

§. X I.

Observations sur les qualités de l'air le plus propre à conserver la santé.

L'air le plus convenable à entretenir la santé des hommes, est donc
celui dont la fraîcheur est modérée
par un juste degré de chaleur, qui est
léger, pur, agité ; tel qu'on le respire dans les campagnes ombragées,
où les eaux coulent sur un fond sablonneux & sec, où l'action des vents
est libre & souvent renouvellée : tel
qu'on le respire encore sur les terres
hautes & les montagnes, pourvû
qu'elles ne soient pas élevées au

point qu'une partie des vapeurs &
des exhalaisons de l'atmosphère inférieure, ne puisse y parvenir, &
que l'air n'y soit si subtil & si raréfié,
qu'il ne serve plus ni à rafraîchir,
ni à retenir le sang & les autres liquides dans l'équilibre où ils doivent être : comme Acosta dit qu'il
arrive sur quelques montagnes du
Pérou, où il faut tenir à la bouche
une éponge trempée dans le vinai-
gre, pour conserver la facilité de
respirer, & dès-lors pour continuer de vivre (*a*). Car les esprits
animaux ne sont pas entretenus par
le sang seul ; bientôt il ne suffiroit
plus à la conservation du mouvement & de la vie, s'il ne tiroit
un aliment continuel de l'air extérieur. Ainsi celui que l'on rend
n'est pas le même que celui qu'on
reçoit, la quantité en est à peu près
égale, mais il s'en faut beaucoup
que l'un soit aussi pur que l'autre ;
le premier est chargé des vapeurs &

____

(*a*) Histoire des Indes, l. 3. ch. 9.

des exhalaisons qui sortent du corps,
emportées par le cours du fluide
qui sert à les en détacher ; tandis
que celui que l'on a reçu y reste
pour en nourrir l'esprit vital comme de sa substance la plus homo-
gène. Ces deux mouvemens de respiration & d'expiration sont donc
aussi nécessaires l'un que l'autre, le
premier pour l'entretien du fluide
vital, le second pour emporter hors
du corps les exhalaisons intérieures, dont l'abondance suffoqueroit
promptement. On en a un exemple
dans l'état des personnes qui meurent étouffées : leurs veines sont
distendues, les yeux sortent de la
tête, le visage est boursoufflé. C'est
pour cela encore que les mourans
expirent avec beaucoup plus de force qu'ils ne respirent, par un mouvement naturel, propre à tout être qui
répugne à sa destruction : ils cher-
chent à se débarrasser de la quantité d'exhalaisons produites par une
dissolution générale des liquides :
l'air externe, nécessaire à l'entretien

du mouvement & à sa juste proportion, n'est plus assez fort pour vaincre les obstacles qui l'arrêtent , &
le mourant périt d'ordinaire dans
l'effort violent qu'il fait pour rétablir cet équilibre, que ces convul-
sions finissent par détruire tout-à-
fait : parce que dans ces derniers
instans, l'air extérieur cessant par
degrés de modérer la chaleur interne, elle augmente bientôt au point
de porter tous les liquides à une
fermentation extrême qui cause la
mort.

Ces causes qui n'agissent que par
degrés dans les mourans , ont quelquefois des effets si violens & si
subits, que ceux qui y sont exposés
en sont sur le champ la victime. Un
air porté tout d'un coup à un extrême degré de chaleur occasionne
une mort très-prompte : ainsi les
moissonneurs périssent en pleine
campagne par une chaleur trop violente, dont l'action se trouve redoublée par les exhalaisons ardentes qui sortent de la terre & qu'ils

respirent avec l'air. D'autres évanouissent dans un bain chaud & y meurent, non que l'air leur manque, mais il est chargé de vapeurs chaudes & épaisses, qui, loin de fournir au fluide vital le rafraîchissement nécessaire à l'entretien de l'équilibre où il doit être, augmentent sa chaleur jusqu'à la rendre mortelle. Il y a des eaux tellement échauffées par des feux cachés dans le sein de la terre, dont l'évaporation est si abondante, qu'elles communiquent à leur atmosphère une chaleur étouffante, dans laquelle on ne peut respirer qu'un air qui feroit périr, si l'on y restoit exposé quelque temps. Les bains de Tritoli que l'on trouve sur la côte entre Pouzzols & Baïes au royaume de Naples, répandent dans l'air une chaleur si forte, qu'il suffit de faire deux ou trois pas à l'entrée de l'ouverture du roc qui y conduit, pour être sur le champ couvert de sueur. Les gens du pays qui sont habitués à aller puiser de l'eau aux

fources bouillantes qui font au fond
des grottes, fe mettent nuds; &
pour conferver autant qu'ils peuvent une pleine refpiration , ils
rampent à terre pour profiter quelque temps de la fraîcheur de l'air
extérieur qui fait canal au-deffous
de l'air intérieur, & qu'il perd bientôt lorfqu'on approche du fond, de
forte qu'on n'y refpire plus que des
vapeurs bouillantes. Elles occafionnent une tranfpiration forcée qui
fait tellement fouffrir ces malheureux, qu'un léger intérêt conduit,
que lorfqu'ils reparoiffent, ils font
dans un état d'abattemeni qui ef-
fraie. Ils font entiérement décolorés, les yeux éteints, tous les traits
allongés & tombans; enfin ils ont
l'air expirans. Ils rapportent que
les différentes grottes qui conduifent aux fources, vont en defcen-
dant; qu'en tournant au Midi, on
entre dans une grotte plus fpacieufe
que les autres, où la chaleur eft fi
forte que les torches s'y fondent
tout de fuite, & s'éteignent, de

forte qu'on ne peut y être éclairé
que par des lampes ; ils difent même
que des gens qui fe font opiniâtrés
à y refter, ont été fuffoqués. L'eau
y eft à un tel degré de chaleur, que
l'on voit des traits de feu mêlés avec
fes bouillons ; & c'eft cette foible
lumière qui les conduit, lorfqu'ils
en vont puifer à la fource. Ces eaux
néanmoins font pures & limpides,
fans aucun goût, & fort faines à
boire lorfqu'elles font réfroidies :
ainfi elles ne doivent pas charger
leur atmofphère de vapeurs impures, mais elles la condenfent extraordinairement ; & le degré de
chaleur qu'elles y établiffent, fait
qu'on ne peut y vivre. Les mêmes
accidens arrivent dans les affem-
blées nombreufes, dans les falles à
manger dont les plafonds font bas,
aux perfonnes valétudinaires ou
d'un tempéramment foible & délicat, & fur-tout aux femmes groffes.
Les défaillances qu'elles éprouvent
font moins un effet de la chaleur &
de l'odeur des viandes, que de l'é-

paiſſeur & de l'impureté de l'air : elles ne trouvent de ſoulagement qu'en paſſant à un air plus frais, plus léger & plus pur ; ou en reſpirant des odeurs aſſez fortes pour diviſer les corpuſcules dont l'atmoſphère eſt chargée, & en faire ceſſer l'action incommode.

Si dans une chambre bien fermée & nouvellement enduite de chaux, on allume un braſier ardent, tout de ſuite ſon atmoſphère eſt chargée d'exhalaiſons empoiſonnées & mortelles. L'air qui convient à la reſpiration & à la vie devant être modérément chaud, & conſervé pur autant qu'il eſt poſſible, rien ne l'altère autant que les vapeurs humides & les émanations arſénicales qui ſortent des murailles & des charbons allumés. La chaleur dont elles tirent leur activité, les rend plus pénétrantes ; & l'air extérieur ainſi modifié, enflamme l'air intérieur des corps, ſon épaiſſeur engorge les canaux, coagule les fluides, arrête la circulation & le mouvement. On fçait, par des expériences qui fe renouvellent tous les jours, que la feule vapeur du charbon renfermée dans un petit efpace, eft une caufe de mort prefque infaillible, fans qu'il foit néceffaire que les appartemens foient humides ; combien de malheureux dans les derniers hivers font morts à Paris de cette façon ! Ces effets font d'autant plus certains, que ceux qui y ont été expofés, après avoir reffenti quelque temps une chaleur qu'ils croient bienfaifante , font tout-à-coup pénétrés d'un froid intérieur fi douloureux qu'il leur annonce une mort prochaine, s'ils n'ont plus affez de force pour fortir de l'air empoifonné qu'ils refpirent. Nous avons déja dit, que les Hollandois qui paffèrent l'hiver de 1592 dans les glaces de la Nouvelle Zemble , furent obligés d'éteindre promptement le charbon de terre qu'ils avoient allumé dans leur hute; le froid le plus cruel leur étoit moins terrible que la vapeur mortelle de ce charbon. Par-tout, & en tout temps, ces mêmes causes ont leur effet. Ce fut le genre de mort que choisit le Consul Luctatius Catulus pendant les désordres des guerres civiles de Sylla ; l'Empereur Jovien périt ainsi à Dadastane en Asie (*a*).

Ces observations sont communes, & tirées de l'ordre des faits qui se passent sous nos yeux & se renouvellent sans cesse : mais on en peut faire d'autres sur des causes plus cachées & qui ne se reconnoissent qu'à leurs suites. Les qualités générales de l'air peuvent changer tout d'un coup, sans que son état en reçoive aucune altération apparente : il semble rester le même & aussi pur, cependant il est chargé d'émanations nouvelles qui ont des effets marqués sur les corps, quoiqu'elles ne tombent pas sous les sens. Elles sont différentes entre

------

(*a*) V. *Appian. de bello civil. lib.* 1....., & *Ammian. Marcellin. l.* 25.

Tome III.   X

elles , parce qu'elles s'élèvent de matières diverses dont les qualités sont opposées : cependant il est à croire que chaque espèce d'exhalaisons retient ses propriétés d'origine , quoique leur action varie relativement aux dispositions de chaque individu. Il est probable encore qu'elles ne sont jamais moins dangereuses que lorsqu'elles se font obstacle les unes aux autres. Malgré leur extrême ténuité , elles retiennent leur configuration naturelle & leur essence déterminée ; c'est ce dont on ne peut pas douter, si on parvient à les réunir , alors elles reprennent la forme même des corps dont elles sont sorties : c'est ainsi que les vapeurs aqueuses répandues dans l'air par une saison humide , quoique le ciel soit serein , & que l'atmosphère ait toute sa transparence , si elles s'attachent aux murailles , aux marbres , aux pavés , ou à d'autres corps, que leur froideur ou leurs autres qualités rendent propres à les retenir & à les condenſer, paroiſſent de nouveau ſous la forme de gouttes d'eau. Il en eſt de même des ſels & des ſoufres diſperſés dans l'air, lorſqu'ils ſe réuniſſent ſur d'autres corps aſſez ſecs & aſſez chauds, pour diſſiper toutes les molécules aqueuſes dont ils étoient enveloppés.

Ce ſont ces ſubſtances différentes répandues dans l'air, qui affectent ſi vivement les animaux à l'approche des changemens de ſaiſons & des tempêtes : leurs organes plus délicats ſont irrités par l'impreſſion de certaines effluences alors fort agitées, & qui leur ſont contraires. On les voit fuir des lieux où elles ſont plus abondantes, avec les cris de l'effroi & de la douleur ; nous en ſommes témoins dans nos climats, dans les temps qui précedent les orages d'été, quoique rien ne les manifeſte encore dans l'air. La fuite de ces mêmes animaux & leurs cris, ſont encore plus marqués ſous la

Zone torride à l'approche des ouragans, parce que les exhalaisons
qui en forment les phénomènes
principaux, y font plus développées
& plus actives. Les douleurs que
reffentent dans ces circonftances les
perfonnes malfaines, les valétudinaires, ceux qui ont reçu quelques
bleffures, ou qui font fujets aux
rhumatifmes, ne font-elles pas occafionnées par des émanations invifi-
bles, mais très-fenfibles par les incommodités qu'elles redoublent ?
elles fortent ou du fein de la terre ou
d'autres corps répandus dans l'air,
& dont l'atmofphère eft furchargée.
Boyle dit avoir connu une femme
pleine d'efprit, & d'un tempérament
très-délicat, qui lui avoit fouvent
affuré reconnoître pendant l'hiver, fi
ceux qui la venoient voir avoient
paffé dans des quartiers remplis de
neige, ce dont elle s'appercevoit à
l'odeur qu'ils répandoient ; & qu'en
tout autre temps, quelque froid qu'il
fît, elle n'avoit pas la fenfation fâ-

cheufe qu'elle éprouvoit dans cette occafion (*a*).

Delà on peut juger combien de caufes accidentelles peuvent altérer ou corrompre la maffe de l'air néceffaire à la refpiration & à la vie, au point de le rendre très-dangereux, & quelquefois mortel ; & quelle attention on doit apporter à les prévenir, ou au moins en a arrêter les progrès. Les unes font fenfibles & connues ; leur effet reftraint à un efpace déterminé, eft aifé à éviter : les autres font moins frappantes, elles tiennent à la conftitution générale de l'atmofphère dans laquelle on vit, & il eft plus difficile de s'y fouftraire ; fouvent on ne s'apperçoit de leur exiftence que par leurs effets. Ainfi les caufes ordinaires des fievres intermittentes épidémiques, font une atmofphère chargée d'exhalaifons corrompues, & une continuation de temps froid

____

(*a*) Differt. *de naturâ determinatâ effluviorum.*

X iij

& humide : delà vient que les maladies sont si communes dans les terres
basses & marécageuses pendant les
automnes précédés d'un été plu-
vieux. Les fruits que l'on mange
nourris dans le même air, & pénétrés des mêmes vapeurs, ne peuvent
que contribuer à l'établissement &
à la propagation du mal. Les ob-
structions se forment insensiblement
dans les corps, & parvenues à un
certain degré, elles arrêtent le cours
des fluides à leurs extrémités, y sus-
pendent le mouvement, & repous-
sent le sang vers le cœur. Alors toutes ces extrémités sont saisies d'un
froid violent, d'un frisson douloureux, qui ne cessent que lorsque le
cœur & les artères redoublant de
force & de mouvement, rendent le
cours aux fluides avec une vitesse
d'autant plus grande qu'ils avoient
été resserrés dans un espace plus
étroit. La chaleur paroît ensuite
d'autant plus vive qu'elle succede à
un plus grand froid, & qu'elle est
l'effet d'un choc plus violent des

fluides contre les vaisseaux qui les
contiennent.

Les fièvres sont donc moins un
mal par elles mêmes, qu'un effort
de la nature pour se dégager de ce
qui embarrasse ses opérations, &
vaincre les obstacles qu'elle y trouve sur-tout dans l'air intérieur ;
elles ne sont vraiment dangereuses,
qu'autant que ces efforts continués
trop long-tems, causeroient un affoiblissement général dans la machine, qui annonceroit sa dissolution prochaine.

Mais s'il se répand dans l'air des
causes de maladies, il peut s'y former aussi par la condensation ou par
la raréfaction, des antidotes également invisibles, mais très-prompts
à dissiper les causes de corruption
& de mort dont il étoit infecté. On
en peut juger par ce que l'on sçait
du retour annuel de la peste au Caire
& dans toute la basse Egypte, & de
son interruption. Ses accidens s'a-
doucissent vers le milieu de Juin
dans ceux qui en sont attaqués ; &

X iv

ceſſent enfin totalement. La peſte qui eſt ſi violente au Caire, diſparoît auſſitôt que le Nil commence à s'élever, tellement que le lendemain du jour où il eſt mort 500 perſonnes, il n'en meurt pas une ſeule. Ce nombre n'a rien qui doive étonner : les ſains & les malades habitent pêle-mêle, croyant la mort fatale, & regardant comme une impiété de fuir les peſtiférés (a). Ce phénomène merveilleux ne vient-il pas des particules nitreuſes, dont le Nil abonde dans les premiers temps de l'inondation, qui ſe mêlant avec les exhalaiſons répandues dans l'air pendant la ſaiſon ſeche, les dépouillent de toute leur force active, en les émouſſant ? Cette conjecture eſt appuyée ſur les obſervations des voyageurs les plus exacts & ſur celles des Médecins, du ſçavant Proſper Alpin entr'autres, qui exerça la médecine au Caire : ils s'accordent

---

(a) Voyage de Sandys, liv. 2.

tous à dire que dans les commence-
mens de l'inondation, il se répand
dans l'air des vapeurs humides &
très-pénétrantes, dont on ne s'appercevoit pas auparavant. On peut
s'en assurer par une expérience fort
simple ; on prend une certaine quantité de terre d'Egypte dans le voisinage du fleuve, on la conserve avec
soin, de maniere qu'elle ne puisse
ni se dissiper, ni contracter aucune
humidité : en la pesant tous les jours
on lui trouve le même poids jusqu'au
17 de Juin, qu'elle commence à être
plus pesante, & elle augmente de
poids à mesure que les eaux s'élevent, ce qui dans le pays sert d'une
marque infaillible pour connoître
la hauteur du débordement. Cette
augmentation de poids ne peut venir que de la disposition de l'air,
qui pénétrant par-tout, se mêle avec
cette terre, & en augmente le volume & le poids à mesure que l'humidité s'accroît. On n'attribuera pas
les effets salutaires de ces exhalaisons curatives à l'humidité seule ;

X v

mais n'est-on pas en droit de penser,
que se joignant aux corpuscules pestilentiels , elles en changent la figure , en augmentent le poids , de
maniere qu'elles les précipitent à la
surface de la terre , ou que rallen-
tissant leur agilité & leur mouvement , elles détruisent toute la mé-
chanique qui les rendoit pénétrans
& pestilentiels ; enfin se glissant avec
l'air dans le corps même des pesti-
férés , ces antidotes naturels se joignent aux miasmes contagieux dont
ils étoient infectés , en changent la
nature au point qu'ils cessent aussi-
tôt d'être nuisibles , & que sans doute ils les déterminent à s'échapper
par la voie des sécrétions ordinaires ? Il faut que ces sortes d'exhalaisons soient un remede bien actif ,
pour avoir un effet si prompt , & ré-
former en si peu de temps la disposition pernicieuse de l'air ; mais il
ne subsiste qu'autant que l'inondation dure : dès que les eaux se sont
retirées , & que le sol commence à
se dessécher , l'air se corrompt de

nouveau, & la contagion recommence ses ravages.

Il semble que les fumées des arbres résineux & odoriférans, ou même que leurs seules émanations naturelles, établiroient dans l'air un principe de salubrité plus constant. Les particules insensibles qui s'en détachent, ne se dissipent pas aussi promptement dans l'atmosphère qu'elles s'y répandent, mais elles subsistent unies entr'elles à un plus grand éloignement du lieu de leur effluence qu'on ne peut l'imaginer. On sent en mer, à plus de vingt milles de l'isle de Céïlan, l'odeur de la canelle, du girofle, & des autres plantes odoriférantes qui y croissent, lorsque le vent souffle de ce côté-là; l'air dans ces parages devient balsamique, on le respire avec plaisir, on s'apperçoit qu'il est plus sain. Il ne faut pas révoquer ce fait en doute, sur la proportion que l'on peut établir entre l'expansion de cette odeur & celle des autres corps fondus dans les liquides. Une

X vj

partie de sel, par exemple, quoique très-divisible, n'a que peu d'effet sur cent parties d'eau, tandis qu'une goute d'huile essentielle de canelle, tout au plus du poids d'un grain, communique son odeur à une mesure de vin pesant deux livres, quatorze mille fois au-delà de son volume. Ces deux expériences comparées, nous instruisent sur la diversité d'action des substances, & combien les unes sont plus expansibles que les autres, même dans des liqueurs aussi épaisses que l'eau ou le vin, qui sont palpables, & qui ont un poids déterminé. Comparons ensuite les sens entr'eux, & nous apprendrons combien il est plus difficile de donner des sensations au goût & au tact qu'à l'odorat. Delà, si nous mettons en parallele l'eau, le vin, ou toute autre liqueur aussi compacte, aussi dense, avec un fluide aussi subtil, aussi rare que l'air, nous pourrons nous faire une idée de la facilité avec laquelle les corpuscules odoriférans l'impre-

gnent & conservent leur vertu à
une si grande étendue.

Il est constant que les exhalaisons
qui s'élevent des lieux habités, sur-
tout des grandes villes fort peuplées, mettent différens degrés de
corruption dans l'air, & le rendent
moins sain, en général, que celui
de la campagne : il y a souvent des
maladies épidémiques dans les villes, qui ne se font point sentir dans
les campagnes : au contraire il y a
dans certaines années des maladies
à la campagne, causées par les vapeurs de la terre, qui ne pénetrent
pas jusques dans les villes. La raison en est que, quoique les vapeurs
des lieux habités alterent ordinairement la salubrité de l'air, elles
peuvent en certaines rencontres,
corriger en quelque façon l'air corrompu par les émanations de la
terre, qui par accident seroient plus
préjudiciables que celles qui viennent des immondices des maisons.
C'est ce qui arriva dans la derniere
peste de Marseille & de Lyon : on

remarqua que dans les quartiers de
la ville , les plus chargés de maisons,
où les rues étoient étroites & habituellement mal-propres , la peste fit
moins de ravages que dans les lieux
plus ouverts & plus libres. Vraisem-
blablement les Médecins de Londres
avoient fait la même observation,
lorsqu'ils conseillèrent pendant la
peste qui ravagea cette ville sous le
regne de Charles II , de faire ouvrir toutes les fosses d'aisance : la
mauvaise odeur qu'elles répandirent
fit cesser la peste.

Un pareil remede ne réussiroit
sans doute pas également par-tout:
les causes de la corruption de l'air
sont très-variées : elles ne sont pas
les mêmes une année que l'autre ,
& par conséquent les maladies qu'elles occasionnent sont aussi différentes , de sorte qu'il est très-difficile
d'en déterminer la nature. Mais toujours l'air corrompu est nuisible
lorsqu'on le respire ; on en est averti
par la répugnance que l'on éprouve
en passant par les endroits remplis

de matieres infectes, ou de corps en putréfaction.

Les épidémies ne dépendent pas toujours de la disposition sensible de l'air qui résulte du poids de l'atmosphère, de la chaleur ou du froid, de la sécheresse ou de l'humidité, de l'action des météores tels que le tonnerre & les éclairs. Il y a de certaines épidémies, du nombre desquelles sont les maladies pestilentielles, qui sont causées par un venin caché ou par une altération subite, occasionnée par une cause étrangère. L'air se corrompt seul & de lui-même, lorsqu'il est long-temps enfermé. Les corpuscules différens dont il est toujours chargé, agissent les uns sur les autres lorsqu'ils sont retenus ensemble ; c'est ce qui fait le rivolin des vaisseaux, & tous les ruisseaux d'un air dangereux & souvent pestilentiel, qui se forment lorsqu'on vient à ouvrir un lieu fermé depuis long-temps. Les vaisseaux ont leur atmosphère particu-

liere qui subsiste malgré le mouvement continuel où ils sont : il faut
avoir soin de la rafraîchir & de la
renouveller, si l'on veut conserver
la santé des équipages. Lorsque l'ef-
cadre d'Anson étoit prête à passer la
ligne pour entrer dans la latitude
australe, les Capitaines représentè-
rent au Commandant qu'ils avoient
plusieurs malades à bord, & que
non-seulement eux, mais aussi les
Chirurgiens étoient d'avis qu'il falloit laisser entrer plus d'air entre les
ponts. Comme les vaisseaux tiroient
trop d'eau, pour qu'il y eût moyen
d'ouvrir les sabords d'en bas, le
Commandant ordonna qu'on fit six
ouvertures à chaque vaisseau dans
l'endroit le plus convenable, précaution dont on reconnut promptement l'utilité. Les exhalaisons qui
altèrent l'air des vaisseaux, viennent immédiatement des corps qui
y sont renfermés trop long-temps,
& qui chargent une atmosphère
très-bornée d'une trop grande quan-

tité de corpuscules sujets à se corrompre (*a*).

Ces réflexions particulieres sur
les modifications variées dont l'air
est susceptible, sur les altérations locales qu'il peut éprouver, sur les
dangers qui en résultent, me paroissent d'autant plus utiles qu'elles sont
très-propres à répandre un nouveau
jour sur l'explication de ses phénomènes généraux, & sur-tout de ces
intempéries marquées, qui se font
sentir dans toute une région souvent
fort étendue. Ces effets différens
dans leur action, tiennent à des
causes générales, qui sont à-peu-
près les mêmes; le plus ou le moins
de développement en fait la différence, & le moyen de se garantir
des unes peut servir utilement à se
précautionner contre les autres,
puisque d'après tant de faits que
nous avons rapportés, & tous ap-
puyés sur l'expérience, il est cons-

(*a*) V. les Mémoires de l'Académie des
Sciences, An. 1751; & la Relation du
Voyage d'Anson, liv. 1, ch. 4.

ftant que l'on peut changer les qualités nuifibles de la partie de l'atmofphère dans laquelle on habite immédiatement, ou en éloigner les dangers.

Il en réfulte encore qu'un air modérément chaud, pur & renouvellé par les vents, eft le plus favorable à la fanté, à la multiplication des animaux, & aux progrès de la végétation. Car fi fon degré de chaleur eft au-deffus de celle du corps, il eft étouffant & mortel; s'il refte ftagnant, il fe corrompt; s'il eft très-froid, il eft nuifible au-moins à ceux qui font nés dans une température plus douce, quoiqu'il convienne aux peuples feptentrionaux qui y font habitués, & à la plupart des hommes dont font peuplées les régions les plus orientales du globe, où la hauteur des terres & les vents fecs entretiennent un froid prefque continuel. Tous ces peuples font robuftes & actifs; la chaffe, la pêche, la guerre font leurs occupations dominantes; ils font toujours en mouvement. Il femble même que cette température donne une plus grande force aux végétaux qui peuvent la soutenir ; les arbres des forêts du Nord sont plus élevés que les autres & plus propres aux constructions solides. C'est-delà encore que sont sortis ces conquérans qui pendant tant de siecles, se sont répandus dans le reste du monde, sans cependant y faire aucun établissement fixe, ni conserver leurs conquêtes, ce qui a fait croire que cet air si favorable aux forces du corps, & aux entreprises de mouvement, ne l'est pas autant aux effets du génie & à la sage combinaison des projets. On a remarqué dans tous les temps que les grandes forces de l'esprit existent au préjudice de celles du corps ; Alexandre, César, les plus grands Généraux, les plus célèbres Ministres, & presque tous les hommes illustres, ont été d'une compléxion délicate. Les Tartares mêmes qui ont fait plusieurs fois la conquête de la Chine, ne peuvent pas faire une exception à ce sentiment général : ils en ont détrôné les Monar-

qués, pour y établir de nouvelles
dynasties de Souverains; mais ils ont
toujours adopté les mœurs & les
usages de ce peuple qu'ils avoient
vaincu; on ne pas peut attribuer ce
changement aux effets de l'air. La
température de la plûpart des provinces de la Chine, est à-peu-près
la même que celle des régions qu'habitoient les Tartares avant leurs in-
vasions. Il est plus probable que ces
peuples bornés au soin de leurs troupeaux, accoutumés à une vie errante sans aucune forme décidée de
gouvernement, ont trouvé plus
facile d'adopter les usages Chinois,
& de se soumettre à l'arrangement
établi, que d'imaginer un nouvel
ordre de choses, d'autres loix dont
la combinaison surpassoit sans doute l'étendue de leur esprit.

Mais cette nation autrefois la
plus belliqueuse de l'Univers, qui a
fondé & détruit une multitude d'Empires, qui dès les temps les plus reculés fit redouter sa puissance au
reste de la terre, existe-t-elle encore
telle qu'elle étoit sous la conduite

de Gengiskan ou de Tamerlan ? Les conquêtes du premier font bien au-deſſus de celles d'Alexandre ; & ſi cette nation victorieuſe eût eu des hiſtoriens pour célébrer ſes merveilles & en conſerver la mémoire, l'éclat de ſes actions l'eût emporté ſur tout ce qui s'eſt fait & entrepris de plus fameux. Mais uniquement occupée de ſa gloire préſente, ſûre de vaincre dans tous les temps, parce qu'elle n'imaginoit pas que ſa puiſſance dût jamais diminuer, elle ne ſongea point à ſe ſignaler dans l'avenir, par la mémoire de ſes conquêtes. L'âpreté du climat où elle étoit née, lui fit mépriſer les arts, elle n'eut de goût que pour le tumulte des armes ; elle ſeroit tombée dans un oubli abſolu, ſi ſon hiſtoire ne ſe trouvoit mêlée avec celle des peuples qu'elle vainquit pour un inſtant, dont la plupart ſubſiſtent avec gloire, tandis que les Tartares diſperſés dans l'orient de l'Univers, par peuplades ſéparées, ne forment plus une puiſſance redoutable.

§. XII.

QUESTIONS

Relatives à la théorie générale de l'air.

I.

Quels sont effets de la lune sur la température de l'air.

LA lune peut-elle donner à l'at-mosphère quelque modification nouvelle ? Peut-elle augmenter le degré de chaud ou de froid dont elle est susceptible ? Ce sont les questions les plus simples & les plus raisonnables que l'on puisse faire sur les effets de cette planette relativement à la terre. Je laisse à part toutes ces qualités arbitraires qu'on lui attribue, & sur lesquelles on est si peu d'accord ; il n'est pas non plus de mon sujet, de sçavoir quelle est sa force active sur le flux & le reflux de la mer : je ne prétends l'examiner ici que par rapport au chaud ou au froid qu'elle peut occasionner : car, si elle a quelque propriété, c'est celle d'exciter du mouvement ou quelque chaleur dans l'air, sa lumière n'étant qu'une réflexion de celle du soleil. Commençons par rapporter les expériences qui ont été faites à ce sujet, ensuite nous essaierons de rendre raison de l'effet qu'elles ont eu.

M. de la Hire le fils, après avoir dit que jusqu'à lui on n'avoit fait encore aucune expérience pour détruire ou appuyer les raisons que l'on avoit eues d'attribuer à la lune la vertu de produire quelque chaleur, rapporte qu'il fit le plus exactement l'expérience suivante, pour sçavoir ce que l'on en devoit croire... « Au mois d'Octobre 1705, la lune » étant dans le méridien, le jour de » son opposition, le ciel étant fort » serein, j'y exposai le miroir ardent de trente-cinq pouces de dia-

» metre, qui est à l'observatoire,
» & vers le foyer je mis la boule
» d'un thermomètre à air de M.
» Amontons, qui est le plus sensi-
» ble que nous ayons, ensorte que
» cette boule, qui a deux pouces
» de diamètre, recevoit exactement
» sur toute sa surface les rayons qui
» alloient se rassembler au foyer,
» & ayant examiné la hauteur du
» mercure dans le tuyau, après l'y
» avoir laissé quelque temps, je ne
» la trouvai point différente de ce
» qu'elle étoit auparavant, quoi-
» que les rayons fussent rassemblés
» dans un espace 306 fois plus petit
» que leur état naturel, & qu'ils
» dussent par conséquent augmen-
» ter la chaleur apparente de la lune
» de 306 degrés (*a*) »…. Si dans
une expérience comme celle-ci,
où non-seulement on rassemble les
rayons de la lune dans un espace
306 fois plus petit que leur état na-

(*a*) Histoire de l'Académie des Sciences, An. 1706.

turel,

turel, mais où on les oblige à se
croiser en se réunissant, ce qui augmente leur effet, on ne remarque
aucune chaleur apparente, on doit
croire qu'elle ne peut pas exciter
dans les corps la sensation de la
chaleur.

S'il m'est permis de citer ici quelques expériences que j'ai faites dans
ma jeunesse sur le même sujet, je
dirai qu'ayant été très-curieux de
sçavoir si les rayons de la lune
avoient quelque action, je les ai
rassemblés souvent avec de fort grandes loupes, & même avec un miroir ardent d'environ un pied de
diamètre, en différentes saisons : ce
que j'y ai remarqué de plus singulier, c'est qu'en certain temps le
point d'incidence étoit un peu iri-
sé, ce qui dépendoit sans doute de
l'état des vapeurs que les rayons
réunis avoient à traverser. D'ordinaire le point étoit blanc & fort lumineux s'il étoit reçu sur un corps
blanc, où il rendoit les autres couleurs plus vives : la carnation au

point d'incidence, paroiſſoit plus vermeille & plus brillante : mais je ne me ſuis jamais apperçu de la moindre ſenſation de chaleur ; au contraire, il me ſembloit que faiſant ces expériences à l'air de la nuit, dans un climat plus froid que chaud, les rayons réunis appliquant l'air plus immédiatement , excitoient une ſenſation de fraîcheur un peu plus marquée, ſi légere qu'elle peut bien n'avoir été qu'imaginaire ; mais qui cependant me donne lieu de conjecturer qu'il pourroit arriver qu'un très-grand miroir concave, plus actif, plus parfait que tous ceux que l'on a eus juſqu'à-préſent, en appliquant plus fortement ſur le thermometre l'air frais & condenſé de la nuit, eût un effet tout contraire à celui que l'on cherche, d'augmenter le froid au lieu de produire quelque chaleur.

Il eſt vrai que quelques voyageurs, excédés ſans doute des ardeurs extrêmes de l'Afrique, ont prétendu qu'il arrivoit ſouvent ſur les côtes du Sénégal, que la lune répandît une chaleur sensible, & qui, selon eux, venoit d'elle si directement que l'on ne pouvoit s'y méprendre (*a*). Mais c'étoit sans doute une illusion produite par la continuation du sentiment d'une chaleur incommode, dans un temps où ils s'attendoient à goûter quelque fraîcheur : ou si la lune avoit quelque action, c'est qu'elle appliquoit plus immédiatement sur les corps l'air encore très-échauffé, & y continuoit la sensation de la chaleur. Ainsi, supposé que le fait fût vrai, il en résulteroit que dans les climats les plus chauds, l'impulsion occasionnée par le point d'incidence des rayons de la lune, produiroit une chaleur un peu plus sensible, par l'application d'un air toujours brûlant, comme elle exciteroit une sensation plus vive du froid dans la Zone glaciale. C'est ainsi que dans

______

(*a*) Histoire générale des Voyages, t. I. *in*-4°.

les momens où l'action de la lune doit être la plus vive, dans le tems des éclipses, les vents font ordinairement plus forts, parce que le défaut de chaleur augmente le degré du froid, & par conséquent la denfité & le poids de l'air, qui gravite & s'écoule du côté où il trouve le moins de réfiftance. (*a*)

Il paroît donc certain que les rayons de la lune ne répandent aucune chaleur dans l'air de la nuit, & ne diminuent en rien les rigueurs exceffives du froid de la Zone gla-

---

(*a*) L'immortel Bacon tomboit en foibleffe pendant les éclipfes de lune, qu'il en fût prévenu ou non. Il reftoit dans cet état tant qu'elles duroient. Il revenoit à lui auffitôt qu'elles ceffoient, fans en reffentir aucune incommodité. Effet fingulier de l'état actuel de l'air fur fon tempérament, & qui peut influer de même fur des nations entieres. N'eft-ce pas à un fentiment naturel, autant qu'à l'apparition du phénomène, que l'on doit attribuer l'état d'inquiétude & de mouvement où font beaucoup de fauvages pendant les éclipfes?....

ciale où ils brillent de tout leur
éclat. Ce phénomène paroîtra d'autant plus singulier, que la lumiere
de la lune vient immédiatement de
celle du soleil; & que les mêmes
rayons du soleil réunis au foyer
d'un miroir ardent, enflamment,
fondent, calcinent les matières les
plus compactes & les métaux les
plus durs, tandis que toute la lumière de la lune la plus brillante
rassemblée par le même milieu, ne
cause aucun changement sur les
corps les plus susceptibles des impressions du froid & du chaud, sur
le thermometre. Pourquoi donc les
rayons du soleil réfléchis de la surface de la lune perdent-ils assez de
leur force, pour ne plus agir que
sur l'organe de la vue ? Robert
Hoock, Mathématicien Anglois,
cherchant la raison de cette différence singuliere, observe que la
quantité de lumiere qui tombe sur
l'hémisphère de la pleine lune, est
dispersée, avant que d'arriver jusqu'à
nous, dans une sphère 188 fois plus

grande en diametre que la lune; par conséquent sa lumiere est alors 104, 368 fois plus foible que celle du soleil : ainsi il faudroit qu'il y eût tout à la fois dans les cieux, 104, 368 pleines lunes , pour donner une lumiere & une chaleur égales à celles du soleil à midi. C'est donc dans les loix de la réfléxion, & dans la manière dont elle se fait de la lune à la terre, qu'il faut chercher l'explication de ce phénomène. Les meilleurs philosophes n'ont pas essayé d'en donner une autre , quoique leurs procédés n'aient pas toujours été les mêmes. Car d'autres ont prétendu qu'il tombe sur la lune un cilindre de rayons , dont la base égale à cette planete, n'est que le quart de sa surface : ces rayons réfléchis par la surface convexe de la lune, en partent divergens: leur rareté augmente avec leur éloignement , & devient proportionnée à l'espace qu'ils remplissent , lorsqu'ils sont à une distance de la lune égale à celle de la terre à cette planete. Alors ils sont répandus dans un espace 180000 fois plus grand que celui qu'ils occupoient avant de tomber sur la lune : ainsi quand chacun de ces rayons après avoir rencontré le corps de la lune, auroit été réfléchi avec toute sa premiere force, ils n'auroient relativement à la terre qu'une force 180000 fois moindre ; disproportion immense, & qui suffit pour que le phénomène dont nous parlons n'ait plus rien de surprenant. Toutes les expériences que l'on a faites jusqu'à présent, nous apprennent que des rayons paralelles réunis au foyer du miroir ardent le plus fort, ne font qu'environ trois cents fois plus denses qu'ils ne l'étoient avant leur réunion : or par le calcul que nous venons de rapporter, les rayons paralelles qui forment la lumiere de la lune, font 180000 fois plus rares que les rayons du soleil. Ainsi, quoique réunis par le foyer du miroir ardent, ils font encore 600 fois plus rares que les rayons directs du soleil ; ce calcul ne paroît

Y iv

que conjectural , puisque l'on sçait
que la chaleur de la lumiere de la
lune , est encore moindre que celle
qui devroit en résulter , supposé
qu'elle en ait quelqu'une , & que
l'on ne puisse pas séparer l'idée du
mouvement de celle de la chaleur.
On peut même sans calcul & sans
instrumens concevoir pourquoi la
lumiere de la lune ne cause aucune
sensation de chaleur : il ne faut que
regarder la divergence des rayons
qui partent de cette planete , ils
sont absolument horisontaux par
rapport à nous ; & cette raison me
paroît la plus sensible & la plus propre à donner la solution du problême proposé.

Ceux qui se sont le plus appli-
qués à connoître la conformation
de la lune , dont les spéculations
ont l'exactitude des voyages , ajoû-
tent qu'une quantité considérable
des rayons du soleil qui tombent
sur la surface de la lune , se perdent dans les différentes réflexions
causées par ses inégalités, ou sont

absorbés dans ses pores, ainsi elle ne nous en renvoie que la plus petite partie.

Toutes les observations faites jusqu'à présent sur cette planete, s'accordent à nous persuader que c'est un corps opaque rempli de montagnes & de vallées. Le Jésuite Riccioli a mesuré une de ces montagnes, & a trouvé qu'elle avoit neuf milles d'Italie, ou environ trois lieues, de hauteur. Dans les quarante-huit taches qu'il a comptées dans la lune, auxquelles il a donné des noms différens, on conjecture que celle qu'il appelle *Ticho*, est une grande ville ; & comme il est de la gloire d'un Observateur d'ajoûter de nouvelles découvertes aux anciennes, au-moins de les completter par des circonstances intéressantes, Hartsoéker, dans ses principes de dioptrique, a prétendu montrer visiblement les chemins qui aboutissent à cette grande ville ; il a poussé même les conjectures jusqu'à deviner à-peu-près ce que l'on y faisoit. De plus, il y a dans la lune de grands espaces, dont la surface est unie & égale, & qui rendent moins de lumiere que les autres; or comme la superficie des corps fluides est naturellement unie, & que ces corps en tant que transparens, absorbent une grande partie de la lumiere & n'en réfléchissent que fort peu; on en a conclu que les taches de la lune sont des masses fluides & transparentes; & que si elles sont fort étendues, ce sont des mers. Les parties lumineuses de ces taches doivent être par la même raison des isles ou des péninsules; & puisque dans ces taches, près de leurs limbes, & même sur les bords de la lune, on remarque certaines parties plus hautes ou plus saillantes les unes que les autres; ces inégalités seront des montagnes, des rochers ou des promontoires. D'autres prétendent que les taches de la lune ne sont pas des mers, mais que ce sont des régions dont le sol est moins dur, moins blanc que les contrées des pays montueux, parce qu'on y remarque une infi- nité de cavernes & de cavités très- profondes, par le moyen des om- bres qui font rejettées au-dedans, lorfque la lune croît ou qu'elle eſt en décours. Quoi qu'il en foit de la réalité de toutes ces fpéculations, il n'en paroît pas moins certain, que la lune ne réfléchit qu'une par- tie des rayons lumineux qu'elle re- çoit directement du foleil.

Ajoûtons encore que la lune étant entourée d'une atmofphère pefante & élaſtique, dans laquelle les vapeurs & les exhalaifons fe ré- pandent pour retomber enfuite en forme de rofée ou de pluie ; il s'en- fuit que l'air de la lune n'eſt pas toujours également tranfparent, & qu'il diminue d'autant la force des rayons du foleil, par rapport à la ter- re que nous habitons. On a prétendu anéantir cette difficulté, en répon- dant que les expériences les plus communes nous apprennent, que les rayons du foleil réfléchis par

Y vj

l'eau ou par la glace conservent une
très-grande chaleur, ce qui est vrai
pour les habitans de la lune, dont
nous supposons l'atmosphère modi-
fiée à-peu-près comme la nôtre ;
mais au-delà, ces rayons affoiblis
& fort divergens, ne doivent conserver aucun principe de chaleur,
relativement à nous. Au reste, de
nouvelles expériences, des miroirs
ardens plus parfaits, sans doute ap-
prendront un jour à quoi l'on doit
s'en tenir sur cette question.

2.

Que doit on penser des crépuscules,
relativement aux dispositions de
l'air ?

Ne pourroit-on pas dire avec
plus de vraisemblance, que les crépuscules doivent conserver dans
l'air pendant un certain intervalle
de tems, les dispositions qu'il a
reçues de la chaleur du soleil pendant qu'il éclairoit l'horison ; & rendre plus sensible le matin la fraî-

theur qu'y ont répandues l'évaporation de la nuit, & la conden-
fation de l'air pendant l'abfence du
foleil. Si ce problême n'a pas une
grande utilité, j'emploierai fi peu
de tems à le difcuter, que mes lecteurs n'auront pas à regretter celui
qu'ils mettront à me fuivre dans
cette courte digreffion. Pour donner à mes idées toute la clarté dont
je les crois fufceptibles, il fuffira
d'expliquer ce que l'on entend par
crépufcules, quels en font les caufes & les effets, refpectivement
aux différens points de la fphère où
ils font plus ou moins apparens.

On appelle crépufcule, le tems
pendant lequel les objets font vifibles fur l'horifon, quoiqu'il ne foit
pas éclairé pas la préfence du foleil. Cette lumiere nette & vive,
immédiatement avant le lever du
foleil ou après fon coucher, s'affoi-
blit & devient plus incertaine, à
mefure que le foleil s'éloigne davantage du cercle horifontal : elle a le
nom d'aurore le matin, & de cré

puscule le foir : elle eft marquée par le tems qui s'écoule depuis la premiere pointe du jour jufqu'au lever du foleil , & depuis fon coucher jufqu'à la nuit fermée. L'intervalle entre ces deux inftans, eft celui où on ne diftingue plus les couleurs ni les objets, fur-tout ceux que leur élévation met à portée d'être plus aifément éclairés ; tous les corps aériens.

La caufe principale des crépufcules du matin & du foir, eft la réflexion de la lumiere du foleil par les particules de l'air. Les rayons du foleil pénétrant obliquement dans l'atmofphère , non-feulement éprouvent une réfraction néceffaire ; mais encore ils font réfléchis par les particules des vapeurs dont l'air eft chargé, & renvoyés comme ils le feroient par un miroir à faces inégales, à caufe de la fituation irréguliere des particules : fans cela aucune autre partie de l'atmofphère ne feroit éclairée, que celle qui a le foleil à fon zénith ; & le foleil étant à l'eft, l'air feroit obfcur à l'oueft : c'eft donc la réflexion de la lumiere par l'air de différens côtés, & d'une particule à une autre, qui rend toute fa maffe lumineufe. On en a la preuve dans les différens nuages qui font répandus dans l'air & éclairés par le crépufcule du foir ou du matin : les réflexions multipliées portent fouvent la lumiere à une grande diftance, bien au-delà de ce qu'elle pourroit aller directement : les couleurs éprouvent différentes dégradations ; & leurs teintes répondent plutôt à l'effet de la réflexion, qu'à la diftance où eft le foleil. Ainfi lorfque les crépufcules font plus longs, il n'eft pas rare de voir, par une fuite extraordinaire de ces réflexions, des nuages très-lumineux à 30 ou 40 degrés, qui cependant, eu égard à l'heure où on les apperçoit, devroient être tout-à-fait obfcurs.

C'eft à cette réflexion en tout fens, qu'eft due l'expanfion de la lumiere dans tout l'hémifphère ; fes progrès ne font jamais plus fenfibles que pendant un certain tems

de la durée des crépuscules. A mesure que la force de la réflexion
diminue, on voit une obscurité som-
bre s'établir du côté où elle ne peut
plus arriver ; & par un effet contraire l'obscurité se dissipe, quand
le soleil s'approchant de l'horison,
semble plier le voile épais qui cou-
vroit une partie de notre sphère ;
& bientôt la lumiere se porte jusqu'au couchant, quoiqu'il soit certain qu'aucun rayon direct du soleil ne puisse arriver encore jusqu'à
cette partie de l'atmosphère ; elle
est donc éclairée par la réflexion
de la lumière, qui se fait par les particules de la matière dont elle est
composée.

Le crépuscule du matin, ou l'aurore, commence à paroître lorsque
le soleil n'est plus qu'à environ dix-
huit degrés au-dessous de l'horison ;
alors on apperçoit que cette trace
blanche qui l'éclaire, devient plus
lumineuse & s'élargit à mesure que
le soleil s'en approche. Il finit le soir
comme il a commencé le matin : on

voit la lumiere se dégrader insensiblement, les nuages s'obscurcir &
disparoître à la vue, jusqu'à ce qu'il
ne reste plus qu'une petite lueur
blanche à l'horison, qui indique le
moment où le soleil s'est éloigné de
18 degrés du point où il a cessé
de paroître à nos yeux. Tout ceci
doit s'entendre d'un air également
serein ; or comme divers accidens
peuvent en changer l'état, le crépuscule paroît plus ou moins élevé :
c'est ce qui a déterminé quelques
Physiciens à l'étendre jusqu'à vingt
degrés de l'abaissement du soleil
sous l'horison, & d'autres à le res-
treindre à seize ; mais ce ne sont que
des hypothèses mal fondées : la cause
est constamment la même ; & si les
effets varient, c'est par rapport aux
modifications accidentelles de l'atmosphère. Si les exhalaisons qui y
sont répandues, sont plus abondantes ou plus hautes qu'à l'ordinaire ; le crépuscule du matin com-
mencera plutôt, & celui du soir
finira plûtard que de coutume, par-

ce qu'alors il y aura plus de rayons réfléchis, & plus de moyens de répandre la lumiere dans un plus grand efpace. Il arrive même que le foir ou le matin, certaines éruptions locales d'exhalaifons très-ténues, fe trouvant au point du coucher du foleil ou de fon lever, forment une colonne lumineufe dont l'éclat s'étend bien au-deffus de la lumiere horifontale du crépufcule, ainfi que nous le rapporterons en parlant des météores extraordinaires. On peut ajouter encore, que quand l'air eft plus denfe, la réfraction eft plus grande ; mais la denfité de l'atmofphère, ainfi que fa hauteur étant variables, comme nous l'avons déja dit, il s'enfuit que l'élevation & la durée de la lumiere des crépufcules doit varier. Si l'évaporation eft à peine fenfible, fi l'état de l'air eft habituellement fec comme en Perfe, & en quelques régions de la Zone torride pendant la faifon feche, les crépufcules font très-courts ; mais ils font remplacés par la lumière des étoiles, que la pureté de l'air laiffe briller de tout leur éclat.

Comme il eft affez généralement convenu de fixer à dix-huit degrés l'abaiffement moyen du foleil fous l'horifon, à la fin ou au commencement des crépufcules, on peut en conclure pourquoi ils ne font pas égaux par-tout, ni dans la même région dans les faifons différentes. Quand la déclinaifon du foleil & l'abaiffement de l'équateur fous l'horifon, ne vont pas à dix - huit degrés, le crépufcule doit durer toute la nuit : c'eft pour cela que dans nos climats au folftice d'été, nous n'avons point de nuit tout-à-fait obfcure : la lumiere de l'aurore fuccede immédiatement à l'extinction du crépufcule du foir, quelquefois même on voit les deux bandes oppofées de l'horifon bordées de deux lumieres différentes ; l'une qui s'éteint infenfiblement, l'autre qui naît & qui prend un accroiffement rapide, de forte que tout l'hémif-

phère se trouve éclairé par la réflexion de ces deux lumieres. Dans
les climats plus septentrionaux, il
n'y a point de nuit du tout, quoique le soleil disparoisse quelque
tems, parce qu'alors la différence
entre l'abaissement de l'équateur
& la déclinaison boréale du soleil,
est moindre de dix-huit degrés : il
n'y a même point alors de crépuscule dans les terres qui avoisinent
le cercle polaire, où il est si brillant,
que l'on ne s'apperçoit d'aucune
diminution dans la lumiere ; le jour
du solstice d'été, le soleil observé
du clocher de Tornéo, par les 65
degrés 43 minutes de latitude, ne
cache que la moitié de son disque,
sous l'horison, & reparoît presque
aussi-tôt dans son entier. Si l'on
avance plus au nord, cet astre toujours visible, forme des jours de
plusieurs mois, jusqu'à ce que l'on
arrive au 90.e degré, au pole même,
où l'année est partagée entre un
jour de six mois & une nuit de
même longueur. Ces régions hyper-

borées ont deux crépuscules, chacun de deux mois environ, de sorte
qu'il n'y a qu'un peu plus d'un mois
de nuit absolument obscure, & d'autant plus noire, que ces climats sont
alors couverts de brumes épaisses,
qui interceptent en entier les rayons
de la lune, & la foible lueur des
crépuscules, lorsqu'ils s'abaissent
ou qu'ils commencent à s'élever.

Tel est alors l'état de la lumiere
& de ses réflexions différentes, dans
la partie de la sphère que les Astronomes appellent paralelle ; mais
dans la sphère droite, dans les régions situées sous l'équateur, ou
entre les tropiques, les crépuscules sont bien moins considérables ; à
peine s'en apperçoit-on, sur - tout
dans le tems des équinoxes, parce
que la périphérie du cercle que le
soleil décrit, étant toujours paralelle ou presque paralelle à son centre, il s'abaisse ou s'éleve plus
rapidement que dans la sphère oblique, où l'excentricité du cercle est
plus grande. La preuve en est, que

lorsque le soleil est dans les tropiques, la circonférence du cercle
étant alors éloignée de dix-huit degrés de la ligne paralelle du centre,
les crépuscules sont plus sensibles,
& durent une demi-heure ou environ. Pour le peu de connoissance
que l'on ait de la sphère, on se fera
aisément une idée de ces variations,
& on concevra pourquoi dans la
sphère oblique, les crépuscules sont
si longs en été, sur-tout aux environs du solstice, durent très-peu
dans le tems des équinoxes, & ont
une hauteur & une durée médiocres
en hiver, lors du solstice du capri-
corne, par rapport à nous. Ce qui
fait encore que les crépuscules d'hiver sont moins longs que ceux d'été,
c'est que dans cette saison, l'air étant
plus condensé, doit avoir moins de
hauteur, & par conséquent les crépuscules moins d'étendue. C'est par
la même raison que les crépuscules du
matin sont toujours plus courts que
ceux du soir ; la région inférieure
de l'atmosphère est plus dense &

plus abaissée le matin que le soir,
après que la chaleur du jour l'ayant
dilatée & raréfiée, son volume &
sa hauteur se sont augmentés : la chaleur fait alors dans nos climats tempérés, ce que les brumes épaisses
& hautes produisent dans les régions voisines des poles, les vapeurs acquierent en étendue, ce
qu'elles ont ailleurs en solidité. Si
elles portent les crépuscules au-delà
de leurs bornes, elles annocent
presque toujours un mouvement
à venir dans l'atmosphère, & un
changement de température. Les
navigateurs ne s'y trompent pas,
& en tirent des prognostics presque
certains sur l'état de la mer, sur-
tout dans les parages voisins des
Tropiques. Ecoutons ce que Dam-
pier nous apprend à ce sujet (*a*).

____

(*a*) Je vais citer ici l'observation cu-
rieuse de M. Couanier Deslandes, Chirur-
gien Major des Hôpitaux, telle qu'il l'a
consignée dans le Mercure de Septembre
1768.

  « Le plus savant Astronome & le plus

« L'horifon étoit chargé de tant de
» de nuages fombres & noirs que le

» habile Navigateur des Indiens Utchifes
» (fauvages de la Floride), paffa la nuit
» du 15 Mars 1762 à obferver les aftres,
» il formoit des calculs, fixoit les nombres,
» par le moyen de certains petits morceaux
» de bois, diftingués les uns des autres par
» la diverfité de la taille ; il les plaçoit,
» tantôt en cercles, tantôt en quarré, en an-
» gle, & dans différentes formes irrégulie-
» res. Il avoit devant lui un vaiffeau de
» terre noire rempli d'eau, qu'il contem-
» ploit fur-tout avec beaucoup d'attention
» & d'un air de myftere. Il paffa ainfi la
» plus grande partie de la nuit. Le matin il
» fe leva avant le foleil, monta fur la cime
» d'un arbre, & delà tourné à l'orient,
» contempla le foleil fur l'horifon, tan-
» dis qu'un autre Indien faifoit la même
» obfervation du côté de l'occident. Les
» deux Obfervateurs fe rapprocherent en-
» fuite, & firent enfemble des calculs dont
» ils parurent forts contents. Ces Pilotes
» Aftronomes s'embarquerent, & vers les
» trois heures après midi, le tems étant
» calme & ferein, aucun nuage ne paroif-
» fant dans le ciel, le maître Pilote annonça
» qu'il falloit gagner la terre : il fit fortir
» toutes les pelleteries & les autres mar-
» chandifes, & fit éloigner tout l'équipage,

» premier

» premier rayon de l'aube du jour
» parut à 30 ou 40 degrés d'éleva-
» tion, ce qui fut assez effrayant ;
» car les gens de marine disent com-
» munément, & c'est une vérité
» dont j'ai fait l'expérience, que
» l'aube du jour haute amene les
» gros vents, & la basse les petits... »
sans doute, parce que l'air est alors
plus embrume, & que l'évaporation a été plus forte. De nouvelles
observations nous apprennent que
les sauvages Indiens font des remarques très-justes sur l'état de l'air,
& s'en servent pour diriger leurs
courses sur mer, & prendre terre,
avant que les tempêtes qu'ils ont
prévues ne les y forcent. On peut
faire les mêmes observations sur
terre, & en tirer des conséquen-
ces assez sûres le soir comme le
matin : on doit faire attention aux

» étonné de tant de précautions : mais bien-
» tôt il s'éléva un vent furieux, & une tem-
» pête horrible agita la mer. Les Indiens
» insulterent à la mer, en foulant l'eau &
» lui montrant leur libérateur. »

Tome III.   Z

teintes de l'air, & si les vapeurs
sont accumulées sous la direction
du vent, alors il augmente beaucoup : j'ai observé le 27 Août
1767, que l'atmosphère étant au
soleil couchant fort chargée de vapeurs, & en même tems fort éclairée
d'une teinte rouge & haute au nord-
est, le vent qui venoit de ce point
augmenta prodigieusement dans la
nuit, contre sa coutume, sur-tout
dans la Bourgogne septentrionale,
où il s'adoucit alors, ou même cesse
tout-à-fait, & ne redevient fort que
deux ou trois heures après le soleil
levé ; cette même nuit après avoir
été à peine sensible au coucher du
soleil, il augmenta environ les neuf
heures du soir, & fut orageux toute
la nuit, quoique l'air parût serein
& le ciel sans nuages : les vapeurs
rassemblées au nord-est, & que la
réflexion de la lumiere du crépuscule avoit si vivement teintes en
rouge, formerent pendant la nuit
un courant au sud-ouest, dont l'impétuosité répondoit à leur poids &
à leur quantité.

Si donc on observe exactement les teintes des crépuscules du soir & du matin, on pourra en tirer d'assez bons indices sur l'état de l'air. Plus elles seront élevées, plus le changement sera prompt & sensible. Les teintes pâles sur un air épais sont les annonces de la pluie. Les teintes rouges pronostiquent les vents; si elles sont pourpres, surmontées de bandes verdâtres, on peut s'attendre à une température plus froide: j'ai fait à ce sujet plusieurs observations en hiver & au printems, & toujours les teintes vertes étendues au-dessus de l'horison, ont été suivies d'un redoublement de froid & de gelées, relativement à la saison; tel étoit l'état du ciel dans le mois d'Avril 1767, dans les froids vifs de la fin de Décembre de la même année, & au mois de Mars 1768. On voit que ces remarques peuvent engager à des précautions utiles & relatives aux soins qu'exige l'agriculture.

On doit encore considérer les cré-

puſcules comme un des principaux
avantages que nous tirions de notre
atmoſphère. En effet, ſi, dès que le
ſoleil a quitté l'horiſon, ſa lumiere
n'étoit pas réfléchie en tout ſens, &
à une très grande hauteur, par les
matieres de différentes natures répandues dans la maſſe de l'air, la
nuit viendroit dès que le ſoleil ſe
cacheroit ſous notre horiſon, & le
jour ne naîtroit qu'à l'inſtant que
cet aſtre ſeroit viſible. On paſſeroit
ainſi tout-à-coup des ténebres à la
lumiere, & de l'éclat du jour à
l'obſcurité de la nuit ; & peut-être
l'organe de la vue ne pourroit-il pas
réſiſter à la force de ces variations
ſubites : au lieu que l'atmoſphère
dont nous ſommes environnés, fait
que le jour & la nuit n'arrivent que
par degrés inſenſibles, & que la
température ne change en quelque
ſorte que proportionnellement aux
changemens qu'éprouve la lumiere,
dans les climats que nous habitons.
Il en eſt pas de même pour les régions ſituées ſous la ligne ou entre

les tropiques ; comme le soleil s'a-
baisse très-promptement à la profondeur de 18 degrés, par les raisons que nous en avons apportées ; il
n'y a presque point de crépuscules,
& on passe très-rapidement d'une
lumiere vive à des ténebres épaisses, & même d'une chaleur étouffante & seche, à une température
humide, quelquefois fraîche, presque toujours dangereuse, à cause
de la promptitude avec laquelle les
exhalaisons s'élevent & se répandent dans l'atmosphère, produisent
ce serein si nuisible dans la plûpart
des pays chauds. Ces promptes vicissitudes fatiguent beaucoup les Euro-
ropéens, accoutumés à la douceur
des longs crépuscules ; on entend
ceux qui ont passé quelque tems
aux Antilles s'en plaindre, comme
d'une des incommodités les plus fâcheuses de ces climats.

Le peu de durée des crépuscules
dans les pays situés sous l'équateur,
ou entre les tropiques, me paroît
démontrer combien le célebre Ké-

pler s'étoit trompé , en assurant qu'une matière lumineuse répandue autour du soleil, s'élevoit à l'horison en forme de cercle, & produisoit le crépuscule. Si cette idée étoit vraie , il ne devroit nulle part être plus sensible, & se soutenir plus long-tems que dans les régions voisines de la ligne, où cependant à peine a-t-on le tems de l'appercevoir. Cette matière, qui n'est autre chose que l'atmosphère solaire, n'influe donc pour rien dans les causes de la durée & de la lumiere des crépuscules. Cet habile Astronome, qui s'étoit ouvert la carriere qu'il a parcourue avec tant de gloire, frappé de quelques phénomènes qui accompagnent les crépuscules des pays septentrionaux , qui ont un éclat extraordinaire, & une hauteur au-dessus de celle de l'atmosphère, crut qu'ils ne pouvoient être produits que par cette matière lumineuse, qui émane du soleil même & qui le suit; mais ces phénomènes mieux observés, ont été reconnus n'être que l'effet de certaines exhalaisons locales, d'une nature à réfléchir vivement la lumiere du soleil, à la porter plus haut, & à la conserver plus long-tems que la matière ordinaire des crépuscules : on avoit abandonné cette idée ; on laissoit au soleil son atmosphère, que l'on ne croyoit pas devoir employer en rien de ce qui regarde les phénomènes particuliers à notre sphère ; mais depuis on a jugé à propos de la destiner à une autre usage, & de faire de la lumiere zodiacale, ou d'une partie de l'atmosphère du soleil, la matière des aurores boréales. Nous discuterons ailleurs ce que l'on doit penser de cette hypothèse.

Fin du troisieme Volume.

Z iv

TABLE
DES MATIERES
du Tome troisieme.

A.

ABAS le Grand, Roi de Perse. 346

Abouillona, lac de Natolie. 254

Académiciens François, leurs travaux en Laponie. 4

Aderbijan & Mazanderan, provinces de Perse ou ancienne Médie. 299

Air étranger, son effet sur les tempéramens. 23

Air, sa salubrité en Laponie, 14. -- son état dans les terres du Nord, 44 -- au nord-est de l'Univers, 99. -- sa température à la baie de Hudson, 116. -- son égalité de température, & sa pureté dans les pays froids, 155. -- en Perse, sa pureté & sa beauté, 314. -- trop échauffé, toujours dangereux, 479. -- ses qualités changent tout d'un coup par la force des émanations, 483. -- comment elles peuvent devenir saines de pestilentielles, exemple tiré de l'Egypte, 487. -- propre à conserver la santé, 472. -- modérément chaud & renouvellé, est le plus sain. 498

Alexandrette ou Scanderom, ville de Syrie, ſes chaleurs, 363. -- comment elles modifient les eaux de quelques ſources. 364

Amur, fleuve de Tartarie. 227

Animaux du Nord, leur conformation, & comment ils réſiſtent au froid. 105

Angara, riviere de Tartarie. 195

Anglois, leurs tentatives pour paſſer à la mer du ſud par le nord, 107. -- ſe ſont habitués au froid de la baie de Hudſon, 135. -- leurs précautions pour en tempérer la rigueur. 136

Arabes du voiſinage de la mer Caſpienne, 289. -- vagabonds, leurs courſes & mœurs, 355. -- deſcendans des Califes, beauté de leurs femmes. 357

Arctiques (les terres), ſont-elles habitables, 81. -- plus connues que les terres Auſtrales. 96

Arménie, ſa température de Trébiſonde à Erzerum, 236. -- du côté de la Géorgie, 244. -- 248. -- ſes plaines fertiles & pourquoi. 245

Aſtracan, ville Ruſſienne ſur le Volga. 176

Atmoſphère de la lune. 515

Aurores boréales des climats du Nord. 133

B.

Bains de Tritoli près de Pouzzols, leur chaleur. 476

Bander-Abaſſi, ville de Perſe, intempéries, chaleurs, dangers de l'air. 326

Barque de peaux & d'os de poiſſons. 89

538   **T A B L E**

Baykal, lac de Tartarie, ses singularités. 196

Boschaïa-Zembla, ou nouvelle terre, sa situation. 48

Brumes ou brouillards des mers du Nord. 34

C.

Cachan, ville de Perse, température, fertilité de ses environs. 306

Cailloux brillans & pierres précieuses des plaines de Tartarie. 186

Caravanes, route qu'elles tiennent de Smirne à Tauris. 253

Caribou, animal du Nord, ressemble au bufle. 21

Casan, ville de la Tartarie Russienne. 175

Casbin, ville de Perse, qualités de l'air & des eaux. 304

Caucase, montagne d'Asie, hauteur & fertilité. 260

Charbon de terre allumé, effet de ses vapeurs. 37

Charleton (Isle), son aspect. 117

Chine, première vue, 203, -- 206 & *suiv.* --ses intempéries accidentelles, 208. --son gouvernement, 217. --impôts invariables, 207. -- caractères de ses peuples, 218. -- causes de ses révolutions, 224.-- soins que l'on y a de la vie des hommes. 226

Circassie & pays voisins, qualités de l'air & du sol, 204. -- mœurs & usages de ses peuples. 288

Climats du Nord (peinture des), 46. -- état de l'air, du sol, des productions & des hommes, à mesure que l'on approche du pole Arctique. 140

Colchide, *voyez* Mingrélie.

Cones de lumiere au soleil levant & couchant. 133

Congélations, ses causes, & celles de la formation de la glace, 67. -- congélations qui se forment sur les vitres, leurs causes, 141. -- figures auxquelles elles se déterminent de préférence, 144. -- observations nouvelles faites à ce sujet. 146.

Corps qui conservent plus long-tems les causes du froid. 142

Corée, son climat, ses neiges, ses habitans. 227

Cotopaxi, volcan, suite de ses éruptions. 459

Crépuscules, 517. -- leurs causes, 518. -- tems où ils paroissent & leur durée, 520. -- état de la lumiere & de l'air dans ce tems, 525. -- utilité que quelques sauvages de l'Amérique tirent de leur observation, 527. -- on peut en tirer des indices sur l'état de l'air, 531. -- leurs avantages par rapport à nos climats, 532. -- éclat des crépuscules des pays septentrionaux. 534

E.

Eau de la mer, tems auquel elle se glace en certains climats, 36. -- peut se corrompre. 412

Eaux blanches & falées de Perfe.   324

Eléphants, fquelettes trouvés en Amérique.   192

Eluths, Tartares, température du pays
qu'ils habitent.   177

Emanations différentes dont l'air eft chargé.
   376

Epidémies, comment elles ont du rapport
avec l'état de l'air.   495

Erivan, ville de Perfe & fes environs. 247

Eskimaux, leur caractere défiant, 91. — de
la baie de Hudfon, leur maniere de
vivre.   114, — 125

Evaporation, fa force en Laponie, 5. — fes
effets au Nord.   45

Euphrate (fleuve), fources & qualités de
fes eaux.   240

Exhalaifons des lieux habités, comment
elles modifient l'air.   493

F.

Femmes riches fort recherchées en Laponie.   19

Feu, fon peu de chaleur & d'effet en quelques terres.   39

Fleches glaciales, effet fingulier du froid.
   127

Fleuves & rivieres de Perfe.   296

Fluide ignée terreftre, fon activité dans les
climats les plus froids, 58, — 65. — fon
action par-tout remarquable, 102. — fes
effets fur les diverfes températures. 233

Fontaines fingulieres du Japon.   230

Formose (Isle), naturels du pays, mœurs,
211. -- usage cruel qui fait avorter les
femmes. 213
Froid de Laponie, 12. -- excessif d'une terre
entre le Groenland & la nouvelle Zemble, 31. --ses causes, 32.--vue de ce pays,
33. -- effet du froid sur les Hollandois,
38. --sa violence dans les terres polaires,
36. -- des terres Arctiques & sa cause,
56. -- quand plus rude au Spitzberg, &
pourquoi, 62. -- à quel degré il peut être
porté. 101
Froid de la baie de Hudson. 120
Fumées de bois odoriférans, remede à la
contagion de l'air. 491

G.

Géorgie, température, beauté de ses habitans, mœurs & qualités. 262 & suiv.
Giekers, peuples cruels de l'Indostan. 214
Glaces des mers du Nord, 30, --35. --
spectacle qu'elles donnent au Nord, 41.
-- des terres Arctiques, 66. --force & dureté des glaces dans les différens climats,
70. ---inégalité de la surface, épaisseur
des glaces, 72. ---leur couleur au Nord,
74. -- employées à faire des constructions
& des ouvrages de défense, 75. --Châ-
teau qui en a été fait à Petersbourg, 79.
-- du détroit & de la baie de Hudson,
108. --- répandent un froid sensible dans
l'air. 115
Groenland, quand découvert, changemens

arrivés dans sa température, 75. — &
quand habité, & pourquoi, 82. — son
état actuel & sa position.   83, 85
Guèbres, leur attachement à l'agriculture,
leur morale, 337, — 339 & *suiv.* — anecdotes sur leur religion.   343
Guyane ou France équinoxiale, ses intempéries.   419

H.

Habitans des plaines & des montagnes
comparés entr'eux.   434
Haltios ou vapeurs & brouillards de Laponie.   6
Hivers rigoureux, à quoi ils servent, 27.
— du Nord, comparés à ceux de la Zone
tempérée.   122
Hoam-Ho, ou riviere jaune de la Chine,
ses inondations.   380
Hollandois tentent le passage à la Chine par
les mers du Nord, 28. — font de nouvelles tentatives, & leurs suites funestes,
30. — courage de leurs chefs, 39. — leur
hardiesse pour revenir en Europe.   42
Hommes à queue de l'Isle Formose.   212
Hudson (baie de), route pour y aller,
108. — sa description, 110. — productions & qualités du sol, 117. — saisons,
phénomènes de l'air, froid & chaleur.
                                        118
Hudson, Henri, ses découvertes au Nord.
                                        92

I.

Japon, climat, saisons, température.   228

Japonois ; caractere, figure, comparés aux
  Tartares. 234
Jason alla chercher la Toison d'or en Mingrélie. 281
Incendies spontanés à la baie de Hudson,
  leur utilité. 118
Inondations de glaces & d'eau à la baie de
  Hudson, 123.--- des fleuves principaux
  de la Zone torride, qualités qu'elles répandent dans l'air, 378. - des fleuves &
  rivieres de la Zone tempérée, & leurs
  effets. 388
Ispahan, capitale de la Perse, qualités de
  l'air, saisons, situation, commerce, population. 293, --- 307 & *suiv.*
Isles de Juan Fernandés, climat, beautés,
  productions, 466. -- de Sainte-Helene,
  471. -- de Tinian. 467

K.

Kalmouks, Tartares, leur climat. 177
Kamchatca, coutume barbare. 213
Kilduin, ville de Laponie, climat & ha-
  tans. 20
Kirman, province de Perse, effet de l'air,
  333
Kola, ville de Laponie. 43
Kur, riviere de Géorgie. 263

L.

Laar, ville de Perse, ses chaleurs. 320
Labrador septentrional. 91

Lacs poiſſonneux d'Arménie. 247

Laponie, climat, ſaiſons, 3. -- tems où les glaces & le froid s'y établiſſent. 7

Lapons, figure, travaux, mœurs, 14. -- voiſins du Cap Nord, leurs uſages, 17, -- 19. --- aiment beaucoup leur pays. 22

Lune, ſes effets ſur l'air, 502. -- expériences ſur les modifications qu'elle peut y cauſer, 503 & ſuiv. -- anecdotes ſur l'effet de ſes éclipſes, 508. --- n'a point de chaleur, 510. -- obſervations ſur ſon état & ſa configuration. 513

M.

Mahométans, effet de leur philoſophie ſur l'induſtrie, les mœurs & le gouvernement. 344

Maiſons ſingulieres de quelques Indiens. 418

Mal de Siam ou peſte, ſymptômes, guériſon. 394

Mammon, animal dont on trouve les os en Tartarie, ce que l'on dòit en penſer. 189

Mantcheoux, Tartares, climat qu'ils habitent. 180

Marais, rendent l'air mal ſain, 403. -- leurs différentes eſpeces, 404. -- dans la Zone torride, plus dangereux qu'ailleurs, 415. -- de Surinam & de la Guyane, 416. -- Pontins en Italie, leur état, travaux entrepris pour les deſſécher, 421. -- accidentels ont leurs dangers. 428

Médecins Perfans, comment ils traitent les
    fievres épidémiques.   329
Mer noire, conjecture fur la maniere dont
    s'écoulent fes eaux.   249
Mingrélie, 267. -- température, humidité
    de l'air, maladies, 268. -- fol trop hu-
    mide, évaporation continuelle, 270. --
    relâchement qu'elle introduit dans l'é-
    conomie animale, 273. -- vermine qu'elle
    occafionne, 274. -- les reptiles n'y font
    pas vénimeux, 274. -- beauté de fes peu-
    ples, 279. -- caufes de dépopulation. 282
Mingréliens, leurs mœurs & ufages, 275.
    -- chantent toujours en travaillant, &
    pourquoi.   276
Mœurs des peuples des terres Arctiques.
                                     85, 87
Montagnes de glace du Spitzberg, com-
    ment formées, 54. -- de la baie de Hud-
    fon, 111. -- comment elles fe forment,
    & lenteur de leur mouvement.   113
Montagnes de Verschoturie, ou de Sibé-
    rie, leur hauteur, 161. -- afpect du pays
    & température.   162
Montagne de la foufriere à la Guadeloupe.
                                         451
Munck, Danois, fes voyages à la baie
    de Hudfon, 93. -- fes malheurs.   95

N.

Nature, fes bornes dans la production des
    êtres, 141. -- ordre qu'elle fuit dans les
    productions des pays froids.   151

546   TABLE

Neige, ses tourbillons & son épaisseur en Laponie, 13. -- du Nord, son abondance, 37. -- sa durée au Nord, 47. -- neiges & orages des terres polaires, 40, 42. -- durent toujours au Spitzberg.   55

Néva, riviere de Petersbourg, ses glaces.   79

Newgalles, ses habitans sauvages & errans, 90. -- leur simplicité, vue de leur pays.   91

Niémi, montagne de Laponie.   6

Nitre répandu dans les plaines de Tartarie.   179

Nuages, vus sur les montagnes du Spitzberg.   55

O.

Odeur agréable que rendent les rochers au Spitzberg & dans les terres polaires.   60

Olympe, montagne de Natolie.   258

Orientaux, leur caractere en général.   348

Ours blancs du Nord, 29. -- leur hardiesse.   38

P.

Palestine ou Judée, air, sol, population.   364

Palmire, déserts, climats, eaux, 366. -- tems & causes de sa ruine.   370

Perse, température générale, saisons, 292 & suiv. -- ses provinces méridionales sont dans un air brûlant, 318. -- comment on y voyage, 321 & suiv. -- état général de l'air & du sol, 335. -- Persans, quàlités extérieures, mœurs & usages, 315. -- anciens usages & religion, 338. -- qualités & mœurs actuelles, jalousie. 348

Peste, d'où elle naît, & comment elle passe en Europe, 392. -- pourquoi si fréquente à Constantinople, 393. -- peste ou maladies contagieuses, causes accidentelles en différens pays. 397

Peuples du Nord, comment ils se précautionnent contre le froid, 26. -- des pays froids, tranquillité dont ils jouissent, 153. -- septentrionaux, leur force & leur activité. 498

Phénomènes causés par le froid, & la matière glaciale. 130

Plaines de Russie au nord & à l'est, 160. -- de Sibérie. 164

Pole arctique, terres & mers qui en sont voisines. 28

Politesse réglée en Perse. 316

Proverbe des anciens sur les climats. 232

Pruse, ville de Natolie, bains, troupeaux. 254

Puits de feu à la Chine. 209

R.

Régions septentrionales, pourquoi moins peuplées que les autres, 157. -- du nord & de l'est du monde, leur température générale. 205

Rennes de Laponie, leur utilité. 12

Rivieres & fleuves de Tartarie, leur rapidité. 194
Ruisseaux des plaines de Tartarie, leur fraîcheur. 178
Russes, tentatives qu'ils ont faites pour passer au nord par l'est, 97. -- leurs découvertes. 98

S.

Samoïedes, peuples du Nord, offrent leurs
femmes aux étrangers, 84, -- ou Tartares Lapons. 88
Sarrasins, quand connus, leur origine. 371
Sauvages du Nord jettés à Archangel par la
mer. 89
Sel fossile en Arménie, 241. -- ses effets
sur l'air, & ce qui le produit. 249
Schiras, ville de Perse. 318
Sibérie, hivers, sol, température, 103. --
peuple, religion, 164. -- production du
pays, esclavage, mœurs, éducation des
enfans, maladies, 170. -- stupidité &
grossiereté des Sibériens, 173. -- ce qu'il
faut penser de leur bravoure. 174
Sipilus, montagne de Natolie, ses orages.
254
Sirie, son état actuel, 361. -- sa capitale, ses
eaux. 362
Smirne, situation, aspect, fertilité du sol. 249
Sol, ses effets sur l'air, la température & la
population, 450 & *suiv.* -- de la Guadeloupe, comment formé, ses émanations.
443 & *suiv.*

DES MATIERES. 549

Soleil, quand il cesse de paroître sur les terres polaires. 37
Solikamsca, ville ou bourgade de Russie.
161
Spitzberg, en quel tems abordable, 88 &
suiv. — terrein & glaces, 50. — effet singulier du froid, spectacle qu'il donne,
51. — conjectures sur l'étendue & le climat du Spitzberg. 88
Sultanie, ou Tigranocerte, ville de Perse.
304

T.

Tartares, leur ancienneté, mœurs, 182. —
comment ils renouvellent leurs prairies,
185. — ont peuplé une partie de l'Univers connu, 198. — leurs traits marqués
& reconnoissables, 199. — Kabardinski,
plus beaux que les autres, 201. — trans-
plantés dans d'autres climats, ont changé
de figure & de mœurs, 202. — Tartares
& Chinois comparés, 215. — ont mé-
prisé les arts & sont tombés dans l'oubli.
500
Tartarie, stérilité, cantons fertiles, froid.
180 & suiv.
Tauris, ville de Perse, saisons & tremblemens de terre. 300 & suiv.
Taurus, chaîne de montagne en Asie, 257.
— partage la Perse. 292
Température des parties orientales & occidentales de l'Asie, comparées, 239. —
différente répond à la hauteur des terres.
257

Terreins froids & humides, leur inconvénient, 413. — précautions pour connoître ceux où l'on veut s'établir. 430

Terres à l'Orient de l'Univers, leur température. 159

Terres anciennes & nouvelles, leur différence, 373. — nouvelles, comment elles se forment, 438. — formées par les éruptions des volcans, leurs avantages sur les terres humides, 457. — hautes & seches saines à habiter. 465

Tobolsk, capitale de Sibérie. 173

Tonnerre & orages des mers du Nord. 118

Tornéo, son hiver, vue de la nature dans cette saison, 8. — degré du froid & ses effets. 9, 10 & suiv.

Tourbe ou terre à brûler, comment elle se forme. 408

Tours à vent, & terrasses de la Perse méridionale. 333

Traineaux de voyage dans le Nord. 160

Trombes, dragons d'eau, ouragans des mers du Japon. 232

V.

Vents, ce qui augmente leurs dangers dans les mers du Nord, 44. — des terres polaires en été, 45. — leurs effets sur les saisons au Spitzberg, 65. — de Nord, causes du froid qu'ils établissent, 128. — obstacle à la formation de la glace, 129. — vents de Tartarie, 188. — du golfe Persique. 330

Vésuve, suite de ses éruptions par rapport
à l'air. 461
Vieillesse remarquable dans le Jutland. 156
Vigne, où plantée par Noé, 247. -- de Min-
grélie, leur fertilité. 269
Villes d'Orient, ce qu'on doit penser de
leur grandeur. 352
Volcans de Hongrie, 78. -- du Japon, leur
effet sur l'air. 229
Wager Water, golfe de la mer de Baffin.
139
Warduus, ville de Laponie, son commerce.
20
Weigatz (détroit de), passages, glaces. 43

Y

Yakuftsky, ville de Sibérie, ses glaces sous
terre. 104
Yeniscéa, ville de Sibérie. 103
Yeux à neige, ou lunettes des Eskimaux.
114

Z.

Zemble (nouvelle), situation, peuples. 85

De l'Imprimerie de LE BRETON, premier
Imprimeur ordinaire du ROI.

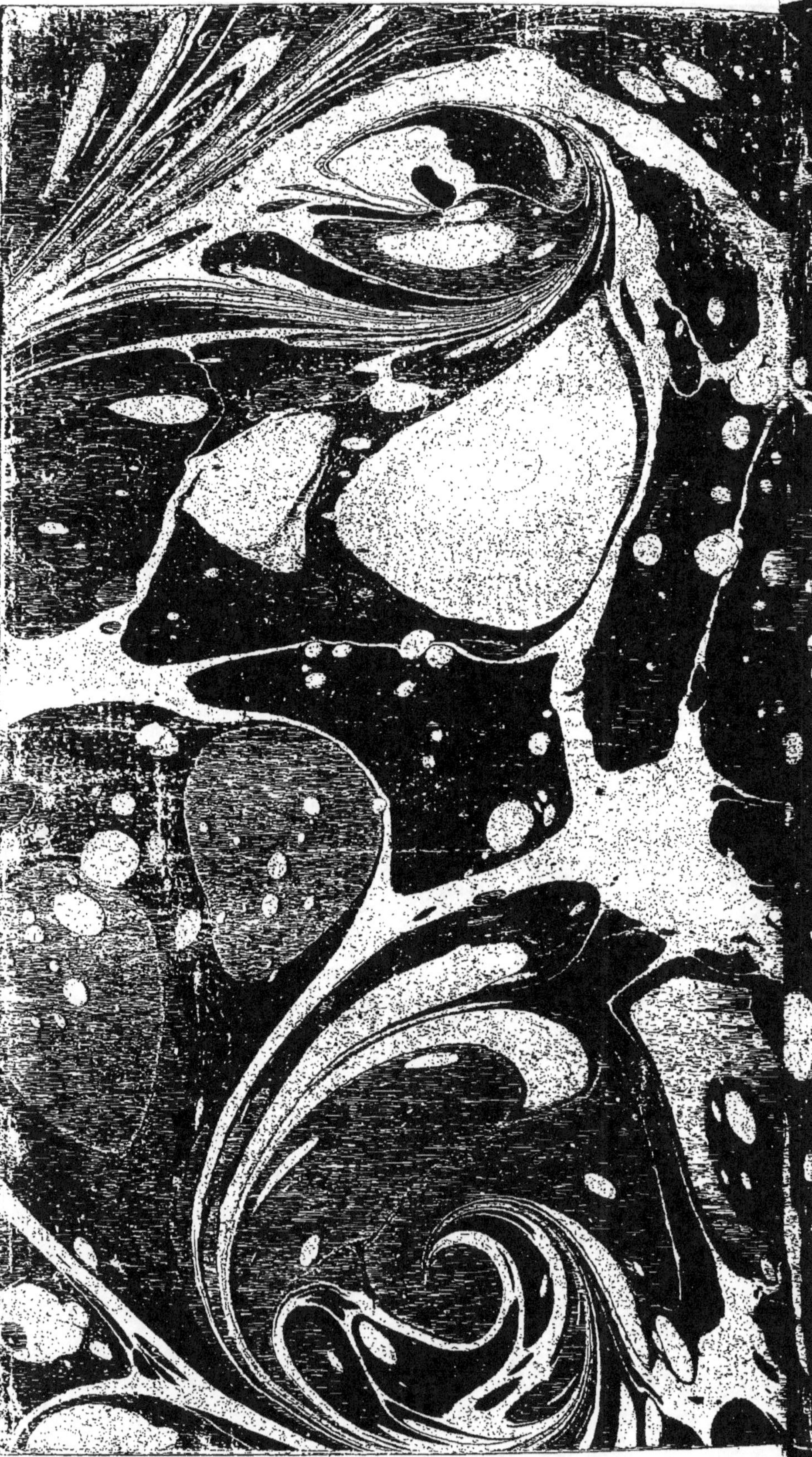

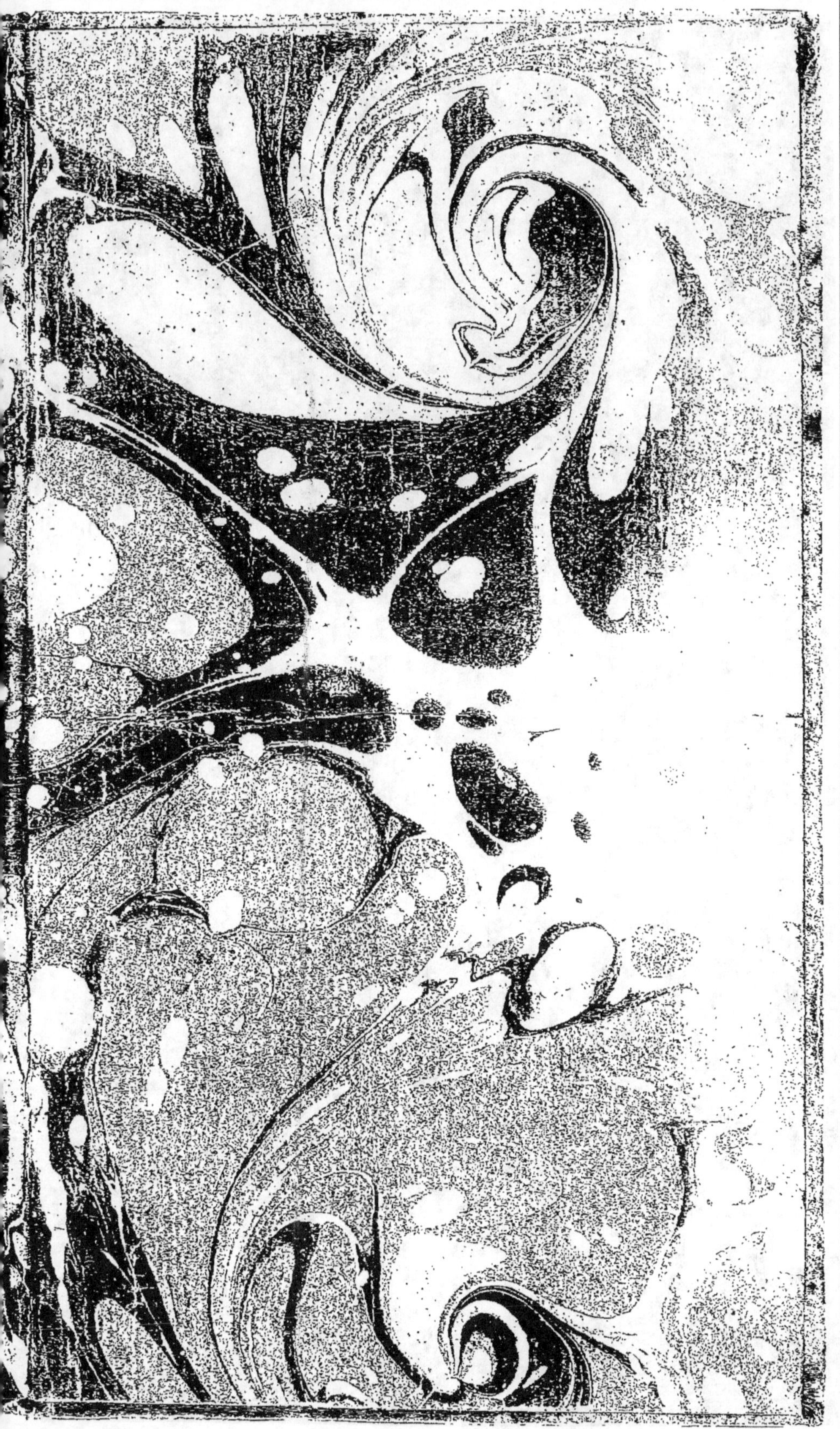